Buhr / Christiani / Detroy / Fink / Frädrich / Kreuter / Limbeck

Das Sales-Master-Training

Buhr / Christiani / Detroy / Fink /
Frädrich / Kreuter / Limbeck

Das Sales-Master-Training

Ihr Expertenprogramm für Spitzenleistungen im Verkauf

2. Auflage

GABLER

Bibliografische Information der Deutschen Nationalbibliothek
Die Deutsche Nationalbibliothek verzeichnet diese Publikation in der Deutschen Nationalbibliografie; detaillierte bibliografische Daten sind im Internet über <http://dnb.d-nb.de> abrufbar.

2., ergänzte Auflage 2011

Lektorat: Barbara Möller

Gabler Verlag ist eine Marke von Springer Fachmedien.
Springer Fachmedien ist Teil der Fachverlagsgruppe Springer Science+Business Media.
www.gabler.de

Umschlaggestaltung: KünkelLopka Medienentwicklung, Heidelberg
Satz: ITS Text und Satz Anne Fuchs, Bamberg

Gedruckt auf säurefreiem und chlorfrei gebleichtem Papier

ISBN 978-3-8349-2501-5

Werden Sie selbst zum Sales-Master!

Sie spüren als Verkäufer Tag für Tag den gnadenlosen Verdrängungswettbewerb? Sie wünschen sich deshalb eine verlässliche Orientierung, einen sicheren Rückhalt, wie Sie in diesen harten Zeiten Ihr Potenzial als erfolgreicher Verkäufer voll entfalten können. Dann sind Sie hier richtig!

Bücher zum Thema „erfolgreiches Verkaufen" gibt es wie Sand am Meer – aber keins, in dem sieben der profiliertesten Verkaufstrainer im deutschsprachigen Raum ihr Know-how zu Ihrem Vorteil bündeln: kompakt, griffig, auf den Punkt gebracht.

Ob als kurzweiliges Intensivtraining, als informatives Nachschlagewerk oder als Inspirationsquelle für kreatives Verkaufen – wie Sie dieses Buch auch immer nutzen, profitieren Sie davon, dass sich die Top-Verkaufstrainer auf ihre ganz besonderen Starken konzentrieren. Alexander Christiani, Erich-Norbert Detroy, Klaus-J. Fink, Dirk Kreuter und Martin Limbeck haben sich 2004 zu den SalesMasters zusammengeschlossen und gemeinsam ein mediengestütztes Trainingskonzept für den Verkauf entwickelt. Seit 2009 gibt es das neue Konzept „SalesMasters & Friends", bei dem ausgesuchte Vertriebsexperten das Portfolio ergänzen und neue Impulse setzen. In der vorliegenden zweiten Auflage von „Das Sales-Master-Training" komplettieren Andreas Buhr und Dr. Stefan Frädrich die Runde und bringen ihr Expertenwissen ein.

Mit diesem Know-how können auch Sie zum Spitzenverkäufer – eben zum Sales-Master – werden. Die folgenden zwölf Kapitel erläutern nicht allein die wichtigsten Prinzipien erfolgreichen Verkaufens, sondern führen Sie durch die optimale Vorbereitung und das konsequent kundenorientierte Verkaufsgespräch bis zum Abschluss, der Ihren Kunden als (Win-)Win-Situation positiv im Gedächtnis haften bleibt und so mit cleverem Empfehlungsmarketing die nächste Runde Ihrer Neukundenakquise einläutet: Der ganze Verkaufsprozess wird in seinen wichtigsten Etappen abgebildet, aufgelockert durch zahlreiche Beispiele, Übungen, Checklisten, Übersichten und Charts, knapp und konzis formuliert, ohne überflüssigen Schnickschnack, so motivierend, dass man gleich Lust bekommt, das Gelesene umzusetzen! Als besonderes Bonbon geben die Trainer zum Einstieg in jedes Kapitel Tipps aus ihrer Seminarpraxis.

Ob Verkäufer im Innen- und Außendienst. freier Handelsvertreter, Freiberufler, Verkaufs-/Vertriebsleiter großer Unternehmen, Entscheider im klein- oder mittelständischen Unternehmen, ob für das Selbststudium oder die innerbetriebliche Fort- und Weiterbildung – dieses Buch ist Ihr Berater, Ihr Coach, Ihr Begleiter auf Ihrem Weg zu Spitzenleistungen im Verkauf!

Weitere Informationen zu den Seminaren, Medien und Onlinetrainings finden Sie unter www.sales-masters.de.

Ihre SalesMasters & Friends

Andreas Buhr
Alexander Christiani
Erich-Norbert Detroy
Klaus-J. Fink
Dr. Stefan Frädrich
Dirk Kreuter
Martin Limbeck

Inhalt

Werden Sie selbst zum Sales-Master! 5

Erster Trainingstag: Die eigenen Talente fördern und sich dauerhaft motivieren

Nachhaltiger beruflicher und privater Erfolg durch ein stärkezentriertes Leben *(Alexander Christiani)* 9

Zweiter Trainingstag: Sich als Experte positionieren

Vom sachlichen Nutzenvorsprung zum emotional packenden Verkaufserlebnis *(Alexander Christiani)* 33

Dritter Trainingstag: Termine per Telefon akquirieren

Souverän durch das Terminvereinbarungsgespräch *(Klaus-J. Fink)* 59

Vierter Trainingstag: Den Erstbesuch optimal vorbereiten

Konsequente Kundenorientierung *(Dirk Kreuter)* 85

Fünfter Trainingstag: Den Kundenbedarf ermitteln und das Angebot präsentieren

Mit cleverer Gesprächsführung zur perfekten Produktvorstellung *(Dirk Kreuter)* 109

Sechster Trainingstag: Einwänden souverän begegnen

Professionelle Vor- und Einwandbehandlung *(Martin Limbeck)* 131

Siebter Trainingstag: Den Kunden ins Ziel führen

Der elegante Abschluss – die Krönung Ihres Verkaufsgesprächs *(Martin Limbeck)* 153

Achter Trainingstag: Preise selbstbewusst durchsetzen

Die smarte Preisargumentation *(Erich-Norbert Detroy)* ____ 169

Neunter Trainingstag: Den Kunden langfristig binden

Erfolgreiche After-Sales-Strategien *(Erich-Norbert Detroy)* ____ 193

Zehnter Trainingstag: Stammkunden als Multiplikatoren gewinnen

Mit Empfehlungsmarketing zu neuen Kunden *(Klaus-J. Fink)* ____ 213

Elfter Trainingstag: VertriebsIntelligenz 24/7®

Verkaufen Sie noch oder potenzieren Sie schon? *(Andreas Buhr)* ____ 235

Zwölfter Trainingstag: Umsatzbremse Angst

Wie Sie Ihre Ängste erkennen, überwinden und Gas geben *(Stefan Frädrich)* ____ 251

Literaturverzeichnis ____ 261

Stichwortverzeichnis ____ 263

Die Autoren ____ 265

Erster Trainingstag

Die eigenen Talente fördern und sich dauerhaft motivieren

Nachhaltiger beruflicher und privater Erfolg durch ein stärkezentriertes Leben

Alexander Christiani

Herr Christiani, woran hakt es bei vielen Seminarteilnehmern, wenn es darum geht, die eigenen Talente und Stärken freizulegen und zu entfalten?

Alexander Christiani: Da ist zunächst einmal das klassische Bildungssystem: Schule und gleichmacherische Erziehung tun so, als hätten wir alle gleiche oder ähnliche und alle auch deswegen gleich oder ähnlich gut zu entfaltende Stärken und Talente. Aber jeder von uns hat ganz individuelle Stärken, die höchst unterschiedlich ausgeprägt sind. Zum anderen ist es wichtig, ein genügend realitätsdichtes Selbstbild zu entwickeln, um zu sehen, welche die roten Fäden meiner Stärken sind, die schon mein ganzes Leben bestimmen. Sind diese beiden Hürden gemeistert, wird in aller Regel sehr viel Umsetzungsenergie freigesetzt. Wir spüren, wo unsere größten Talente liegen, wo wir im Leben immer den meisten Spaß haben, am schnellsten dazulernen, mit geringem Aufwand die tollsten Leistungssteigerungen vollbringen – das ist eine Erfolgsspirale, die sich selbst immer weiter antreibt.

Welchen Tipp haben Sie für Seminarteilnehmer, neu entfachte Motivation auch dauerhaft zu erhalten?

Christiani: Ganz einfach – es ist der gleiche Tipp, den ich Leuten gebe, die duschen: Wenn ich mich morgens geduscht habe, sind am Abend schon viele Folgen dieses Reinlichkeitsimpulses wieder weg. Das heißt: Keiner wird Duschen für eine ineffiziente Methode halten, nur weil wir es täglich von neuem tun. Wir müssen uns also immer wieder neu auf unsere eigenen Ziele einstellen, uns unsere eigenen Ziele präsent machen und diese Motivation spüren, um uns dann durch diese Sehnsucht, unser Ziel zu erreichen, zu unseren Zielen hingezogen, hingesteuert, hingeführt zu fühlen. Mit anderen Worten: Motivation ist ein dynamischer Prozess. Je positiver ich mich im heutigen Tag bewegen kann, desto näher komme ich dem Ideal der dauerhaften Selbstmotivation. Pflege deine Motivation jeden Tag neu, wie du auch jeden Tag duschst!

Die eigenen Talente fördern und sich dauerhaft motivieren

Nachhaltiger beruflicher und privater Erfolg durch ein stärkezentriertes Leben

Kennen Sie Ihre Stärken?

Hand auf's Herz: Haben Sie wirklich den Eindruck, Ihr ganzes Potenzial voll ausschöpfen zu können, alles, was in Ihnen steckt, zur Geltung zu bringen? Gehören Sie zu den wenigen Glücklichen, die nach einer Untersuchung des Gallup-Institutes mit über 1,7 Millionen Befragten tatsächlich täglich an ihrem Arbeitsplatz die Gelegenheit haben, etwas zu tun, das ihren individuellen Stärken entspricht?

Nach dieser Untersuchung hatten nur 20 Prozent aller Befragten die Möglichkeit, im Bereich ihrer Talente zu arbeiten. Dies ist eine ungesunde Vergeudung menschlichen Potenzials, denn die Dynamik des Wandels in der Wirtschaft hat schon heute ein atemberaubendes Tempo erreicht. Die meisten Märkte werden in naher Zukunft aufgrund eines unbegrenzten und kostengünstigen Infoaustausches so transparent sein, wie es der Kapitalmarkt heute schon ist. Wer also in Zukunft keinen sichtbaren Nutzenvorsprung kommunizieren kann, für den wird es immer schwieriger, Erfolg zu haben. Sichtbar besser sind wir auf Dauer nur dort, wo wir im Kernbereich unserer Talente tätig sind: dort, wo sich hohe Lerngeschwindigkeit mit Motivation, Begeisterung, Durchhaltevermögen und Stolz auf das eigene Können zur Spitzenleistung verbinden!

Nachhaltiger Erfolg und dauerhaftes Glück in Privat- und Berufsleben sind nur durch die Entfaltung und Entwicklung der eigenen Talente und Stärken möglich.

Leider nimmt unser Bildungswesen kaum Rücksicht auf individuelle Begabungsprofile: Wir sind von Anfang an darauf geeicht, uns auf die Beseitigung unserer Schwächen statt auf die Stärkung unserer Stärken zu konzentrieren. Nur wenige richten ihr Leben nach der Maxime „Stärken stärken" aus und beherrschen die Fähigkeit, die eigenen Begabungen zu erkennen und optimal zu nutzen. Die meisten von uns hingegen lassen sich in Ermangelung des Bewusstseins des eigenen Stärkenprofils in bestimmte berufliche Aufgaben drängen, in denen sie unglücklich sind und wo sie für die Gesellschaft mangels Talent und Freude keine guten Leistungen bringen. Vielen geht somit auch das Gefühl dafür verloren, in welchen Bereichen sie ihren Kolleg(inn)en voraus sind.

Entgegen landläufiger Meinung sind die meisten beruflich erfolgreichen Menschen weder Alleskönner noch Unversalgenies. Sie haben allerdings den meisten von uns vor allem eins voraus: das (Selbst-)Bewusstsein der eigenen Talente und Stärken und die Fähigkeit, ihr berufliches und privates Leben um ihre Hauptstärken zu zentrieren und weiterzuentwickeln.

Von Tonleitern und Akkorden, Fingerabdrücken und Genen

Doch wie können Sie erkennen, worin Ihre Stärken liegen? Eine Stärke besteht immer aus einem angeborenen Talent, das wir mit Wissen und Skills weiter ausgebaut haben. Eine erste Orientierung, wo unsere Talente liegen, liefert uns das Konzept der multiplen Intelligenzen von Howard Gardner. Dieser entwickelte in den 1980er Jahren ein Modell der zehn Grundintelligenzen, die bei jedem von uns in unterschiedlicher Ausprägung und Kombination vorliegen und durch kulturelle Einflüsse und persönliche Entscheidungen weiter ausdifferenziert werden (siehe Tabelle „Die Grundintelligenzen nach Howard Gardner“, Seite 14f.).

Diese zehn Grundintelligenzen bilden die Tonleiter, auf der jeder Mensch mit seinem einzigartigen Talentprofil ganz individuelle Akkorde bildet. Anders formuliert: Jeder von uns verfügt über ein Talentprofil, das so unverwechselbar ist wie sein Fingerabdruck oder die Kombination seiner Gene.

Dort, wo unser größtes Potenzial – unsere Talente – liegt, sollten wir mit den besten verfügbaren Lernmethoden Wissen und Skills erwerben.

Talente, Wissen und Skills bilden nämlich erst in ihrem Zusammenspiel die Stärke, die wir in einem bestimmten Bereich erlangen. Während Talent ein angeborenes Potenzial meint und deshalb per Definition nicht lernbar ist, können wir uns Wissen und Skills aneignen.

Beim *Wissen* unterscheiden wir Fakten- und Erfahrungswissen. Zum Faktenwissen eines Kundenberaters gehören beispielsweise alle Argumente und Daten, die er zu seinen Produkten und Dienstleistungen verfügbar hat, ebenso wie alle Beispiele, Sprachbilder und Redewendungen, mit denen er seinen Kunden diese Dienstleistungen und Produkte erklärt. *Welche* Beispiele und welche Bilder welche Kunden am stärksten überzeugen, dieser Aspekt gehört dagegen zum Erfahrungswissen dieses Verkäufers. Wie viel Erfahrungswissen ein Verkäufer erwirbt und wie schnell er dies tut, hängt wiederum teilweise von seinen Talenten ab, beispielsweise von seinem Einfühlungsvermögen und der Fähigkeit, die Motive und Wünsche seiner Kunden zu erkennen.

Skills bezeichnen dagegen die Gewusst-wie-Muster eines Verhaltens oder einer Aktivität: die Einzelschritte beispielsweise, die beim Weltmeister im Gewehrschießen zu Höchstleistungen führen, sind regelmäßig auch bei weniger talentierten Schützen eine gute Richtschnur, um die eigene Leistung zu optimieren. Wem jedoch die weltmeisterliche Feinmotorik fehlt, aus dem wird trotz erstklassiger Skills kein Schützenkönig.

Stärken sind ein vorhersehbarer Teil Ihrer Performance: Sie sind in der Lage, bestimmte Aktivitäten stetig, konsequent und nahezu perfekt durchzuführen? Dabei sind Sie voller Enthusiasmus, von leidenschaftlicher Begeisterung und Genugtuung erfüllt? Wenn Sie an sich selbst diese Hingabe an eine Aufgabe bemerken, dann wissen Sie: Jetzt bringe ich meine Stärken voll zur Geltung!

Wir wissen aus eigener Erfahrung, wie viel Lernfreude und Motivation es freisetzt, wenn wir das tun können, was wir gerne tun und was wir in der Regel auch am besten können. Ihr Anspruch an sich selbst sollte daher sein, ein gestochen scharfes Bild der eigenen Talente und Stärke zu entwerfen. Hilfreich und eine wertvolle Unterstützung können hier verschiedene wissenschaftliche Testverfahren sein, die Ihnen helfen, Ihr Stärkenprofil zu erkennen (zum Beispiel die INSIGHTS MDI®-Analysen oder der Gallup StrengthsFinder® – nähere Informationen und Bestellmöglichkeiten finden Sie auf www.christiani-kaufconsulting.com/chps).

In der Praxis hat sich herausgestellt, dass jedoch die Stimme unseres Herzens der beste Talente-Indikator und der beste Ratgeber für ein Leben voller Begeisterung ist: Verborgene Talente zu entdecken und die eigenen Stärken zu fördern, ist jederzeit möglich – vorausgesetzt, Sie beschäftigen sich intensiv mit dem, was Ihr Herz und Ihr Bauch Ihnen sagen.

Die Grundintelligenzen nach Howard Gardner

Intelligenz	Eigenschaften	typische Funktionsbereiche
sprachliche Intelligenz	• Sensibilität für geschriebene und gesprochene Sprache • Fähigkeit zum zweckbestimmten Einsatz • Fähigkeit zum Sprachenlernen	• Rechtsanwälte • Schriftsteller • Journalisten
logisch-mathematische Intelligenz	• Probleme logisch analysieren können • Durchführung mathematischer Operationen • wissenschaftliche Untersuchungen von Fragstellungen	• Naturforscher • Mathematiker • Computerprogrammierer
assoziativ-kreative Intelligenz	• Verbinden von Gedanken in beliebiger Weise (nicht logisch und nicht kausal) • Bedeutung geben (Sachverhalte mit Werten assoziieren) • entdecken, kreieren • vorbehaltsfreies Beobachten	• Erfinder, Entdecker • Innovationen • Konstruktions- und Entwicklungsingenieure
räumliche Intelligenz	• theoretischer und praktischer Sinn für große und kleine Räume	• Seeleute, Piloten • Architekten • Bildhauer, Grafiker
musikalische Intelligenz	• Begabung zum Musizieren, Komponieren und Sinn für musikalische Prinzipien	• Musiker • Sänger • Komponisten
körperlich-kinästhetische Intelligenz	• Fähigkeit, einzelne Körperteile oder den ganzen Körper für bestimmte Bewegungsabläufe präzis einzusetzen	• Tänzer, Schauspieler • Sportler • Chirurgen • Handwerker, Mechaniker
naturkundliche Intelligenz	• Fähigkeit, die Umwelt zu erkennen und zu klassifizieren – Kulturwelten ebenso wie die natürliche Umwelt	• Biologen • Marketingfachleute • Trendforscher

Intelligenz	Eigenschaften	typische Funktionsbereiche
intrapersonale Intelligenz	• Fähigkeit, sich selbst zu verstehen, ein realitätsnahes Bild der eigenen Person – mit ihren Wünschen, Ängsten und Fähigkeiten – zu entwickeln und dieses Wissen im Alltag zu nutzen	• Spitzensportler • Einzelkämpfer beim Militär
interpersonale Intelligenz	• Fähigkeit, die Absichten, Wünsche und Motive anderer Menschen zu verstehen und in der Lage zu sein, mit ihnen erfolgreich zu kooperieren	• Manager • Lehrer • Politiker
spirituelle Intelligenz	• Fähigkeit, Dinge zu erkennen und zu verstehen, die sich hinter den Erkenntnisgrenzen unserer Welt befinden	• Priester • Schamanen • Heiler • Weisheitslehrer

Tauchen Sie in Ihre Vergangenheit ein!

Manchen Menschen fällt es leicht, ihre Talente und Stärken durch Schlüsselerlebnisse in Kindheit und Jugend zu erkennen. Die weitaus meisten Menschen müssen aber schon länger und genauer überlegen, von welchen Aktivitäten sie sich spontan angezogen fühlen und was in diesen Jahren ihre Begeisterung und Leidenschaft geweckt hat.

Übung: Vergangenheitsanalyse

Versetzen Sie sich einmal mit geschlossenen Augen in Ihre Kindheit und durchleben Sie noch einmal möglichst viele emotionale Highlights: Bei welchen dieser Erlebnisse waren Sie mit besonderer Hingabe dabei? Welche Aktivitäten haben über Jahre hinweg immer wieder Ihre Begeisterung geweckt? Wo haben Ihre Eltern Sie suchen müssen, wenn Sie in diesen Momenten alles um Sie herum vergessen haben? Was hätten Ihre Eltern, Großeltern, Tanten, Onkels und andere Verwandte gesagt, wenn man sie nach Ihren Lieblingsaktivitäten gefragt hätte?

Was sagt Ihnen die Gegenwart über sich selbst?

Nicht nur die Vergangenheit liefert uns Hinweise für unsere Talente, auch im Hier und Jetzt können Sie eine Fülle von Erkenntnissen über Ihr Potenzial sammeln.

Übung: Selbstbeobachtung

Analysieren Sie 14 Tage lang Ihren Tagesablauf, indem Sie alle Aktivitäten notieren und im Rückblick jeden Abend entscheiden, welche Ihnen Spaß bereitet haben und auf welche Sie gern verzichtet hätten: Was genießen Sie am meisten? Welche Dinge gehen Ihnen leicht von der Hand, welche rauben Ihnen Energie? Wovon hätten Sie gern mehr in Ihrem Leben? Was würden Sie vermissen, wenn es wegfiele, was überhaupt nicht?

Um festzustellen, ob die Tätigkeiten, die Ihnen Spaß machen, wirklich zu Ihren Stärken zählen, stellen Sie sich folgende Fragen:

- ❑ Entwickeln Sie große Vorfreude auf diese Aktivitäten?
- ❑ Spüren Sie mehr Energie als bei anderen Tätigkeiten?
- ❑ Ist Ihre Leistung insgesamt besser?
- ❑ Bleibt Ihr Enthusiasmus während der Aktivitäten stabil und nimmt nicht ab? Reißen Sie möglicherweise andere mit Ihrer Begeisterung mit?
- ❑ Haben Sie während dieser Aktivitäten ein größeres Selbstvertrauen in Ihre Leistungsfähigkeit?
- ❑ Wie fühlen Sie sich nach der Aktivität? Energiegeladen? Spüren Sie eine große innere Genugtuung?

Wenn Sie alle diese Fragen ohne Einschränkung bejahen können, wissen Sie, dass Sie Ihren Talenten und Stärken auf der Spur sind!

Analysieren Sie diese Aktivitäten jetzt auf Gemeinsamkeiten hin:

- ❑ Gibt es ein übergreifendes, verbindendes Thema wie Helfen, Lernen, Führen, die eigenen Grenzen austesten etc.?
- ❑ Unter welchen (Zuatz-)Bedingungen fühlen Sie sich besonders wohl? (Zeit-/Termindruck, Zuschauerbeobachtung, von anderen unterschätzt zu werden etc.)
- ❑ Was gefällt Ihnen an den Aktivitäten am meisten: die Aktivität selbst, die Menschen, die ebenfalls daran beteiligt sind, die Rahmenbedingungen wie der Wettbewerbscharakter etc.?
- ❑ Welche Ihrer Kollegen, Freunde, Bekannten etc. machen Sie besonders lebendig, spornen Sie an? Was bewundern Sie an diesen? Welche Qualitäten haben Sie mit diesen gemeinsam?

Weitere Techniken, mit deren Hilfe Sie Ihre Talente erkennen

- Befragen Sie Ihre Freunde und Ihre Kunden, welche Talente und Stärken an Ihnen besonders ins Auge fallen.
- Analysieren Sie Ihr Umfeld: Womit umgeben Sie sich? Welche Bücher lesen Sie? Mit welchen Menschen verbringen Sie besonders viel Zeit?
- Beobachten Sie an sich selbst, wie Sie in Stresssituationen oder im Grenzbereich Ihrer Leistungsfähigkeit reagieren: Welches Verhaltensgrundmuster erkennen Sie in Stress- und Konfliktsituationen an sich selbst? Welche Talente und Stärken können Sie aus diesem Grundmuster herausfiltern?
- Haben Sie schon mal darauf geachtet, wie schnell Sie neues Wissen aufnehmen? Wo und wie lernen Sie spürbar schneller als andere? Bei welchen Themen ist Ihr Interesse so groß, dass Sie offensichtlich über ein deutlich besseres Gedächtnis verfügen? Unter welchen Bedingungen können Sie sich gut konzentrieren?
- Die „Aussteigerübung" gibt Ihnen die Chance, jenseits aller Alltagsroutine, mit viel Abstand und in einem ganz und gar anderen emotionalen Kontext Ihren Talenten nachzuforschen. Ob einsames Bergwandern, ein Wochenende im Kloster, eine lange Kajaktour auf schwedischen Seen oder Lachse angeln in Kanada – entscheidend ist, dass Sie Ihren Schreibtisch, Ihren Arbeitsplatz, Computer, Fax, Handy, aber auch Familie und Freunde zunächst hinter sich lassen und um der Qualität Ihrer Einsichten willen Ihren persönlichen Rahmen finden, der diese Einsichten zutage fördert.

Die individuelle Vertriebserfolgsanalyse für jeden Verkäufer

Auch Sie nutzen als Verkäufer Ihr ganz eigenes Talente- und Stärkenprofil, um Ihre Kunden zu gewinnen und zu überzeugen. Nach dem Pareto-Prinzip bringen rund 20 Prozent unserer Marketingkontaktstrategien rund 80 Prozent unserer neuen Kunden, erzielen wir mit circa 20 Prozent unserer Kunden circa 80 Prozent unseres Umsatzes. Auf einen Nenner gebracht: Rund 20 Prozent aller Marketingmaßnahmen bringen rund 80 Prozent aller Marketingergebnisse. Die entscheidende Frage, die sich daraus für Sie ergibt, ist: Welche sind diese 20 Prozent Ihrer Marketingmaßnahmen, die 80 Prozent Ihrer Ergebnisse bringen? Wissen Sie es aufgrund exakter Fakten? Oder können Sie diese Frage eher aus dem Bauch heraus beantworten?

Es liegt nahe, dass Sie das Profil Ihrer individuellen Stärken im Verkauf systematisch herausarbeiten, das Ihnen dann als Basis für die konsequent erfolgsorientierte Umsetzung in die Praxis dient. Im Mittelpunkt dieser Analyse steht die folgende Frage: Was hat Ihnen mit Ihren individuellen Stärken und Schwächen und Ihren Produkten in konkret Ihrem sozialen Umfeld in der Vergangenheit tatsächlich Ihre Kunden gebracht?

Die sofortige und detaillierte Analyse Ihrer Marketingerfolgsursachen hat folgende Vorteile:

- Die Erfolgsursachen, die Ihnen Ihre bisherigen Kunden gebracht haben, sind mühelos reproduzierbar, weil sie in Ihren Talenten, Techniken und Skills begründet sind: Was Sie regelmäßig mit Erfolg angewendet haben, werden Sie auch morgen noch gekonnt beherrschen.
- Aber nicht nur Ihre Erfolgsursachen lassen sich reproduzieren, sondern auch das Selbstvertrauen, das Sie aus Ihren bisherigen Erfolgen gezogen haben und weiter ziehen können.
- Die klare Analyse, wo Sie bisher Energien verschwendet haben und wo Ihr Marketingenergieeinsatz in der Vergangenheit bei geringstem Aufwand den größten Erfolg zeitigt, wird in Ihnen zusätzliche Motivation freisetzen.

Es gibt kein anderes Tool, mit dem Sie mit weniger Aufwand in kürzerer Zeit größere Erfolge erzielen als mit der systematischen Analyse Ihrer bisherigen Vertriebserfolgsfaktoren und ihrer systematischen und bewussten Anwendung in Ihrer zukünftigen Verkaufspraxis.

Entwicklung eines stärkezentrierten Lebensstils und Masterplans

Unser Bauch sagt uns, dass wir erfolgreicher sind, wenn wir uns auf unsere Stärken konzentrieren. In Realität fällt uns dies jedoch sehr schwer. Vielmehr verbringen wir Zeit mit Tätigkeiten, die uns gleichgültig sind, und das immer wieder mit Menschen, die uns eigentlich auch nichts bedeuten. Wir tun diese Dinge oft genug nur aus einem einzigen Grund: Weil wir glauben, sie tun zu müssen. Doch in Wahrheit vergeuden wir damit nicht nur unser Potenzial, sondern gefährden auch die Qualität der Beziehungen zu unseren Mitmenschen. Alle, die glauben, sie müssten erst alle anderen glücklich machen, bevor sie sich um ihr eigenes Glück kümmern dürfen, seien daran erinnert, dass unser Tun dem Sein folgt. Wer als glückliche Mutter oder glücklicher Vater den Tag startet, der steckt mit der guten Laune und der Ausgeglichenheit die Kinder an. Hingegen nervt jedes Brot, das Sie Ihren Kindern mit einem „dass ich mich wieder um euch kümmern muss, obwohl ich so gestresst bin"-Gesichtsausdruck schmieren, Ihre Kids – und es ist nur eine Frage der Zeit, bis sie es Ihnen sagen! Entscheiden Sie sich daher in Ihrem eigenen Interesse und in dem Ihrer Mitmenschen, Ihr Leben nach Ihren Talenten und Stärken auszurichten:

- Wovon sollten Sie mehr in Ihrem Leben haben, um Ihre Talente und Stärken auszuleben?
- Wovon sollten Sie weniger haben, weil es Sie daran hindert, das zu tun, was Ihnen am Herzen liegt?
- Was in Ihrem (Berufs-)Leben sollten Sie neu starten und was stoppen?

Entwickeln Sie anhand dieser Fragen und der Ergebnisse Ihrer Stärkenanalyse einen Plan, welche Talente Sie weiter zu Stärken ausbauen möchten, welches Wissen und welche Skills Sie dazu erwerben wollen und welche Veränderungen Sie in Ihrem Leben durchführen müssen. Und beginnen Sie damit noch heute. Denn eine gute Grundbegabung vorausgesetzt, benötigen wir laut Schätzungen von Sozialwissenschaftlern und Kreativforschern rund zehn Jahre, um unsere Stärke so weit ausgebaut zu haben, um in unserem Fachgebiet Top-Leistungen zu bringen. Und eine weitere Dekade brauchen Spitzentalente, um in der Wissenschaft, Kunst oder auch im Wirtschaftsleben Arbeiten hervorzubringen, die neue Standards setzen. Wer sich auf die eigenen Stärken konzentrieren möchte, wird in unserer Kultur auch immer wieder auf Widerstände stoßen, die es zu überwinden gilt. Damit Ihnen auf Ihrem Weg zu einem stärkenzentrierten Leben nicht die Luft ausgeht, möchte ich Ihnen hier wichtige Erkenntnisse aus der modernen Motivationspsychologie und den Sportwissenschaften vorstellen, für ein Leben voller Motivation und Begeisterung.

Dauerhafte Selbstmotivation

Kommt Ihnen das bekannt vor? Zwischen dem, was Sie als richtig und gut erkannt haben, und dem, was Sie tatsächlich aus diesem Wissen machen, besteht leider oft genug eine große Kluft. Das Gefühl, dass Sie beruflich und privat hinter Ihren eigenen Ansprüchen zurückbleiben, beschleicht Sie immer wieder? Dabei sagt Ihnen doch eine innere Stimme, dass in Ihnen genug Potenzial schlummert, um Ihre Talente zu Stärken auszubauen und Ihre Ziele erfolgreich zu gestalten.

Sie ahnen es schon: Der Schlüssel zur Verbesserung der persönlichen Performance und zur Steigerung Ihrer Leistungsfähigkeit liegt in Ihrem Vermögen, sich selbst gezielt zu motivieren. Doch Positiv-Denken allein greift hier viel zu kurz.

Fehlende Selbstdisziplin ist ein Mythos. Es gibt niemanden, der in sämtlichen Lebensbereichen wenig motiviert ist. Wir wissen oft nur nicht, wie wir uns unseres Kopfes bedienen müssen, um uns in allen Lebensbereichen so zu motivieren, wie uns das durchaus schon in manchen gelingt.

In uns schlummern vor allem zwei motivierende Kräfte: „Schmerz vermeiden" und „Lust gewinnen". Diese Kräfte – ein doppelpoliges Antriebssystem – sind bei allen Menschen gleich.

Wir arbeiten dann besonders motiviert, diszipliniert und konsequent, wenn uns der (bei allen Menschen gleiche) doppelpolige innere Antrieb – Schmerzvermeidung und Lustgewinn – quasi in die Zange nimmt, wobei die Schmerzvermeidung der stärkere Motivator ist. Positiv-Denken allein (Lustprinzip) reicht entgegen dem Wunschdenken vieler Führungs- und Motivationsgurus nicht. Sie verschenken einen Großteils Ihres Motivationspotenzials, wenn Sie sich allein auf die Lustkomponente verlassen; vielmehr benötigen Sie zusätzlich noch den Druck (Schmerzvermeidung), um erfolgreich zu sein.

Alles, was wir tun, dient dazu, Schmerz zu vermeiden oder Lust zu gewinnen. Warum aber handeln so viele von uns wider besseres Wissen und können ihre rationale Einsicht nicht umsetzen? Wenn wir unser Verhalten nicht ändern können, dann deshalb, weil das neue Verhalten in unserer inneren Pein/Lust-Abwägung schlechter abschneidet als das alte.

> *Beispiel:*
>
> Um ein konsequenter und disziplinierter Jogger zu werden, greift es zu kurz, sich allein die positiven Folgen des Joggens – schlankere Figur, größere Ausdauer, höhere Belastbarkeit, besseres Körpergefühl etc. – vorzustellen; ebenso wenig reicht es, die eigenen Schuldgefühle zu kultivieren, weil man sich ständig Vorwürfe macht, zu wenig (Sport) für seine Gesundheit zu tun.
>
> Wenn Sie hingegen regelmäßig joggen, kennen Sie das gute Gefühl innerer Zufriedenheit und Balance nach dem Laufen. Müssen Sie aber Ihre Runde mehrmals hintereinander – aus welchen Gründen auch immer – ausfallen lassen, beginnen Sie, sich schlecht zu fühlen, so schlecht, dass Sie lieber auf das Abendessen verzichten, als noch einmal Ihr geliebtes Joggen sausen zu lassen.

Warum dann erreichen die einen ihre selbst gesteckten Ziele, die anderen aber nicht? Was uns Menschen unterscheidet, ist das, was jeder von uns mit Schmerz oder mit Lust verbindet.

> *Beispiel:*
>
> Wenn Sie also zu den Joggern gehören, die lieber auf das Abendessen verzichten, um durch das Laufen dieses Gefühl innerer Zufriedenheit und Balance zu verspüren, um eine persönliche Auszeit nehmen zu können, dann ist Joggen einer Ihrer „Lustfaktoren", der Sie auch bei Wind und Wetter immer wieder raustreibt!
>
> Aber dann fragen Sie doch einmal in Ihrem Freundes- und Kollegenkreis herum – Sie werden immer mal wieder hören: „Joggen? Oh nein! Schwere Beine, keuchender Atem, Regen, Matsch, Schnee ... warum soll ich mir das antun?" Klarer Fall: Hier siegen der „innerer Schweinehund" und die „Schmerzfaktoren", die Ihre Freunde und Kollegen mit dem Joggen verbinden – und die sind weit stärker als jede rationale Einsicht in die positiven Wirkungen, die das Laufen für ihre Gesundheit hat.

Jeder von uns hat demnach seinen ganz persönlichen Autopiloten, also Denk-, Gefühls- und Handlungsprogramme für alle Lebensbereiche, die uns – ohne dass wir es bewusst wahrnehmen – steuern, damit wir vor allem bei Routineentscheidungen nicht immer wieder von neuem nachdenken müssen. Dauerhaft können wir negative Assoziationen – wie Joggen = schwere Beine, keuchender Atem, Regen, Matsch, Schnee – und unser entsprechendes Verhalten nur durch eine Umprogrammierung dieses Autopiloten ändern. Die Lernformel dafür lautet:

Dauer × Häufigkeit × Emotion

Emotion ist dabei der Lernturbo, denn eine einzige Wiederholung kann ausreichen, um neue Verhaltensweisen zu entwickeln. Das Spannende dabei ist, dass wir die Emotionen nicht live erleben müssen, sondern ein Film im Kopf reicht aus – wie mir das beeindruckende Beispiel eines meiner Seminarteilnehmer bestätigte:

> *Beispiel:*
>
> „Als ich eines Tages nach Hause kam, bemerkte ich sofort, dass etwas nicht stimmte. Meine Frau war so niedergeschlagen. Ich fragte sie, was denn los sei, worauf sie antwortete: ‚Ja hast du denn noch nicht gehört? Dein Freund Wilfred hat Lungenkrebs. Die Ärzte gaben ihm noch etwa zwölf Monate.' Wilfried war in meinem Alter. Wir kannten und schätzten uns seit Jahren. Wir wohnten in derselben Straße mit den Familien anderer Arbeitskollegen. Uns alle verband eine schöne Nachbarschaft und enge Freundschaft. Ich hatte Wilfried beim Bau seines Hauses geholfen, und er mir bei unserem. Unsere Frauen und Kinder verstanden sich gut, und jetzt das! Ich war wie vor den Kopf geschlagen. Um mich abzulenken, ging ich erst mal in den Garten und fing an, den Rasen zu mähen. Ich konnte und wollte nichts Richtiges denken. Irgendwann fischte ich dann ganz in Gedanken eine Zigarette aus meinem Kittel. Gerade, als ich sie anzünden wollte und das Feuerzeug klickte, da hatte ich diese Vorstellung, wie unser Arzt meinem Freund die Nachricht mitgeteilt hat. Das schockte mich so sehr, dass ich meine Zigarette wieder aus dem Mund nahm, zur Mülltonne ging und die angebrochene Zigarettenpackung hineinschmiss. Und seit diesem Tag – der ist jetzt fünf Jahre her – hab' ich keine Zigarette mehr angerührt."

Sie werden zu Recht einwenden, dass mit Sicherheit einige Raucher weitermachen, auch wenn sie Freunde haben, die an Lungenkrebs erkrankt sind. Das Entscheidende an diesem Beispiel ist allerdings, dass allein der Film im Kopf dieses Seminarteilnehmers – die Vorstellung, wie der Arzt seinem Freund sagt, dass er bald sterben wird – ihn dazu brachte, mit dem Rauchen aufzuhören. Emotionen sind also die stärkste Kraft zur Änderung eingefahrener Denk- und Verhaltensmuster – sie können so mächtig sein, das allein ein einzelnes Erlebnis oder sogar nur die Vorstellung davon ausreicht!

Die Lernforschung der letzten Jahre hat gezeigt, dass solche situationsunangemessenen Denk-, Gefühls- und Handlungsmuster uns davon abhalten, so motiviert, engagiert, sicher und zielgerichtet zu agieren, wie wir es uns eigentlich wünschen. Doch alles, was Sie erlernt haben, können Sie auch bewusst wieder „umschulen"! Denkgesetze können uns dabei helfen, rationale Einsichten zu emotionalisieren:

Die wichtigsten Denkgesetze

- Im Anfang war der Gedanke: Was immer Sie in der Welt bewegen wollen, Sie müssen es zunächst im Kopf bewältigen.
- Nachahmung ist der schnellste Weg zum Lernerfolg.
- Motivation kommt von innen: Wenn Sie Ihre inneren Bilder klar vor Augen haben, werden Sie auch im Handeln erfolgreich sein.
- Self-fulfilling Prophecy: Das, was Sie glauben, werden Sie im Rahmen des Naturgesetzlich- und Menschenmöglichen auch erreichen.
- Durch eine gezielte Entscheidung können Sie Ihre Aufmerksamkeit auf jeden gewählten Punkt lenken.
- Im Streit zwischen Intellekt und Gefühl siegt das Gefühl.
- Die Steuerung Ihrer Gefühle geschieht mental durch die Bilder in Ihrem Kopf.
- Beachtung schafft Verstärkung: Wer Vorteile sucht, der findet welche. Wer nach Nachteilen forscht, wird ebenso fündig.
- Nichtbeachtung bringt Befreiung: Akzeptieren Sie das, was Sie ohnehin nicht ändern können, und befreien Sie sich gedanklich davon, indem Sie keine Energie mehr darauf verschwenden.

Beispiel:

Sie brauchen nicht 40 Kilo zuzunehmen und wie ein Michelin-Männchen durch die Gegend zu watscheln, um die Pein zu erleben, Übergewicht zu haben: Wenn Sie sich nur intensiv genug vorstellen können, wie es ist, wenn Sie so verfetten, genügt dies in vielen Fällen für die emotionale Einsicht, sich bessere Ernährungsgewohnheiten zuzulegen.

Das konstruktive Selbstbild

Die Basis unseres Verhaltens und unserer Gewohnheiten ist das Bild, das wir von uns selbst „gemalt" haben. Nichts steuert unser Verhalten stärker als die Grundüberzeugungen über uns selbst: Unsere Vorstellungen darüber, was wir können, welche charakterlichen und intellektuellen Stärken und Schwächen wir haben, welche Fähigkeiten wir uns zutrauen und welche nicht. Die stärkste Kraft in uns ist der Wunsch, langfristig in Übereinstimmung mit dem bewussten oder unbewussten Bild von uns selbst zu sein – dies ist wie ein Autopilot, der unser Verhalten steuert.

Die Frage, wie wir unsere persönliche Weiterentwicklung vorantreiben können, ergibt sich somit fast von selbst: „Wie kann ich mein Selbstbild als entscheidenden Schlüsselfaktor für mein Verhalten in meinem (bewussten) Sinn beeinflussen?"

Positives Denken allein hilft nicht, wir brauchen harte Fakten. Schaffen Sie sich daher eine Basis gesunden Selbstvertrauens durch konstruktives Erinnerungsmanagement, indem Sie sich Ihrer Erfolge bewusst werden! Erinnern Sie sich an Leistungen in der Vergangenheit, auf die Sie zu Recht stolz sind und auf die Sie zurückgreifen, wenn Sie in einer vergleichbaren Situation wieder gefordert sind – positive Referenzerfahrungen nennt das die Motivationspsychologie.

Übung: Liste meiner Erfolge/Erfolgstagebuch

Erstellen Sie eine Liste aller beruflichen und privaten Situationen, in denen Sie in Ihrem bisherigen Leben über sich hinausgewachsen sind: Auf welche (Verkaufs-/Verhandlungs-)Erfolge sind Sie stolz? Worin sind Sie anerkanntermaßen Experte? Welche auch privaten Herausforderungen, Probleme oder Schicksalsschläge haben Sie schon gemeistert?

Sollten Sie das Gefühl haben, schon mehr Erfolge erreicht zu haben, als Ihnen für eine solche Liste einfallen, dann empfiehlt es sich, ein Erfolgstagebuch zu führen. Protokollieren Sie täglich Ihre Aktivitäten und Erfolge, und Sie werden bei der allabendlichen Auflistung Ihrer Etappenerfolge feststellen: Es gibt gleich mehrere Punkte, die Sie so nie bewusst als Erfolg für sich verbucht hätten!

Das Führen einer solchen Erfolgsbilanz hat darüber hinaus noch weitere Vorteile:

- Indem Sie sich täglich fragen, was gut war und worauf Sie stolz sein können, richten Sie Ihren eigenen „inneren" Blick ganz von selbst auf Ihre Stärken.
- Wer morgens weiß, dass er abends sein Handeln protokolliert, fühlt sich seinen Vorsätzen und Zielen viel stärker verpflichtet.
- Vor neuen Herausforderungen erlaubt Ihnen Ihr Erfolgstagebuch, sich Ihre vergangenen Erfolge wieder ins Gedächtnis zu rufen und dadurch Ihr Selbstbewusstsein zu stärken.

Übernehmen Sie Verantwortung für Ihr Handeln!

Die eigenen Erfolge als festes Fundament für den Aufbau eines konstruktiven Selbstbildes zu mauern, ist nur möglich, wenn Sie Ihre Aufgaben ohne Wenn und Aber angehen. Übernehmen Sie Verantwortung für Ihr Tun und lassen Sie sich nicht von typischen Fluchtstrategien verführen:

- Ausreden: „Ich habe keine Zeit" bedeutet übersetzt: „Ich möchte mir dafür keine Zeit nehmen".
- „Das haben wir immer schon so gemacht" oder „Das funktioniert so nicht" sind die typischen Killerphrasen ewiger Bremser.
- Die Schuld auf das „System", die „Umstände" oder die „anderen" zu schieben, hat lediglich Sündenbockfunktion. Konzentrieren Sie sich auf Ihren Einflussbereich, Sie können mehr verändern, als Sie zunächst glauben.
- Wer nicht handelt, lehnt die Verantwortung für sich selbst ab und behindert so seine eigene Weiterentwicklung.

Finden Sie Ihre Vision, haben Sie Ihren Schlüssel

Erst das Warum, das Vorhandeinsein einer Vision hinter unseren Zielen, gibt uns die Kraft und das Durchhaltevermögen, das zu erreichen, was wir uns von ganzem Herzen wünschen: 80 Prozent unserer Motivation entspringen unserer Lebensvision, nur 20 Prozent dem eigentlichen Tun.

Neben der Kraft, die durch eine Vision freigesetzt wird, und den Nehmerqualitäten, die Menschen mit klaren Lebenszielen entwickeln, hängt von diesem Gesamtziel auch ab, ob und welche unserer Talente wir zu Stärken entwickeln.

> *Beispiel:*
>
> Stellen Sie sich vor, Sie seien Abteilungsleiter eines großen internationalen Konzerns. Sie sind ehrgeizig, wollen weiterkommen, doch in Deutschland sind alle für Sie interessanten Karriereoptionen vergeben. Dann ergibt sich plötzlich eine Riesenchance: In England ist die Geschäftsführerposition des größten Tochterunternehmens neu zu besetzen. Der Vorstand sagt: „Sie sind unser Mann/unsere Frau in London – vorausgesetzt, Ihr Englisch ist so gut, dass Sie diesen Sprung schaffen."

Wenn Sie eine latente Sprachbegabung in sich spüren, dann wird dieses Ziel, diese Vision, in London in einem tollen Büro zu sitzen und die Geschicke eines Unternehmens zu lenken, das Sprachgenie in Ihnen wecken. Sie lernen innerhalb eines halben Jahres besser Englisch sprechen, als das neun Jahre Schulenglisch jemals vermocht hätten – so gut, dass Sie sich fragen, warum Sie dieses Potenzial nicht schon längst entfaltet haben!

Setzen Sie daher alles daran, Ihre Lebensvision, Ihre ganz eigene „Big Idea" zu entwickeln, denn erst wenn Sie wissen, wofür Sie leben und was Sie mit Ihrem Leben anfangen wollen, lernen Sie auch, neue Talente zu entdecken und zu entfalten. Jeder, der dauerhaft motiviert ist, hat einen (sehr subjektiven) Grund, warum seine Existenz und seine Ziele Sinn machen.

Aber: Wie arbeiten wir unsere höchsten Werte und Lebensprinzipien heraus? Wie finden wir die Gründe für unsere Existenz, mit denen wir uns hundertprozentig identifizieren? Wie kommen wir zu dem Maßstab, der uns am Ende unseres Lebens intuitiv entscheiden lässt, ob uns unser Leben geglückt ist?

Übung: Die eigene Beerdigung

Eine Lebensvision lässt sich nicht allein auf Werte wie Karriere, Geld und äußeren Erfolg stützen. Für eine tieferes Verständnis dessen, was Ihnen wirklich, also am Ende Ihres Lebens – sozusagen endgültig – wichtig ist, ist die folgende Übung geeignet:

Stellen Sie sich vor, in fünf Jahren stoßen Sie in Ihrem Terminkalender auf folgenden Eintrag: „10 Uhr Beerdigung". Sie sind einer der letzten Gäste und nehmen kurz vor 10 Uhr in der Kirche in der letzten Reihe Platz. Vor Ihnen sehen Sie Ihre Familie, Freunde, Nachbarn, Arbeitskollegen und viele Bekannte. Plötzlich wird Ihnen bewusst: Das ist ja meine eigene Beerdigung! Mit Befremden und gleichzeitigem Interesse lesen Sie im Programm, dass anlässlich Ihrer Beerdigung vier Menschen sprechen: Ein Familienangehöriger, ein Vertreter Ihres beruflichen Umfeldes (Ihr Chef, ein Kollege, Mitarbeiter oder Kunde), ein Freund und ein Vertreter aus Ihrem Bekanntenkreis (Nachbarn, Sportverein etc.).

Überlegen Sie sich jetzt: Was möchten Sie, dass diese vier Vertreter in fünf Jahren berechtigterweise über Sie sagen können?

Übung: Zehn-Jahre-Rückblick

Mit dieser Übung schaffen Sie sich eine Basis für ein realistisches Selbstvertrauen, dass es Ihnen auch gelingen wird, Ihre Vision Realität werden zu lassen. Sie werden verblüfft feststellen, wie Sie sich in den vergangenen zehn Jahren als Persönlichkeit weiterentwickelt haben – stärker als Ihnen das bewusst war.

Stellen Sie sich vor – angenommen, Sie führen diese Übung im Jahr 2010 durch – wo Sie sich im Jahr 2000 in Ihrer persönlichen Entwicklung befanden:

- Welche Ziele und Visionen hatten Sie?
- Wie sind Sie mit anderen Menschen umgegangen?
- Welche Charakterstärken und -schwächen hatten Sie damals?
- Welches Know-how hatten Sie? Was haben Sie seitdem alles dazugelernt?
- Wie war es um Ihre Gesundheit und Fitness bestellt?

Übung: Warum eigentlich begehen Sie nicht Selbstmord?

Der Psychotherapeut Viktor Frankl fragte Patienten, die sich über ihr schweres Leben beklagten: „Warum begehen Sie eigentlich nicht Selbstmord?"

Die spontane Antwort auf diese Frage gibt erstaunliche Einsichten in den eigentlichen Grund unseres Seins – gerade auch wenn wir uns dessen nicht (sofort) bewusst sind.

Nehmen wir an, Sie würden auf Frankls Frage spontan antworten: „Weil meine Familie – mein Partner und meine Kinder – mich brauchen." Und je länger Sie darüber nachdenken, desto richtiger erscheint Ihnen auch Ihre spontane Antwort: „Ja, ich bin ein Familienmensch und habe mich schon immer als ruhenden Pol im Mittelpunkt unserer Familie gesehen. Mein Ziel ist es, meinen Kindern für ihr späteres eigenes Familienleben ein positives Rollenmodell mitzugeben. Ich möchte meine Kinder in ihren individuellen Fähigkeiten und Begabungen fördern."

So formuliert, hätten Sie Ihren spontan artikulierten Lebenssinn „Familie" zu einer Lebensaufgabe erweitert, die Sie mit Stolz erfüllt und an der Sie wachsen können.

Übung: Gewohnheiten-Prüfstand

Mit dieser Übung können Sie Ihrer Vision den letzten Feinschliff geben und erkennen, wie wichtig Ihr tägliches Handeln zum Erreichen der Vision ist. Listen Sie Ihre guten und schlechten täglichen Gewohnheiten (Handlungen und Unterlassungen) einmal ganz ehrlich auf. Überlegen Sie sich dann, welche langfristigen Konsequenzen diese Gewohnheiten haben, wenn Sie sie weiterführen wie bisher.

Beispiel:

Wenn Sie brav zweimal am Tag Ihre Zähne putzen, sorgen Sie dafür, dass Ihre eigenen Zähne mehrere Jahre länger halten. Wenn Sie hingegen zu wenig Ausgleichssport zu Ihrem Zehnstunden-Schreibtischjob betreiben, können Sie sich ausmalen, dass Sie vergleichsweise früh – körperlich und geistig – weniger belastbar sind und weniger Energie haben.

Entscheidend für unser langfristiges Lebensglück und entsprechenden Erfolg sind, abgesehen von einigen wenigen Grundsatzentscheidungen, die Dinge, die wir immer wieder tun – und die, die wir regelmäßig versäumen. Anders formuliert: Der größte Teil dessen, was wir für Schicksalsschläge halten, ist nichts anderes als „summierte Lebensführungsschuld".

Finden Sie Ihre persönlichen Motivationsknöpfe!

Wussten Sie, dass Sie „Knöpfe" im Kopf haben, auf die Sie nur zu drücken brauchen, um wie auf Kommando motiviert bis in die Haarspitzen Gas geben zu können? Kleine Auslöser, die in unserer Psyche Motivationskräfte freisetzen können, die weit jenseits dessen liegen, was die meisten Menschen vermuten. Russische Sportpsychologen haben vor einigen Jahren eine ganze Reihe dieser Motivationsknöpfe enttarnt und einen Test entwickelt, mit dem wir unsere Hauptmotivatoren ganz einfach bestimmen können: die Motivatorenanalyse®, die auf Untersuchungen der Motivationsstrukturen mehrerer Hundert Weltklasseathleten beruht. Nutzen Sie diese Übung, um Ihre individuellen Motivatoren herauszufinden und diese dann systematisch zur Verfolgung Ihrer Ziele einzusetzen.

Übung: Motivatorenanalyse

1. Listen Sie mindestens fünf Situationen auf, in denen Sie weit über Ihre normalen Leistungen hinausgewachsen sind: Gefragt sind Situationen, in denen Sie weit besser waren als sonst, in denen Sie sich selbst positiv überrascht haben. Dabei ist nicht entscheidend, wie Ihre Leistung im Verhältnis zu anderen steht (zum Beispiel Marathon: vorletzter Zieleinlauf, aber erster Marathon überhaupt), ob es sich um berufliche oder private Spitzenleistungen handelt oder wie lang diese Erfolge zurückliegen. Bei Leistungen, die sich in ihrem Entstehungsprozess über einen längeren Zeitraum erstreckt haben (zum Beispiel Diplom- oder Doktorarbeit, Projekte etc.) ist es wichtig, dass Sie sich Ereignisse ins Gedächtnis rufen, in denen sich diese außerordentliche Leistung verdichtet (zum Beispiel mündliche Diplomprüfung).
2. Wählen Sie spontan eines Ihrer Erfolgserlebnisse aus, gehen Sie in Gedanken zurück zu diesem Ereignis und lassen Sie es ein paar Minuten vor Ihrem geistigen Auge ablaufen. Konzentrieren Sie

sich bei Ihrer Erinnerung auf drei Komponenten, um das Ereignis sozusagen dreidimensional „wiederzubeleben“: Was höre und sehe ich? Welche Eindrücke hätte eine Fernsehkamera von diesem Ereignis aufgenommen? Was sage ich zu mir selbst in dieser Situation? Protokollieren Sie Ihren inneren Dialog, als ob er auf einem inneren Tonband aufgenommen würde. Welche entscheidenden Phasen gab es in der Vorbereitung? Denken Sie in Rückblenden an die Entstehung Ihrer hervorragenden Leistung.

3. Protokollieren Sie Ihr Erfolgserlebnis in Stichworten: Je mehr Ideen Ihnen einfallen und je konkreter diese Gedanken sind, umso besser. Setzen Sie sich zum Ziel, in 20 Minuten mindestens 50 Erinnerungsstichworte zu notieren.
4. Werten Sie Ihr Erinnerungsprotokoll anhand der folgenden Checkliste aus:

Checkliste

Motivatoren	**wichtig**		↔			**unwichtig**
	1	2	3	4	5	6
Selbst in Aktion sein: Wie stimulierend ist es für Sie, bei einer Tätigkeit die eigenen Möglichkeiten und Talente zu erleben? Wie sehr motiviert Sie eine „aktive Umgebung“?	❑	❑	❑	❑	❑	❑
Anderen zuschauen können: Inwieweit lassen Sie sich vom Vorbild anderer zu Ihrem eigenen Erfolg anspornen? Gibt Ihnen der Gedanke „Was der kann, schaffe ich schon lange“ einen zusätzlichen Kick?	❑	❑	❑	❑	❑	❑
Erinnerungen an vergangene Erfolge und Misserfolge: Wie stark motivieren Sie eigene bereits erbrachte Leistungen?	❑	❑	❑	❑	❑	❑
Zukunftsperspektive: Sind Sie bereit, für eine bessere Zukunft auf Annehmlichkeiten in der Gegenwart zu verzichten?	❑	❑	❑	❑	❑	❑
Identifikation mit der Aufgabe: Wie stark motiviert es Sie, etwas Sinn-/Wertvolles zu tun?	❑	❑	❑	❑	❑	❑

Fortsetzung Checkliste						
Motivatoren	**wichtig**		↔			**unwichtig**
	1	2	3	4	5	6
Wohlgefühl während der Tätigkeit: Brauchen Sie Druck, um zur Höchstleistung aufzulaufen, oder gehören Sie eher zu denen, die dafür Ruhe und Sicherheit brauchen?	❑	❑	❑	❑	❑	❑
Wettkampf- und Rekordorientierung: Wie stark ist Ihr Wunsch, Erster zu sein?	❑	❑	❑	❑	❑	❑
Allein arbeiten können: Spornt es Sie an, Herr des Geschehens zu sein und allein in der Verantwortung zu stehen?	❑	❑	❑	❑	❑	❑
Companionship: Motiviert Sie es, etwas mit anderen gemeinsam tun zu können?	❑	❑	❑	❑	❑	❑
Außenfaktoren: Wie stark beeinflussen Sie äußere Bedingungen (zum Beispiel die Anwesenheit von Menschen, die Ihnen wichtig sind, neue Arbeits- oder Sportgeräte, Outfit, Maskottchen)	❑	❑	❑	❑	❑	❑
Anerkennung: Wie wichtig ist es für Sie, für Ihre Leistungen gelobt zu werden?	❑	❑	❑	❑	❑	❑
Sachfeedback: Wie wichtig ist für Sie das sichtbare Ergebnis Ihrer Bemühungen?	❑	❑	❑	❑	❑	❑
Herausforderung: Wie stark werden Sie durch Probleme, Nachteile oder Zweifel anderer motiviert?	❑	❑	❑	❑	❑	❑
Gute Vorbereitung: Wie wichtig ist Ihnen eine gute Vorbereitung, um aus einem zusätzlichen Sicherheitsgefühl Höchstleistungen zu erbringen?	❑	❑	❑	❑	❑	❑

Der Motivationskick für Ihre Weiterentwicklung!

Denken Sie daran: Es ist *Ihre* Karriere – Sie bestimmen, wann sie beginnt und wohin sie führt!

Zweiter Trainingstag

Sich als Experte positionieren

Vom sachlichen Nutzenvorsprung zum emotional packenden Verkaufserlebnis

Alexander Christiani

Herr Christiani, welchen Tipp haben Sie für Menschen, denen es nicht liegt, ihren Expertenstatus offensiv zu vertreten, also sich und ihr Know-how zu verkaufen?

Alexander Christiani: Meine Empfehlung für introvertierte Menschen ist: Versuchen Sie nicht, diese scheinbare Kontaktschwäche zu einer ungeliebten Stärke zu machen, denn auf diese Weise bleiben Sie im Mittelmaß stecken! Der Schlüssel heißt hier: verteilte Kompetenzen im Akquisitionsteam. Wenn Sie also ein eher introvertierter Verkäufer sind, dann umgeben Sie sich mit extrovertierte Kontaktern, Vor- und Hilfsverkäufern etc. – Menschen, die für Sie den Kontakt herstellen und das Eis im Gespräch mit Ihren Kunden brechen.

Woran liegt es, dass Mund-Propaganda vergleichsweise wenig systematisch vorangetrieben wird?

Christiani: Zum einen glauben die meisten Unternehmen, Mund-zu-Mund-Propaganda sei ein Phänomen, das völlig abgekoppelt von ihrer Eigeninitiative zustande kommt oder einfach geschieht, sodass sie keine Chance sehen, darauf Einfluss zu nehmen. Zum anderen haben nur wenige Unternehmer ein sozialpsychologisch fundiertes Hintergrundverständnis dafür, wie Mund-zu-Mund-Propaganda funktioniert, und wissen daher auch nicht, wie sie diese selbst aktiv gestalten und steuern können.

Was raten Sie Verkäufern, die sich schwer tun, für ihre Produkte und Dienstleistungen ein begeisterndes Erlebnis zu inszenieren?

Christiani: Meine Empfehlung für diese Verkäufer ist: Begreifen Sie, dass es keine unemotionalen Produkte gibt. Wer jemals die leuchtenden Augen eines Unternehmers gesehen hat, der irgendeine Technik vorstellt, durch die er sich und sein Unternehmen repräsentiert fühlt, der weiß, dass es keine unemotionalen Produkte gibt. Ich kann aus allem und jedem ein emotionales Produkt machen. Mit anderen Worten: Es gibt keine langweiligen Produkte und Dienstleistungen, es gibt nur langweilige und fantasiearme Marketingmenschen, die die Emotionalisierung eines Produkts nicht hinbekommen.

Sich als Experte positionieren

Vom sachlichen Nutzenvorsprung zum emotional packenden Verkaufserlebnis

Mund-zu-Mund-Propaganda: die beste und preiswerteste Werbung für Ihren Expertenstatus

Das letzte Kapitel hat Ihnen gezeigt, wie Sie Ihr ganz individuelles Talenteprofil herausarbeiten und diese Talente mit Hilfe Ihrer persönlichen Motivations-Pusher zu dauerhaften Stärken weiterentwickeln können, auf deren Fundament Sie Ihr privates Glück und Ihren beruflichen Erfolg auf- und ausbauen.

Unsere Stärken gedeihen am besten auf dem Boden fruchtbarer Märkte, die unsere Talente fordern und fördern. Allerdings kann in den Märkten der Zukunft nur derjenige Erfolg haben, der mit klarer Expertenpositionierung einen sichtbaren Kundennutzen kommuniziert und somit zum Kundenmagneten wird.

> *Beispiel:*
>
> Bill Gates hätte mit seinem unternehmerischen Talent sicher auch als Möbelhändler seine Familie ernähren können, aber es ist sehr zweifelhaft, ob er mit einer Möbel- und Matratzenfirma namens Microsoft überhaupt nur in die Reichweite seines Microsoft-Software-Erfolges gekommen wäre ...

Erarbeiten Sie sich daher eine ideale Marktpassung, die Ihre Talente und Stärken voll zur Geltung bringt:

- Welches Entwicklungspotenzial besteht in den von Ihnen ins Auge gefassten Branchen mittel- und langfristig?
- In welchen Wachstumsbranchen werden Ihre Talente als Verkäufer in welcher Form gebraucht und gefördert?

- Wo können Sie mit Ihren Talenten und Stärken als Verkäufer sichtbar mehr Nutzen bieten als andere?
- Welches Wissen und welche Skills als Verkäufer in „Ihrer" Branche müssen Sie noch erwerben, um Ihre Talente zu Stärken auf Expertenlevel werden zu lassen?
- Können Sie durch die Spezialisierung auf Problemlösungen für bestimmte Zielgruppen einen sichtbaren Mehrnutzen bieten?
- Wie können Sie Ihren Zusatznutzen so bildhaft kommunizieren, dass Sie sich als Marke in den Köpfen Ihrer Kunden etablieren?
- Wie sieht Ihr Business in fünf Jahren idealerweise aus, wenn Sie bis dahin zu den führenden Verkäufern Ihrer Branche gehören?

Neben der gezielten Förderung Ihrer Talente, Stärken, Ihres Wissens und Ihrer Skills in der „richtigen" Branche spielt die Mund-zu-Mund-Propaganda eine zentrale Rolle beim Aufbau Ihres Expertenstatus und damit Ihrer Spitzenposition als Verkäufer.

Allerdings sind viele Unternehmen und ihre Verkäufer auch heute noch der Meinung, Mund-zu-Mund-Propaganda sei ein unkontrollierbarer Selbstläufer, auf den sie keinen Einfluss nehmen oder den sie gar steuern und so für sich nutzen könnten. Zudem beschränke sich Mund-zu-Mund-Propaganda allein auf die Qualität ihrer Produkte und Dienstleistungen, aber nicht auf die erfolgreiche Kommunikation eines eindeutigen Kundennutzens. Diese Haltung hält viele Unternehmen und ihre Verkäufer nach wie vor davon ab, mit systematisch initiierter Mund-zu-Mund-Propaganda einen unverwechselbaren Expertenstatus aufzubauen. Dies ist einerseits schade für Unternehmen, eröffnet Ihnen aber ungeahnte Chancen, denn Mund-zu-Mund-Propaganda ist zweifellos das preiswerteste und wirkungsvollste Werbeinstrument der Welt. Beginnen Sie noch heute, daran zu arbeiten, dass Ihre Kunden gern von Ihren Produkten und Dienstleistungen erzählen!

Ob Sie auch alles zum Aufbau und zur Kommunikation Ihres Expertenstatus Förderliche getan haben, können Sie prüfen, indem Sie sich einfach folgende Situation vorstellen: Ein Kunde hat bei Ihnen ein Produkt oder eine Dienstleistung erworben und sitzt am Abend des gleichen Tages mit Freunden, Bekannten oder Nachbarn zusammen. Die beiden strategisch entscheidenden Fragen heißen jetzt:

1. Wie groß ist die Wahrscheinlichkeit, dass er sich überhaupt an Ihr Produkt und das Einkaufserlebnis erinnert?

2. Und wenn er sich positiv daran erinnert: Wie faszinierend, bewegt und begeisternd und vor allem wie anschaulich kann er und wird er von seinem Einkaufserlebnis berichten?

Die emotionale Nutzenstory: Verpackung des Kundenmehrnutzens in emotionale Geschichten

Als ich mir vor über 20 Jahren meinen ersten Sportwagen kaufte, sagte der Verkäufer bei der Fahrzeugübergabe zu mir: „Sie werden sehen, Herr Christiani, mit diesem Auto werden Sie große Freude haben. Unsere Autos sind so zuverlässig, die bleiben praktisch nie am Straßenrand wegen einer Panne liegen." Dann öffnete er das Handschuhfach, räumte alles heraus (die Betriebsanleitung, das Serviceheft etc.) und holte aus seiner Hemdtasche seine Visitenkarte. „Wissen Sie, ich bin so überzeugt von der Zuverlässigkeit unserer Autos, hier haben Sie meine Visitenkarte", erzählte er weiter. „Auf der Rückseite steht auch meine Privatadresse und die private Telefonnummer. Sollten Sie einmal eine Panne haben und niemanden erreichen, keinen ADAC oder sonst jemanden, und Sie wissen nicht mehr, was Sie tun sollen, rufen Sie mich einfach an, auch privat und auch um 4 Uhr morgens. Ich werde mich dann persönlich darum kümmern, dass Ihr Auto so schnell wie möglich wieder flott gemacht wird. Also vergessen Sie nicht, Sie finden meine Visitenkarte immer ganz unten bei sich im Handschuhfach." Mit diesen Worten schloss er das Handschuhfach und sagte: „Ich gebe allen meinen Kunden meine Visitenkarte und pro Jahr sind es maximal ein bis zwei Kunden, die wirklich meine Hilfe in Anspruch nehmen und mich anrufen. Also zögern Sie im Fall der Fälle nicht, sich zu melden." „Aber wahrscheinlich werden Sie sie nie brauchen," sagte er noch mit einem Augenzwinkern, „denn unsere Autos sind äußerst zuverlässig."

Glauben Sie mir, dass keine schriftliche Garantieerklärung mich von der Zuverlässigkeit des Wagens mehr hätte überzeugen können als diese kleine Geste des Verkäufers? Und raten Sie einmal, was ich als erstes erzählt habe, als ich wieder nach Hause gekommen bin ...

Was ziehen Sie für sich aus dieser Anekdote? Haben Sie schon eine emotionale Nutzenstory, mit der Sie aus Ihren Kunden begeisterte Stammkunden und aktive Empfehlungsgeber machen? Wenn nicht, dann wird's höchste Zeit ... Hier ein paar Tipps:

- Die Story sollte Ihre Kunden emotional ansprechen, auch wenn sie den rational begründbaren (Mehr-)Nutzen Ihres Produkts oder Ihrer Dienstleistung transportiert. Eine kleine persönliche Geste entfaltet dabei – wie das Beispiel zeigt – in der Regel eine größere Wirkung als ein pompös, aber letztlich unpersönlich inszeniertes Spektakel.
- Versetzen Sie sich bei der Entwicklung der Story in Ihre Kunden hinein. Optimieren Sie den Kundennutzen aus der Perspektive Ihrer Kunden, nicht aus Ihrer (Fach-)Expertensicht!
- Ihre Story sollte leicht in den Köpfen Ihrer Kunden haften bleiben, damit sich diese leicht daran erinnern und sie vor allem auch leicht weitererzählen können.

Machen Sie Ihren Expertenstatus durch Kommunikationsgemeinschaften bekannt

Die Emotionalisierung des Kundennutzens Ihres Angebots ist die entscheidende Strategie, mit der Sie als Verkäufer Mund-zu-Mund-Propaganda zum eigenen Vorteil initiieren und aktiv gestalten können. Die Ansprüche unserer Kunden wachsen täglich: Mit dem reinen Produktgrundnutzen holen Sie heute „keinen Hund mehr hinterm Ofen hervor". Mit der nüchternen Darstellung Ihres Zusatznutzens, zum Beispiel eines umfangreichen Serviceangebots, punkten Sie möglicherweise beim Verstand Ihres Kunden – aber sein Herz „treffen" Sie damit auch nicht, denn bloße rationale Einsichten beeinflussen, steuern und faszinieren uns weit weniger als Emotionen. Ihre Kunden sind abenteuerlustig und erlebnishungrig – geben Sie Ihren Kunden also das, was sie sich wünschen!

Mund-zu-Mund-Propaganda, die Sie mit emotionalen Storys zu Ihrem Kundennutzen anstoßen, gehört zu den wichtigsten, weil effektivsten Methoden der Neukundengewinnung, denn potenzielle Kunden vertrauen den Empfehlungen ihrer Bekannten und Freunde immer mehr als Werbeaussagen.

Allerdings sollten Sie sich gleich von der weit verbreiteten Vorstellung verabschieden, Mund-zu-Mund-Propaganda funktioniere wie eine Schneeball- und Lawinensystem. Es sind meist dieselben Menschen, die als Träger von Mund-zu-Mund-Propaganda wie Kommunikationskanäle wirken. Diese Menschen berichten immer wieder gern und ausführlich von ihren (Einkaufs-)*Erlebnissen* und haben das Bedürfnis, ihren Freunden, Bekannten und Kollegen entsprechende Empfehlungen zu geben.Sprechen Sie gezielt diese Kommunikationskanäle an, um sich gegenüber Ihren Verkäufer-Kollegen (und -Konkurrenten!) einen Bekanntheitsvorsprung zu sichern!

Networking: Auf der Suche nach Experten-Partnern

Klasse statt Masse: Für professionelles Networking gilt dasselbe wie für den gezielten Aufbau von Mund-zu-Mund-Propaganda: Es kommt nicht darauf an, sich mit möglichst vielen Partnern zu vernetzen, sondern gezielt die richtigen Partner auszuwählen – und das gilt nicht nur für Verkäufer im Innen- und Außendienst, sondern auch (und vor allem) für freie Handelsvertreter, freiberufliche und gewerbliche Ein-Mann-Dienstleister, Vertriebsleiter und Marketingchefs größerer Unternehmer sowie Entscheider in KMUs und und und ...

Angenommen, Sie streben eine Zielgruppe an, die fest in den Händen eines anderen Unternehmens ist. Dieses Unternehmen und seine Verkäufer werden den Teufel tun, Ihnen ihre wertvollen Kunden zu überlassen – es sei denn, Sie besitzen einen Expertenstatus, mit dem dieses Unternehmen seine Stammkunden noch stärker an sich binden kann!

Daraus folgt – und das wird allzu oft vergessen – die entscheidende Voraussetzung für erfolgreiches Networking: der Expertenstatus für eine bestimmte Zielgruppe. Leistungsfähige Unternehmen, die selbst einen Expertenstatus in einer bestimmten Zielgruppe besitzen, sind nur an Kooperationen mit Experten – also auch Ihnen als Verkaufsexperten! – interessiert, die der eigenen Kundenbeziehung einen Mehrwert geben können.

Beispiel:

Einer meiner Kunden, ein selbstständiger Finanzdienstleister aus der Nähe von Köln, entschied sich nach unserem Workshop „Das neue Verkaufen", doch einmal den Filialdirektor der örtlichen Sparkasse auf eine Kooperation anzusprechen. Er sagte sich: „Schließlich habe ich ja ein Sparbuch bei der Sparkasse, von daher könnten die ja ruhig mit mir kooperieren." So sprach er den zuständigen Filialleiter auf einen Schaukasten außerhalb des Bankgebäudes an, in dem die Bank einzelne

Immobilienobjekte zum Kauf anbot. Mein Kunde bat darum, sofern in dem Schaukasten noch Platz sei, eigene Immobilienangebote dort mit auszuhängen. Zum Erstaunen meines Kunden willigte der Filialdirektor sofort ein. Seine Überlegung: Wir haben ohnehin zu wenig Kunden, die sich unseren Immobilienaushang anschauen. Je mehr interessante Objekte dort aushängen, umso besser für uns alle.

Nachdem mein Kunde über diesen Umsetzungserfolg in einer mehrteiligen Marketingakademie mit insgesamt 29 Teilnehmern berichtet hatte, erzählten drei weitere Teilnehmer drei Monate später, dass es ihnen ebenfalls gelungen sei, mit örtlichen Sparkassen oder Raiffeisenbanken ins Geschäft zu kommen.

Damit wir uns recht verstehen: Ich bin fest davon überzeugt, dass diese Kooperationsmöglichkeit mit der örtlichen Sparkasse für meinen Kunden mehrere zehntausend Euro wert ist. Wann immer er sich nämlich bei einem neuen Kunden vorstellt, kann er sagen: „Sie kennen mich vermutlich noch nicht. Ich bin Kooperationspartner der örtlichen Sparkasse hier. Wenn Sie einmal unten in der Fußgängerzone an deren Schaukasten vorbeikommen, dann werden Sie sehen, dass wir im Sektor der Immobilienangebote miteinander kooperieren ..." Auf diese Art das eigene Image mit dem eines renommierten Kreditinstitutes verknüpfen zu können, ist sicherlich nicht der schlechteste Start für eine Expertenpositionierung ...

Immer, wenn ich von solchen oder ähnlichen, einfachen Networking-Beispielen berichte, mit denen viele unserer Kunden hervorragende Erfolge erzielt haben, seufzen manche Seminarteilnehmer und denken: Wenn das doch nur alles nur so einfach wäre! Nach vielen Dutzend Coachings kann ich Ihnen sagen, dass der Aufbau eines funktionierenden Netzwerks nicht immer so einfach ist, wie hier beschrieben. Auf der anderen Seite ist er in aller Regel jedoch erheblich einfacher, als die meisten unserer Kunden zuvor vermutet haben. Die Frage ist: Wie können Sie für Ihr Unternehmen die besten Networking-Partner finden? Die wichtigste strategische Frage lautet:

Wer kennt die, die ich kennen lernen möchte?

Strategische Fragen für das Networking

- Wo und wie können Sie für sich als Verkäufer und Ihr Unternehmen die besten Networking-Partner finden?
- Wer hat Einfluss bei denen, die Sie kennen lernen und als Zielgruppe gewinnen wollen? Kennen Sie Verkäufer, die ein starkes Standing in dieser Zielgruppe haben und die Sie kontaktieren können? Welche Unternehmen betreuen schon seit Jahren die Zielgruppe, in die Sie hineinwachsen wollen? Welche Verkäufer haben diese Unternehmen?
- Was könnten Sie diesen Unternehmen und ihren Verkäufern von Ihrem Expertenstatus her zur Unterstützung ihres Kundenbindungskonzepts anbieten?

Wann waren Sie das letzte Mal in Ihrer Stadt spazieren?

Neben der Strategie, nach den Unternehmen zu „fahnden", die die von Ihnen angestrebte Zielgruppe seit Jahren erfolgreich bedienen, bietet sich insbesondere die Methode des Stadtspaziergangs an: Sie ist verblüffend einfach, empfiehlt sich aber vor allem für Unternehmen und ihre Verkäufer, die in einer Region Marktführer werden wollen. Spazieren Sie sonntags einmal durch die Fußgängerzone oder die Hauptgeschäftsstraße Ihrer Stadt und fragen Sie sich, welche Unternehmen für Sie interessante Networking-Partner wären, mit denen sich eine Kooperation lohnen würde. Alternativ können Sie natürlich auch die Gelben Seiten, andere Branchenverzeichnisse oder große Adresskataloge wie die von Schober oder Bertelsmann nach potenziellen Partnern durchstöbern. Auf jeden Fall erhalten Sie so eine Menge Ideen, mit wem sich eine Networking-Kooperation lohnen könnte.

Über dieses „Huckepack"-Networking hinaus können Sie auch gezielt auf Unternehmen und deren Verkäufer zugehen, die *Einfluss* auf die von Ihnen angestrebte Zielgruppe haben – um in Ihrer Stadt zu bleiben, wären das beispielsweise Vorstände von Vereinen, örtliche Industrie- und Handelsverbände wie die IHK, Ansprechpartner in der Stadtverwaltung etc. Die strategische Schlüsselfrage bei diesem *Multiplikatoren*-Networking lautet also:

Wer hat Einfluss bei denen, die ich kennen lernen möchte?

Gewinnung von Top-Multiplikatoren

Je interessanter und bekannter ein Multiplikator ist, desto größer die Anstrengungen, die Sie auf sich nehmen müssen, um so einen Top-Multiplikator zu gewinnen. Amerikanische Networking-Profis haben eine Reihe von Techniken entwickelt, von denen Sie zumindest auch zwei für sich nutzen können:

Eine der besten Startchancen für eine Kooperation mit einem Top-Multiplikator liegt darin, sich diesem als Verstärker seines Außendienstes zu empfehlen. Die Schlüsselfrage, die Sie sich also für dieses Vorgehen stellen müssen, lautet: Wie kann ich meinen Top-Multiplikatoren helfen, neue Kunden zu gewinnen und mehr zu verkaufen? Der Weg des Außendienstverstärkers ist zweifellos aufwendig und anspruchsvoll, bei wichtigen Schlüssel-Multiplikatoren ist er an Nutzen aber kaum zu übertreffen.

Ein weiterer Weg besteht natürlich darin, Ihrem Multiplikator interessante Lieferanten- und Business-Kontakte zu verschaffen. Professionelle Vitamin-B-Spezialisten sammeln über Jahre hinweg solche für ihre Zielgruppen nützlichen Kontakte und können dann bei Gelegenheit ganz uneigennützig Unterstützung anbieten.

Die Herausarbeitung eines sichtbaren Nutzenvorsprungs aus der Perspektive des Kunden

In unserer langjährigen Beratungspraxis hat sich als Schlüsselfaktor für die aktive Gestaltung von Mund-zu-Mund-Propaganda sowie die Bildung und Nutzung von Kommunikationsgemeinschaften per Networking die Herausarbeitung eines sichtbaren Mehrnutzens aus der Perspektive der Kunden herauskristallisiert – und die Emotionalisierung dieses Mehrnutzens ist der Schlüssel zu den Herzen Ihrer Kunden!

Sie als Verkäufer können auf preiswerte Ressourcen zurückgreifen, um mit minimalem Aufwand Expertenstatus aufzubauen – schließlich leben wir in der World of G.I.V.E., der Welt, die von Geschwindigkeit, Information, Vernetzung und Emotion geprägt ist, den Ressourcen, die die Wertschöpfung zunehmend bestimmen werden!

Geschwindigkeit

In der Wirtschaft von morgen ist der Faktor Geschwindigkeit die wichtigste Voraussetzung, um überhaupt am Wirtschaftsleben teilnehmen zu dürfen und zu können. Wenn Sie mehr wollen als bloß mitspielen, können Sie Geschwindigkeit aber auch als Ressource nutzen, die den Wert Ihrer Produkte und Dienstleistungen deutlich erhöht. Höheres Tempo verlangt Ihnen aber auch mehr ab: mehr Kompetenz, leistungsfähigere Systeme und eine Einstellung, die Geschwindigkeit uneingeschränkt bejaht und fördert. Nutzen Sie Ihre spezifischen Marktkenntnisse als Verkäufer, beobachten Sie, welche Auswirkungen die gestiegenen Anforderungen an das Tempo geschäftlicher Vorgänge in Ihrer Branche haben. Nehmen Sie kritisch unter die Lupe, wie Ihr Unternehmen und letztlich Sie selbst darauf reagieren, und geben Sie Ihre Eindrücke an Ihr Unternehmen weiter, damit dieses von Ihrem Know-how profitieren kann!

Strategische Fragen zur Ressource Geschwindigkeit

- Was sind in Ihrem Unternehmen kundenrelevante Vorgänge und inwieweit können Sie als Verkäufer Ihren Einfluss auf die Gestaltung dieser Vorgänge geltend machen?
- Wie viel Zeit nehmen diese Vorgänge in Anspruch? Wie könnte diese Ihrer Meinung nach halbiert werden? Und nochmals halbiert?
- Was glauben Sie: Wo muss Ihr Unternehmen kompetenter werden, um die Hochgeschwindigkeitsabläufe in den Prozessen von morgen souverän zu beherrschen?
- Welche Maßnahmen müssten die verantwortlichen Abteilungen (Vertrieb, Innendienst etc.) ergreifen, um alles jederzeit und überall erledigen zu können? Was sind Ihre eigenen wichtigsten (kundenrelevanten) Tätigkeiten als Verkäufer? Was brauchen Sie, um sie überall/jederzeit erledigen zu können?
- Was müssen Sie – in Zusammenarbeit mit Ihrem Innendienst – noch tun, damit sich Ihre Kunden schnell, überall und aufgrund aller relevanten Daten für Sie entscheiden können?
- Prüfen Sie Ihr Unternehmen: Besitzt es leistungsfähige Innovationssysteme? Werden Innovationen so wirkungsvoll kommuniziert, dass sie anschließend zeitnah umgesetzt werden?

Information

Die Regeln der Informationsökonomie sind deutlich anders als die der Güterökonomie:

- Der Verkäufer bleibt in der Informationsökonomie Eigentümer.
- Informationsgüter sind fast kostenlos reproduzierbar und im Gegensatz zu Gütern nicht an einen bestimmten Platz gebunden.
- Das Gesetz der abnehmenden Skalenerträge, nach dem die Kostenvorteile größerer Stückzahlen irgendwann vom erhöhten Distributionsaufwand aufgezehrt werden, gilt nicht für die Informationsökonomie.

Die Evolution vom Angebots- zum Käufermarkt ist schon länger in vollem Gang, wird aber durch die Spielregeln der Informationsökonomie zusätzlich beschleunigt. Dem Kunden von heute und von morgen stehen hochqualitative und detaillierte Informationen zu Produkten zur Verfügung, was dazu führt, dass Produkte immer seltener verkauft und immer öfter gekauft werden. Die Markttransparenz hat enorm zugenommen, unsere Kunden sind so gut informiert wie noch nie – und das hat ihr Kaufverhalten spürbar verändert: Sie sind wählerisch, geradezu launisch, sie wünschen sich einen Verkäufer, der ihnen die bekannten (Produkt-)Informationen nicht nur rational vermittelt, sondern den individuellen Kundennutzen emotional verpackt!

Information ist also die Ressource, die unser gesamtes Wirtschaftsleben, die Märkte neu strukturiert. Diese Umstrukturierungsprozesse sind schon in vollem Gang – das hat Auswirkungen für ganze Branchen oder Branchenzweige. Bisher gut funktionierende Märkte bröckeln angesichts der neuen Möglichkeiten der Informations- und Kommunikationstechnologien.

> *Beispiel:*
>
> Denken Sie beispielsweise an das Anzeigengeschäft der Zeitungen. Solange es das Internet nicht gab, waren Kleinanzeigen aus der „Natur der Sache" ein Zeitungsprodukt, weil es kaum Alternativen gab, sein Auto, Haus oder Segelboot regional oder überregional zu vertretbaren Preisen zum Verkauf anzubieten. Da die Zeitungen ein Quasi-Monopol für diesen Distributionskanal besaßen, mussten die Anzeigenkunden monopolähnliche Preise akzeptieren: Obwohl das Anzeigengeschäft nur rund 10 Prozent der Kosten ausmachte, erwirtschafteten Zeitungen hier 40 Prozent oder mehr ihrer Einnahmen.

Kleinanzeigen sind ein ideales Online-Produkt. Wird meine Segeljacht nicht am ersten Wochenende verkauft, brauche ich in der nächsten Woche nicht wieder eine Anzeige zu schalten. Mein Angebot bleibt bis zum Abschluss der Transaktion im Netz. Da Inserate in Minuten aus dem Netz entfernt werden können, bedeutet es umgekehrt für den Interessenten, dass er die Gewähr einer sehr aktuellen Angebotsliste hat. Elektronische Suchfunktionen, Texte und Bilder, auf Wunsch – zum Beispiel bei wertvollen Häusern – sogar Videoclips ermöglichen durch ihr reiches Informationsangebot eine Qualität in der Vorauswahl, die die Tageszeitung niemals bieten könnte.

Nutzen auch Sie die neuen Möglichkeiten der Ressource Information zum Ausbau Ihres Wettbewerbsvorteils. Hier sind Sie als Trendscout für Ihr Unternehmen gefragt. Kein anderer Mitarbeiter Ihres Unternehmens ist so dicht dran am Markt wie Sie, hat den Finger so dicht am Puls der Entwicklungen in Ihrer Branche, weiß so genau, wie Ihre Kunden verfügbare Informationen zu ihrem eigenen Vorteil nutzen. Geben Sie Ihr Wissen weiter – Ihr Know-how bringt Ihr Unternehmen weiter!

Strategische Fragen zur Ressource Information

- Wo und wie nutzen Sie die Ressource „Information" bereits für Ihr Unternehmen?
- Wo funktioniert Ihr Unternehmen bereits nach den Gesetzen der *zunehmenden* Skalenerträge?
- Ermöglichen Sie Ihren Kunden, sich rasch, ausführlich und unkompliziert über Ihre Produkte zu informieren? Wo und wie können Sie Ihr Informationsangebot für Ihre Kunden verbessern? Und wie können Sie das Informationsangebot Ihres Unternehmens entsprechend modifizieren?
- Sind in Ihrer Branche Umstrukturierungsprozesse zu erwarten, weil Ihre Kunden auf hochqualitative (Produkt-)Informationen mit hoher Reichweite zurückgreifen können, ihr Kaufverhalten entsprechend ändern, und damit Unternehmen zwingen, sich zu reorganisieren? Wenn ja, wie schnell wird sich dieser Prozess voraussichtlich vollziehen? Können Sie schon erste Ansätze erkennen?
- Wie können bisherige Leistungsbündel in Ihrem Unternehmen oder in Ihrem Vertrieb in neue, separate Aktivitäten aufgegliedert werden?

- Bei welchen Aktivitäten könnte und sollte Ihr Unternehmen die Marktführerschaft anstreben? Und wie können Sie dazu beitragen?
- Besteht die Gefahr, dass Sie als Vermittler im Markt zwischen Unternehmen und Kunden überflüssig werden? Welche Möglichkeiten sehen Sie für sich als Vermittler und Verkäufer, Ihre Funktion, Ihre Aufgaben, Ihr Jobprofil so weit zu modifizieren, dass Sie sich veränderten und/oder neuen Kundenbedürfnissen anpassen können? Wie können Sie für Ihre Kunden zu einer neuen Informationsquelle werden?

Vernetzung

Aufgrund der zunehmenden Vernetzung von Konsumenten und Unternehmen im Internet werden die meisten Branchen in Zukunft genauso transparent sein, wie es heute beispielsweise die Finanzmärkte schon sind. Von der fortschreitenden Vernetzung ihres Marktes werden aber nur die Unternehmen profitieren, die „Vernetzung nach innen" – das Informations- und Kommunikationsnetzwerk innerhalb eines Unternehmens – genauso erfolgreich betreiben wie „Vernetzung nach außen" – das Informations- und Kommunikationsnetzwerk zwischen ihrem Unternehmen und dem Markt, in dem es aktiv ist, bzw. ihrem Unternehmen und den anderen Unternehmen innerhalb des Marktes.

Gerade als Verkäufer – als verlängerter Arm Ihres Unternehmens in „Ihren" Markt hinein – können Sie Ihrem Unternehmen wichtige Impulse für die Kommunikation mit den anderen Markteilnehmern, insbesondere Ihren Kunden, geben. Ihr unschätzbares Erfahrungswissen über die Entwicklungen im Markt und die Wünsche Ihrer Kunden können Sie Ihrem Unternehmen zur Verfügung stellen, damit es seiner „Vernetzung nach außen" eine neue Qualität geben kann. Aber Ihr Know-how trägt auch enorm dazu bei, die Vernetzung Ihres Unternehmens „nach innen" zu optimieren, zum Beispiel, indem sich Ihre Kooperation mit Vertrieb, Innendienst etc. stetig verbessert oder indem Sie Vorschläge machen, wie sich die Verkaufsorganisation Ihres Unternehmens den veränderten Marktbedingungen optimal anpassen kann. Geben Sie Ihrem Unternehmen Ihren Input zu allen Fragen der Vernetzung – denn damit erleichtern Sie sich auch Ihre Arbeit und Ihr Leben!

Wenn Ihr Expertenstatus einen klaren Kundenmehrnutzen kommuniziert, werden Sie die Vorzüge der Ressource „Vernetzung" besonders erfolgreich nutzen können – die zunehmende Transparenz der Märkte wird somit für Sie nicht zum Risiko, sondern zur Chance!

Strategische Fragen zur Ressource Vernetzung

- Angenommen, Ihre Kunden würden sich zum Erfahrungsaustausch über die Produkte und Dienstleistungen Ihres Unternehmens im Internet treffen: Würden sie einen Fanclub zu Ihrer Firma gründen? Oder sich als Geschädigte Ihrer Firma organisieren und einen Anwalt suchen? Könnte es sein, dass die Mehrheit Ihrer Kunden ihre Nachfrage über ein Portal bündeln und mit Ihnen über Großabnehmerkonditionen verhandeln wird?
- Wie könnten Sie die möglicherweise organisierten Gegner Ihres Unternehmens von morgen zu Fans von heute machen?
- Wie steht es um das Kommunikations- und Informationsnetz Ihres Unternehmens? Sind alle Abteilungen so miteinander vernetzt, dass alle benötigten Informationen und Emotionen wie Vertrauen und Motivation ungehindert fließen können? Oder sind Ihre Abteilungen noch so voneinander abgegrenzt, dass die Informationsflüsse leicht ins Stocken geraten? Wie steht es also in Ihrem Unternehmen um die „Vernetzung nach innen"?
- Wie stellen Sie eine optimale Verbindung zu den wichtigen Inseln her, die Sie als Verkäufer für Ihr Unternehmen aktivieren (potenzielle neue Mitarbeiter, Kunden, Lieferanten, Wettbewerber)?

Emotion

Im Informationszeitalter gilt: Informationen sind wichtiger als Kapital. Im Emotionszeitalter hingegen gilt: Emotionen und die Stories, die sie transportieren, sind wichtiger als reine Informationen.

Emotionen beeinflussen, steuern und faszinieren uns viel stärker als bloße rationale Einsichten. Sie können die Werkzeuge des Informationszeitalters nutzen, um mit Bildern und Geschichten direkt ins Herz Ihrer Kunden zu treffen – Emotion ist für die Zukunft der Wirtschaft ein noch weit wichtigerer Rohstoff als Information.

Je höher der Grad der Produktreife und je stärker diese Produkte und Dienstleistungen ihren Markt durchdringen, desto größer wird die Notwendigkeit, sie emotional aufzubauen. Emotionalisierung ist Ihr Schlüssel, um sich durch gezielte Mund-zu-Mund-Propaganda einen Expertenstatus in Ihrer Zielgruppe aufzubauen.

Als Verkäufer „direkt an der Front" spüren Sie, was Ihre Kunden bewegt, mit welcher emotionalen Ansprache Sie diese erreichen. Insofern sind Sie auch in dieser Hinsicht die „Spürnase" Ihres Unternehmens, sein Trendscout, und können ihm helfen, auf gesellschaftliche Entwicklungen und deren Auswirkungen, die auch Ihre Kunden erreichen, schnell zu reagieren. Werden Sie zum Knotenpunkt der Vernetzung Ihres Unternehmens mit dem Markt und zur Vernetzung Ihres Unternehmens nach innen – indem Sie Ihren Marketing- und Werbekollegen Hinweise zu den Wünschen und Sehnsüchten Ihrer Kunden geben!

Beispiel:

Bis in die 1970er und 1980er Jahre hinein waren Motorräder auf einem so unausgereiften Standard, dass jede neue Generation einer 750er Honda, Suzuki oder Kawasaki im Fahrverhalten eine ganz neue Welt für ihre Fahrer eröffnete. Je kleiner allerdings dann die Entwicklungssprünge mit jedem Nachfolgemodell wurden, desto mehr schmolz der Besitzerstolz und der Fahrspaß mit dem neuen Modell.

Da schlug die Stunde von Harley Davidson, Norton, NSA und MV Agusta: Hersteller, die neben einem guten Motorrad eine gute Geschichte anzubieten hatten, waren auf einmal „in". Wer Harley Davidson fährt und sich das Firmenwappen unauslöschlich auf den Oberarm tätowieren lässt, der hat nicht nur einfach ein Motorrad gekauft, sondern auch und vor allem ein Lifestyle-Konzept: Harley-Fahrer genießen ihre Freiheit, das Abenteuer und den Stolz, anders zu sein als andere. Sie kaufen einen Lifestyle, die Zugehörigkeit zu einer Gruppe und ein Lebensgefühl, das sich jeder Rationalität fröhlich verschließt.

Je sicherer unsere heutige Welt wird, desto größer werden auch unser Erlebnishunger und der Hang zum Abenteuer. Ihre Kunden sprechen auf Erlebnisse und die damit verbundenen Emotionen viel stärker an als auf die sachlichen Argumente „normaler" Dienstleistungen – und das Geheimnis faszinierender Erlebnisse besteht darin, dass sie alle Erlebnisdimensionen (Action, Bildung, Dabeisein und Genießen sowie Unterhaltung) integrieren. Prüfen Sie doch einmal Ihre Produkte und Dienstleistungen genau unter den folgenden Aspekten: Decken diese alle vier Dimensionen ab? Oder gibt es Themen, die Ihr Unternehmen, aber auch Sie selbst (noch) stärker berücksichtigen könnten?

Strategische Fragen zum Erlebnisdesign von Produkten und Dienstleistungen

Action

- Welche Aktivitäten können Sie Ihren Gästen anbieten?
- Wie können Sie Ihre Kunden motivieren und animieren, sich aktiv zu beteiligen? Wie minimieren Sie die Hemmschwelle zum Mitmachen?
- Wie reduzieren Sie das Misserfolgsrisiko Ihrer Kunden und stellen sicher, dass niemand das Gesicht verliert?

Bildung

- Welche Lernziele können Sie mit Ihrem Erlebnisangebot verbinden?
- Welche Lerninhalte sind sinnvoll?
- Mit welchen Lernmethoden können Sie die Lernziele am besten erreichen?
- Welche Gedächtnisstützen und Erinnerungsbrücken können Sie Ihren Gästen anbieten?

Dabeisein-und-Genießen

- Wie können Sie den Kunden dazu bewegen, einzutreten, sich hinzusetzen, einzutauchen und zu verweilen?
- Wie können Sie die Umgebung einladender, interessanter und angenehmer machen?
- Wie erzeugen Sie eine Atmosphäre, in der Ihre Gäste sich so wohl fühlen und so fasziniert sind, dass sie das Gefühl haben, in eine andere Welt einzutauchen?
- Wie können Sie den ästhetischen Gehalt des Erlebnisses optimieren?

Unterhaltung

- Wie können Sie die Gäste unterhalten (Humor etc.), damit sie dableiben?
- Wie können Sie dafür sorgen, dass „Spaß an der Freude" aufkommt und das Erlebnis zu einem Genuss wird?

Überlegen Sie sich, wie Sie in Ihrer Funktion und mit Ihrem Know-how als Verkäufer an der „Kundenfront" die Emotionalisierung der Produkte und Dienstleistungen Ihres Unternehmens mit Hilfe der genannten Erlebnisdimensionen mitgestalten können:

- Wie und wo kann die Erlebnisdimension Ihrer Produkte konzeptionell optimiert werden?
- Wo könnten durch andere Verpackungen neue Erlebnisdimensionen geschaffen werden?
- Welche Erlebnisverstärker – wie zum Beispiel Verknappung, Exklusivität oder Gütereignisswelten (zum Beispiel „Chocolate World" von Hershey's, Legoland, Niketown) – könnten im Umfeld Ihres Produktes genutzt werden?

Kommen Ihre Kunden zu Ihnen ins Haus? Dann überlegen Sie sich, wie Sie beim Verkauf Ihrer Produkte und Dienstleistungen durch die Umgebungsgestaltung (Bilder, Klänge, Tasteindrücke von Dingen wie Fußböden, Sitzgarnituren etc.), durch Ihr eigenes Verhalten und das Ihrer Kollegen und Mitarbeiter die Positiveindrücke für Ihre Kunden optimieren bzw. deren Negativerlebnisse minimieren können.

Die Erlebniswirtschaft ist längst Realität – die hohe Schule des Erlebnisdesigns

Kundenzufriedenheit ist heute nahezu nichts mehr wert, sondern Standard: Die Welt ist voll von zufriedenen Kunden, die täglich ihre Lieferanten wechseln!

Kundenzufriedenheit ist Übereinstimmung zwischen dem, was der Kunde erwartet, und dem, was er bekommt. Die Erwartungen des Kunden bestimmen sich weitgehend danach, was am Markt üblich ist. Wer nur auf die Kundenzufriedenheit achtet, übersieht das Zugeständnis, das der Kunde macht. Das Zugeständnis des Kunden ist die Differenz zwischen dem, was er wirklich will, und dem, womit er sich am Markt abfindet.

Merken Sie, welche Chancen – aber auch Risiken – sich daraus für Sie ergeben? Darum finden Sie heraus, was Ihre Kunden *wirklich* wollen! Wenn Sie nicht liefern, was Ihre Kunden wirklich wollen, wird das über kurz oder lang Ihre Konkurrenz machen. Minimieren Sie daher die Zugeständnisse Ihrer Kunden!

Beispiel:

Der Mietwagenkunde, der zehn Minuten am Münchner Flughafen beim Schalter eines Autoverleihers auf seinen Vertrag wartet, ist „zufrieden", wenn er endlich an der Reihe ist und sein Auto nach fünf Minuten Wanderweg mit drei Koffern am anderen Ende des Parkhauses findet. Autovermieter, denen es ernst damit ist, für ihre Kunden ein „Anmieterlebnis" zu inszenieren, werden ihre Kunden fragen: Wie sieht für Sie in der geschilderten Situation der optimale Mietwagenservice aus?

Wir brauchen uns nicht lange umzuschauen: Die Firma Hertz macht es vor, indem sie ihren Gold Card Members für schon 60 Dollar Jahresgebühr folgendes Service-Optimum bietet:

- Der Gold-Card-Inhaber muss an keinem Hertz-Schalter anstehen.
- Er wird direkt am Ausgang von einem Shuttlebus abgeholt und nennt dem Fahrer nur seinen Namen.
- Der Kunde wird im überdachten Hertz-Gold-Bereich abgesetzt.
- Sein Wagen ist bereits in der Nähe geparkt.
- Der Kofferraum ist geöffnet.
- Bei Bedarf ist die Heizung bzw. die Klimaanlage eingeschaltet.
- Der persönliche Mietvertrag mit dem großgedruckten Namen des Kunden hängt bereits am Spiegel.

Sie finden das übertrieben? Dann halten Sie sich vor Augen: Die Extrameile von heute ist der Standard von morgen. Wer also wirklich sein Business immer wieder neu erfinden will, muss den Kunden mit Lösungen überraschen, die besser sind als all das, was der Kunde an marktüblichen Standards erwartet.

Wer sein Produkt- und Dienstleistungsangebot von heute für die Erlebniswelt von morgen kundenorientiert weiterentwickeln will, kann sich an folgender Strategie orientieren:

- 1. Schritt – Kundenzufriedenheit: Wie gut ist mein Unternehmen? Wie gut bin ich?
- 2. Schritt – Minimierung des Kundenzugeständnisses: Was wäre das Optimum für meine Kunden?
- 3. Schritt – Optimierung der Kundenüberraschung: Woran werden sich meine Kunden erinnern?

- 4. Schritt – Aktivierung der Neugier: Wie variiere ich die Überraschung so, dass meine Kunden unter Spannung bleiben und sich fragen: Was plant der wohl als nächstes?

> *Beispiel:*
>
> Philip Romano, Gründer der Restaurant-Kette eatZi's, hatte beispielsweise eine ganz besondere Idee, um sein neues Restaurant innerhalb von wenigen Monaten zu einem absoluten Publikumsmagneten zu machen: Einmal im Monat – an einem Tag, den keiner seiner Gäste im vorhinein ahnte – lud Romano alle Gäste des Restaurants auf seine Rechnung ein: Wenn Sie also das Glück hatten, gerade an diesem Tag dort zu speisen, erhielten Sie bei der Frage nach der Rechnung feierlich einen Brief überreicht, in dem der Chef erklärte, dass er sich freue, Sie heute als seine Gäste begrüßen zu dürfen.

Wer die Überraschung lebendig halten will, tut gut daran, entweder – wie Philip Romano – den Überraschungszeitpunkt zu variieren oder den Überraschungsinhalt immer wieder neu zu gestalten.

Betrachten Sie Ihr Unternehmen, Ihre Produkte und Dienstleistungen einmal ganz kritisch unter diesen Aspekten: Welche Schritte müssen Sie noch tun? Oder haben Sie sich bisher zu wenig Gedanken zum Thema Erlebnisorientierung gemacht?

Ein Erlebnisthema finden

Wenn Sie wissen, was Ihr Kunde wirklich will, dann nutzen Sie dieses Wissen und „basteln" Sie ein Erlebnisthema daraus!

Lernpsychologen wissen: Solange Menschen keine Überschrift haben, unter der sie unterschiedlichste Einzelerlebnisse zuordnen können, keine Schublade, in die sie alles reinschmeißen können, was (scheinbar) zusammengehört, kann in ihrem Kopf kein einheitliches klares Ganzes entstehen, das sie dann mit jedem weiteren Erlebnis emotional weiter aufladen können. Was ist Ihr Erlebnisthema, unter dem Ihre Kunden Ihre unterschiedlichen Angebote zu einem emotional intensiven Gesamterlebnis ordnen und bündeln können?

Beispiel:

Das CentrO in Oberhausen bietet ein Thema an, um das der Kunde seine Eindrücke gruppieren kann. Kunden, die das CentrO kennen, beschreiben ihre Erlebnisse übereinstimmend so: „Centro? Das ist doch diese amerikanische Mall, dieses überdachte amerikanische Einkaufszentrum."

Das Thema ist klar und deutlich: Einkaufen wie in Amerika. Jedes Element im CentrO – angefangen bei den Parkplätzen und Parkhäusern, den überdeckten Einkaufsstraßen, der Food Corner, der Auswahl der Geschäfte bis hin zu den Details der Schaufensterdekoration – gibt dem Kunden das Gefühl: „That's the American Way of Life. Let's go shopping in America. Alles hier, die Produkte, die Mode, die Menschen, ist in und cool und sexy – you'll love it."

Auch hier ist wieder Ihr Erfahrungswissen aus Ihren täglichen Kundenkontakten gefragt: Was bewegt Ihre Kunden? Und wie können Sie es als Thema für Ihr Unternehmen, für Ihre Produkte und Dienstleistungen nutzen? Welche Gesellschafts- und Businesstrends spiegeln sich im Denken und Handeln Ihrer Kunden?

Eine Story zum eigenen Thema erfinden

Was ist es, was uns Menschen so unglaublich an Geschichten, Anekdoten, Schicksalen fasziniert? Antwort: Eine Story ist ein Wertebekenntnis – und daher keiner rationalen Beurteilung zugänglich.

Beispiel:

Sie kennen sicherlich die Story, die hinter dem Erfolg von Nike steht. Nike war ein Hersteller von Sportschuhen unter anderen ohne ein besonderes Markenprofil. Die Herstellungskosten für Sportschuhe lag bei ca. fünf Euro, der Verkaufspreis bei der Konkurrenz bei ca. 20 Euro, Nike aber wollte seine Sportschuhe für 100 Euro verkaufen. Was also tat das Unternehmen? Es vergaß athletisches Funktionsschuhwerk von Adidas und Puma und erfand die (Bild-)Geschichte von Jugend, Erfolg, Ruhm und Triumph. Nike lud Menschen ein, aktiv zu werden: „Just do it – wear Nike and you will also be a ‚rebel with a cause'!"

Das mag ein milliardenschweres Beispiel sein – aber es zeigt, welche Durchschlagskraft eine vergleichsweise simple Story entwickeln kann. Hat Ihr Unternehmen auch eine eindeutige, greifbare Story, die es kommuniziert? Eine Botschaft, die ein Wertebekenntnis transportiert? Wenn nicht, dann schauen Sie doch einmal in die Geschichte Ihres Unternehmens und suchen Sie nach einer solchen emotionalen Story, nach einer solchen Botschaft, die Sie in Ihre Verkaufsgespräche einbauen können. Fragen Sie sich also:

- Hat mein Unternehmen eine emotionale Story, eine klare Wertebotschaft?
- Wenn ja: Welche Werte werden transportiert? Und wie kann ich diese Botschaft für meine Verkaufsgespräche nutzen?
- Wenn nein: Welches Wertebekenntnis passt zu meinem Unternehmen, zu mir persönlich und zu meinen Kunden?

Der einfache Test, ob Ihre Story etwas taugt, ist die Frage, ob sie polarisiert: Die einen träumen von einer Reverso von Jaeger LeCoultre, für andere ist eine solche Uhr Spielerei. Für manche ist Extrembergsteigen das, was echte Männer und Frauen von Milchbubis und Heulsusen unterscheidet, für andere ist es ein Sport von potenziellen Selbstmördern. Deshalb gilt: Solange Ihre Story nicht polarisiert, haben Sie keine!

Strategische Schritte auf dem Weg zum Expertenstatus

Ein Handyspezialist profitiert sicherlich einige Jahre von dem hervorragenden Tempo, mit dem sich sein Markt entwickelt. Doch je ausgereifter die Mobilfunktechnologie ist, desto selbstverständlicher wird sie auch von den Kunden empfunden. Farbfernseher waren in den 1960er und 1970er Jahren eine Wachstumsbranche, in der viel Geld verdient wurde. Wer heute allein mit Fernsehern sein Geld verdienen will, steht von Anfang an auf verlorenem Posten. Der Handyspezialist tut also gut daran, sich von vornherein als Spezialist für mobile Kommunikation zu definieren. Wie sehr Handys heute nur noch als Einstieg in langfristige Kundenbeziehungen dienen, zeigt die aktuelle Praxis: Mobiltelefone gibt es üblicherweise gratis oder zu einem günstigen Preis dazu, wenn der Kunde bereit ist, einen Zweijahresvertrag abzuschließen. Wer also darüber nachdenkt, wie er in diesen 24 Monaten die Bedürfnisse seines Kunden hinsichtlich mobiler

Kommunikation umfassend befriedigen kann, der hat gute Chancen, auch den Anschlussvertrag zu verkaufen ...

Verfahrens- und Bedürfnisspezialisten sind in der Regel anfangs kaum voneinander zu unterscheiden, dieser Unterschied ist jedoch entscheidend für die langfristige Ausrichtung eines Unternehmens bzw. für den langfristigen Erfolg eines Verkäufers, der seinen Kunden umfassende Lösungen für ihre Probleme bieten will.

Experten-Tipp

Für kleine und mittlere Unternehmen, für Freiberufler und andere Ein-Mann-Dienstleister gilt demnach: Spezialisieren Sie sich auf Grundbedürfnisse, nicht auf Verfahren. Fragen Sie sich, welches Grundbedürfnis Ihrer Kunden Sie befriedigen!

Wer in den zunehmend transparenter werdenden Märkten vorne mit dabei sein will, muss einer bestimmten, klar definierten Zielgruppe ein sichtbar besseres Nutzenangebot machen als seine Konkurrenz. Wer diese Konzentration auf eine oder wenige Zielgruppen und deren Grundbedürfnisse außer Acht lässt und weiterhin mit seinem Bauchladenangebot bestehen will, indem er von einer Zielgruppe zur nächsten hüpft, wird ins Hintertreffen geraten.

Zielgruppenbesitz ist der letzte Machtfaktor in Märkten, in denen Produkte und Dienstleistungen immer stärker und preiswerter werden. Wer in solchen Märkten zu denjenigen Kontakt hat, die überhaupt noch kaufen wollen, hat einen unschätzbaren Vorteil.

Experten-Tipp

Für kleine und mittlere Unternehmen, für Freiberufler und andere Ein-Mann-Dienstleister gilt demnach: Werden Sie Zielgruppenbesitzer! Konzentrieren Sie sich auf eine oder wenige klar umrissene Zielgruppen, deren Grundbedürfnisse Sie optimal bedienen!

Wenn Sie schneller wachsen wollen als Ihre Mitbewerber, dann bestimmen Sie Ihre Zielgruppe nach den natürlichen Verbreitungsmechanismen der Mund-zu-Mund-Propaganda. Die jahrelangen Praxiserfahrungen des Empfehlungsmarketing zeigen, dass sich diese Mund-zu-Mund-Propaganda und damit Empfehlungen über Ihren hervorragenden Expertenstatus, Ihre Spitzenprodukte und die Qualität Ihrer Dienstleistungen vor allem im Familien- und Bekanntenkreis, im beruflichen Umfeld, in der Nachbarschaft und in den Interessengemeinschaften (Hobbys!) Ihrer Kunden verbreiten.

Experten-Tipp

Segmentieren Sie Ihren Markt nach Kommunikationsgemeinschaften. Bestimmen Sie Ihre Zielgruppe derart, dass sich aktive Mund-zu-Mund-Propaganda genau dort herumspricht, wo Sie auch Ihre neuen Kunden suchen!

Beispiel: So geht's nicht ...

Viele Unternehmer sind stolz auf ihr Call-Center, das für sie einen Akquisitionstermin nach dem anderen legt. Heute einen Termin beim Chefarzt der Orthopädie in Essen, morgen einen Termin beim Dachdeckermeister in Solingen und übermorgen einen Termin bei einem Banker in Dortmund. Wer sich seine potenziellen Kunden so zusammensucht, der darf sich in der Tat ziemlich sicher sein, dass der Banker in Dortmund von dem Dachdeckermeister in Solingen genauso wenig gehört hat wie der von dem Orthopäden in Essen.

Warum können sich so viele von uns noch an ihren ersten Schultag, ihren ersten Kuss, die erste Wohnung oder das erste Auto erinnern? Führende Lernpsychologen erklären den hohen Erinnerungswert, den Ersteindrücke für uns haben, mit entwicklungsgeschichtlichen Vorteilen für den Menschen. Warum denken die meisten von uns bei Cola zuerst an Coca-Cola und nicht an Pepsi-Cola, obwohl letzteres Unternehmen in den letzten Jahren 30 Prozent mehr für Marketing und Werbung ausgeben hat als der Marktführer? Die Antwort ist so schlicht wie banal: Wir denken an Coca-Cola, weil Coca-Cola zuerst da war.

Folgende Strategien bieten sich an, um im Kundenkopf erster zu sein/zu werden:

- Neue Zielgruppen: Welche neuen und interessanten Zielgruppen kommen für Ihren Markt in Betracht, die mit Ihrer Branche noch überhaupt nicht in Kontakt gekommen sind?

- Brachliegende Zielgruppen: Suchen Sie systematisch nach Zielgruppen, die von Wettbewerbern bereits aufgegeben oder zumindest sträflich vernachlässigt wurden.
- Konkurrenz überholen: Ziehen Sie bei der Markteinführung Ihres Produktes/Ihrer Dienstleistung auf dem Weg in den Kopf Ihrer Kunden an Ihren Wettbewerbern vorbei.

Werden Sie nicht nervös, wenn Sie beim Start eines neuen Produkts oder der Einführung einer neuen Dienstleistung einige Wochen und Monate hinter Ihrer Konkurrenz liegen. Entscheidend ist nicht, wer als erstes das neue Produkt auf den Markt bringt – derjenige, dem es gelingt, das entsprechende Nutzenangebot in den Köpfen seiner Kunden zu verankern, wird am Ende die Nase vorn haben!

Und das ist Ihr Job als Verkäufer – hier zeigt sich, ob es Ihnen gelingt, durch die Strategie der Emotionalisierung des Kundennutzens die Vorteile Ihres Angebots nachhaltig und unübersehbar in Ihrer Zielgruppe zu platzieren. Nutzen Sie all Ihr Wissen, Ihre Erfahrung, Ihr verkäuferisches Geschick, um die Erlebnisdimensionen Ihres Produkts zu verkaufen!

Experten-Tipp

Seien Sie erster in einer neuen Kategorie! Wer vor seiner Konkurrenz die Köpfe der Kunden in seiner Zielgruppe „besetzt", der genießt einen unschätzbaren Vorteil. Fragen Sie sich also, bei welchen Zielgruppen Sie einen prägenden Ersteindruck hinterlassen und mit welcher Strategie Sie Ihr Nutzenangebot untrennbar mit Ihrem Namen in der Vorstellungswelt Ihrer Kunden verknüpfen können.

Wem es gelingt, bei gleicher Leistung einen höheren Bekanntheitsgrad zu erzielen, der liegt im Wettbewerb vorn. Haben Sie schon einmal überlegt, Artikel für Fachzeitschriften zu verfassen, die von Ihren Kunden gelesen werden? Auf Messen oder ähnlichen Veranstaltungen Vorträge zu halten? Oder Ihr Produkt in einem größeren Rahmen vorzustellen, bei dem viele potenzielle (Neu-)Kunden anwesend sind? Nutzen Sie gerade als Verkäufer alle Möglichkeiten, Ihren Expertenstatus in Ihrer Zielgruppe (noch) bekannter zu machen.

Der Motivationskick für Ihre Expertenpositionierung!

Gestalten Sie aktiv die Mund-zu-Mund-Propaganda Ihres Unternehmens und arbeiten Sie konsequent an Ihrem Expertenstatus. Das ist die Basis dafür, dass viele Kunden in Zukunft zu Ihnen kommen!

Dritter Trainingstag

Termine per Telefon akquirieren

Souverän durch das Terminvereinbarungsgespräch

Klaus-J. Fink

Herr Fink, wie hat sich die Telefonakquise – speziell Terminvereinbarungsgespräche – in den letzten Jahre für Verkäufer verändert?

Klaus-J.Fink: Die Reizüberflutung unserer Kunden hat durch andere Werbe- und Akquiseinstrumente in den letzten Jahren enorm zugenommen, sodass die Erfolgsquote von Terminvereinbarungsgesprächen gesunken ist. Auch die Intensivierung von Mailingaktionen führt nicht zum gewünschten Ergebnis, weil auch der Erfolg der entsprechenden Nachfassaktionen abflaut. Dazu kommt eine Veränderung in der Einwandargumentation unserer Kunden: War die typische Frage früher „Wie kommen Sie an meine Adresse?", heißt es heute: „Sie sind diese Woche schon der Fünfte!" Der Verdrängungswettbewerb hat spürbar an Härte zugenommen, Verkäufer müssen heute mehr denn je Standfestigkeit besitzen, um die aufkommende Frustration positiv verarbeiten zu können.

Welche Hürde im Terminvereinbarungsgespräch ist für Ihre Seminarteilnehmer erfahrungsgemäß am höchsten bzw. am schwierigsten zu nehmen?

Fink: Im eigentlichen Dialog mit dem Kunden nach der Gesprächseröffnung zeigt sich immer wieder, dass viele meiner Seminarteilnehmer nicht ausreichend genug auf die Standardvorwände und -einwände ihrer Kunden vorbereitet sind und zu wenig die entsprechenden Reflexe und die dazugehörige Schlagfertigkeit ausgebildet haben.

Spielt die Persönlichkeit des Verkäufers eine Rolle bei der Frage, wie seine Erfolgsquote bei der Telefonakquise ist? Und wenn ja, inwiefern?

Fink: Die Persönlichkeit des Verkäufers und seine Einstellung ist der Erfolgsfaktor Nummer eins in der Telefonakquise, insbesondere seine psychische Stabilität, mit der Ablehnung, dem „Nein" seines Kunden umgehen zu können, die entsprechende Enttäuschung gleich abzustreifen und auf den nächsten Kunden zuzugehen!

Termine per Telefon akquirieren

Souverän durch das Terminvereinbarungsgespräch

Mit einer professionelle Einstellung und der persönlichen Strategie zum Termin

Telefonakquise ist heute eine der anspruchsvollsten Herausforderungen für den Verkäufer. Immer kritischere Kunden watschen unsere Versuche der Kontaktaufnahme mit zum Teil harscher Ablehnung ab. Das ist die weniger gute Nachricht – die gute folgt sogleich: Erfolgreiche Telefonakquise können Sie lernen – sofern Sie diese Kunst ohnehin nicht schon beherrschen. Entscheidend für den gelungenen „Auftritt" am Telefon ist die Entwicklung Ihrer ganz persönlichen Strategie. Mit einer solchen optimal durchdachten Gesprächsstrategie – insbesondere für das Ziel der Terminvereinbarung, von der dieser Beitrag in erster Linie handelt – heben Sie sich von vornherein von Ihren Wettbewerbern ab und können Sätzen wie „Sie sind heute schon der Fünfte, der mich deswegen anruft!" mit großer Gelassenheit begegnen.

Sie sehen: Eine professionelle Herangehensweise an das Thema Telefonakquise ist heute unerlässlich. Das betrifft zum einen die Arbeit an der inneren Einstellung, um Ihre eigene authentische Verkäuferpersönlichkeit „herauszukitzeln" und zu trainieren, sowie die Fähigkeit, diese Authentizität auch dem Gesprächspartner vermitteln zu können. Zum anderen geht es darum, psychologisch und rhetorisch souverän auf bestimmte Standardsituationen reagieren und so auf den Dialog und Ihren Gesprächspartner gezielt Einfluss nehmen zu können.

Der Termin wird zwischen den Ohren gemacht!

Seien Sie ehrlich: Gehören Sie auch zu den Leuten, die anstehende Anrufe nicht systematisch nach einer sorgfältig vorbereiteten Liste abtelefonieren, sondern nach Lust und Laune, nach bestimmten Vorlieben, oft ganz impulsiv, erledigen, und solche, die als unangenehm empfunden werden, oft ganz bis zum Schluss aufbewahren, oder besser: aufschieben.

Wenn dem so sein sollte, dann geht's Ihnen wie den meisten von uns: Die Erfahrung zeigt, dass ausnahmslos jeder Verkäufer eine oder mehrere Ziel-/Kundengruppen hat, die ihm (negativen) Stress verursachen. Welche Gruppen haben Sie bisher gern, aber doch mit schlechtem Gewissen vernachlässigt, weil sich aus Ihrer Berufserfahrung heraus solche Vorbehalte bei Ihnen festgesetzt haben? Versuchen Sie, diese Vorbehalte abzulegen und positiv auf alle Ihre Kunden zuzugehen, denn eine positive Grundeinstellung allen Ihren Kunden gegenüber ist eine entscheidende Voraussetzung für Ihren Erfolg als Verkäufer!

Diese positive Selbstprogrammierung hilft Ihnen auch enorm dabei, souveräner mit Ablehnung und Frustration umzugehen, die Ihr Beruf gerade bei der Telefonakquise notwendigerweise mit sich bringt – nirgendwo sonst erleben Sie innerhalb kürzester Zeit Erfolg und Misserfolg Ihrer Anstrengungen so dicht aufeinander. Schaffen Sie sich eine dicke Haut an, die verhindert, dass Sie Zurückweisung zu sehr auf sich selbst beziehen und das „Störenfried-Syndrom" entwickeln: dass Sie sich selbst immer mehr in der Rolle desjenigen wahrnehmen, der seinen Kunden lästig wird.

Das gilt umso mehr, da Ihre psychische Stabilität angesichts der großen Verbreitung von Anrufbeantwortern und der immer kritischeren Haltung von Sekretärinnen/Assistentinnen zunehmend gefragt ist – der Aufwand, um überhaupt den anvisierten Kunden „an die Strippe" zu bekommen, wächst stetig.

Gerade Kollegen, die es gewohnt sind, ihre Verkäuferpersönlichkeit beim Termin vor Ort „ausspielen" zu können, kapitulieren vorzeitig, sie fühlen sich in der Telefonakquise geradezu amputiert, weil ihnen wichtige Elemente des persönlichen Kontakts fehlen: körpersprachliche Signale, professionelle Präsentationsunterlagen etc.

Lassen Sie es nicht so weit kommen! Werden Sie sich stattdessen bewusst, dass diese Frustration nur die Kehrseite Ihres Erfolgs darstellt – auf diese Weise wird es Ihnen leichter fallen, schwierige Phasen und „Problemfälle" zu überwinden.

Das gilt auch für den Faktor „richtiger Anrufzeitpunkt". Legen Sie die Vorstellung ad acta, dass es ungeeignete Zeitpunkte gibt, denn dieses „Argument" kann schnell dazu führen, die eigene Untätigkeit zu entschuldigen. Sind Sie der Meinung, dass acht oder neun Uhr in der Früh, die Mittagszeit oder der frühe Abend (weil angeblich dann schon jeder auf der Heimfahrt ist) schlechte Termine sind, und dass Sie sich überhaupt zum Jahresanfang, in den Osterferien oder im vielzitierten Sommerloch Telefonakquise sparen können? Dann eignen Sie sich die Haltung eines Profis an: „Es ist immer eine gute Zeit zum Telefonieren!"

Wenn Sie zum Beispiel während der Urlaubsmonate die Zahl Ihrer Wählversuche erhöhen, dann werden Sie genau diese Erfahrung machen. Mit größter Wahrscheinlichkeit wird Sie der erste (und einzige?) Versuch in Ihrer Vermutung bestätigen, dass einige Ihrer potenziellen Kunden im Urlaub sind – aber es gibt mit Sicherheit noch einige, die zu diesem Zeitpunkt eben nicht weggefahren sind. Bleiben Sie also hartnäckig!

Je mehr Kontakte, desto mehr Kontrakte

Vom Wählversuch bis zum tatsächlichen Verkaufsabschluss ist es ein langer Weg, auf dem Sie viele potenzielle Kunden verlieren.

Nur wenn Sie den unmittelbaren Zusammenhang zwischen der Zahl Ihrer Wählversuche und Ihrem Umsatz/Ihrer Provision verinnerlicht haben, werden Sie langfristig Erfolg haben. Gerade in der Telefonakquise bestätigt sich immer wieder, dass nicht die Tätigkeit selbst belohnt wird, sondern die Hartnäckigkeit, mit der Sie Ihre Ziele verfolgen. Darum bereiten Sie für Ihre nächste Telefonaktion ein Liste vor, auf der Sie alle getätigten Wählversuche und alle geführten Kontaktgespräche notieren.

Vergegenwärtigen Sie sich, dass auch jeder Kunde, der ein Telefonat mit Ihnen ablehnt, Sie letztlich nur weiterbringt – nämlich direkt zum nächsten Kunden, der einen persönlichen Besuchstermin mit Ihnen vereinbart!

Selbst ein ablehnender Kunde ist keiner, den Sie für alle Zeiten ad acta legen sollten. Für Sie als erfolgreichen Akquisiteur wird's doch jetzt erst interessant, denn nun können Sie Ihr Durchhaltevermögen so richtig unter Beweis stellen.

Entscheidende Vorraussetzung für einen zweiten Anruf nach einer Ablehnung ist allerdings, dass Ihre Hartnäckigkeit ganz wesentlich von Höflichkeit geprägt ist, denn Kunden wollen mit Charme und Freundlichkeit umworben werden: Ein Verkäufer, der zu früh aufgibt, beleidigt den Kunden!

Das heißt zunächst einmal: Sie müssen sich schon souverän und freundlich aus dem ersten Telefonat verabschiedet haben, sonst verbauen Sie sich selbst den Weg zu einem eventuellen zweiten Gespräch. Hier gilt der alte Kommunikationsgrundsatz, demzufolge das zuletzt Gesagte beim Empfänger den stärksten Eindruck hinterlässt. Wenn Sie sich also im ersten Telefonat einen „guten Abgang" verschafft haben, dann ist beim zweiten Versuch der Überraschungseffekt bei Ihrem Kunden sehr groß, denn wer rechnet schon damit, dass Sie noch einmal anrufen, nachdem Sie doch beim ersten Mal schnell abgewimmelt wurden?

Eine Möglichkeit, diesen Überraschungseffekt zu nutzen und ihn sogar zu steigern, ist eine Selbstbezichtigung, zum Beispiel nach folgendem Muster: „Herr ..., wir haben gestern miteinander telefoniert und hatten ein angenehmes Gespräch. Allerdings geht mir die Frage nicht aus dem Kopf, warum Sie einen Vergleich mit Ihren bestehenden Kontakten ausschlagen. Irgendwie habe ich das wohl nicht richtig rüberbringen können – können Sie mir sagen, worin der Fehler liegt, dass ich Sie nicht von einem persönlichen Besuch überzeugen konnte?"

Ihr Kunde wünscht sich einen souveränen Gesprächspartner

Der Grad Ihrer Identifikation mit Ihrem Beruf als Verkäufer spiegelt sich in den Formulierungen, mit denen Sie Ihren Gesprächspartner zu einer Terminvereinbarung bewegen wollen.

Ein Verkäufer, der davon überzeugt ist, dass beide Seiten, also auch sein Gesprächspartner, von der angestrebten Geschäftsbeziehung profitieren können, verfügt über eine starke Identifikation – er wird das Gespräch nicht mit (unterwürfigen) Verlegenheitsformulierungen, sondern freundlich und selbstbewusst eröffnen.

Seien Sie sich also bewusst, dass Ihr Kunde auf jeden Fall von Ihrem Kontakt profitiert. Schließlich bieten Sie ihm auf eigene Kosten einen Informationsbesuch an, dessen Kosten je nach Aufwand schnell mehrere Hundert Euro betragen können, der aber Ihrem Gesprächspartner die Möglichkeit bietet, Ihr Angebot detailliert mit dem Ihrer Wettbewerber zu vergleichen. Sparen Sie sich also bittstellerische Formulierungen wie „Ich hoffe, ich störe Sie gerade nicht", „Haben Sie gerade ganz kurz Zeit?" oder „Vielleicht erinnern Sie sich noch an mich".

Schon bei der ersten kleineren Hürde („Ich bin in einer Besprechung") verfallen viele Verkäufer in „Bettelformulierungen". Zwei ganz typische Varianten sind folgende:

1. Der Hinweis, zu einem späteren Zeitpunkt wieder anzurufen – verbunden mit dem schlechten Gewissen, den Kunden gestört zu haben.

   Ein Anrufer mit starker Identifikation mit seinem Beruf würde dagegen folgendermaßen reagieren: „Ihre Besprechung hat selbstverständlich Vorrang, daher werde ich mich ganz kurz fassen." Dieser Anrufer ist davon überzeugt, dass sein Gesprächspartner gar nicht erst ans Telefon gegangen wäre, hätte die Besprechung wirklich so einen hohen Stellenwert. Er führt das Telefonat in geplanter Weise fort, schließlich ist der Telefonkontakt aus seiner Sicht in diesem Moment Gewinn bringender für seinen Gesprächspartner als dessen Besprechung. Bitte bewahren Sie sich aber trotz oder besser gerade wegen Ihres selbstbewussten Auftretens das Gespür dafür, wann es in einer solchen Situation angebracht ist, das Gespräch zu beenden – wenn also Ihr Kunde genau darauf beharrt und um einen späteren Wiederanruf bittet.

2. „Ich bin dann ohnehin in Ihrer Gegend". Achtung: Killerphrase! Ihr Kunde wird so eine Formulierung als mangelndes Interesse an seiner Person interpretieren.

   Werten Sie Ihren Kunden stattdessen auf! Geben Sie ihm stets das Gefühl, dass es sich für Sie lohnt, sich eigens für ihn auf den Weg zu machen, um einen Termin mit ihm wahrzunehmen, selbst wenn Sie tatsächlich in der Nähe zu tun haben.

Konjunktive sollten Sie ebenfalls aus Ihrem Wortschatz verbannen. Fragen wie „Wann hätten Sie Zeit?", „Wäre das für Sie interessant?" etc. sind Ausdruck übertriebener Höflichkeit und damit auch schwacher Identifikation mit dem eigenen Beruf. Oder hätten Sie als Angerufener den Eindruck, es hier mit einem Verkäufer zu tun zu haben, der von sich und seinem Angebot überzeugt ist?

Das gleiche gilt für Formulierungen zum Gesprächsende wie „Darf ich mich nochmals bei Ihnen melden?" oder „Wann soll ich nochmals anrufen?" Behalten Sie stattdessen die Führung in der Hand, um den Zeitpunkt Ihres Wiederanrufs selbst bestimmen zu können, zum Beispiel durch folgenden Gesprächsabschluss: „Herr/Frau ..., dann wird es gut sein, dass wir zu einem späteren Zeitpunkt noch einmal miteinander sprechen. Ich wünsche Ihnen noch einen guten Tag. Auf Wiederhören!"

Klare und erfolgsorientierte Strategien für das Telefonat

Der spontane und unvorbereitete Anruf führt selten zum Erfolg. Nutzen Sie den Vorteil, den Zeitpunkt des Telefonats selbst planen und sich optimal auf das Terminvereinbarungsgespräch vorbereiten zu können. Lernen Sie das Instrument Telefon effizient für Ihre Ziele einzusetzen!

Ihre Strategie hängt natürlich entscheidend davon ab, ob Sie eher auf Bestandskunden zurückgreifen können oder überwiegend Neukunden akquirieren müssen. Machen Sie sich mit den unterschiedlichen Strategien der telefonischen Terminvereinbarung vertraut und setzen Sie diese gleich in Ihrem nächsten Gespräch ein!

Ihre Sprache ist Ihre Visitenkarte

Ihre sprachliche Ausdrucksfähigkeit hat in der Telefonakquise – das liegt in der Natur der Sache – einen weit höheren Stellenwert als bei einem persönlichen Besuchstermin.

Partnerschaftliche Kommunikation sollte dabei Ihr Leitbild sein: die Vorstellung, dass Verkaufsgespräche zwischen zwei gleichberechtigten Gesprächspartnern darauf abzielen, dass beide von der Geschäftsbeziehung profitieren können. Die Abkehr von Hardselling-Techniken und entsprechend aggressiver Verkaufsrhetorik ist nicht zuletzt den steigenden Ansprüchen des kritischen Verbrauchers und einer komplexen Umwelt geschuldet.

Ihre Argumentationsstärke, die Widerstände Ihres Gesprächspartners innerhalb von ein bis zwei Minuten aufzuweichen und ihn davon zu überzeugen, dass auch er von einem persönlichen Termin vor Ort profitiert, ist der entscheidende Faktor für Ihren Akquiseerfolg.

Dabei zeigt sich – entgegen einer immer noch weit verbreiteten Ansicht –, dass nicht detailliertes Fachwissen, sondern verkäuferisches Geschick das Mehr an Umsatz ausmacht.

Daher gilt: Ersparen Sie im Terminvereinbarungsgespräch Ihrem Kunden Fachchinesisch, technische Details und endlose Zahlenreihen, sonst blähen Sie das Telefonat unnötig auf und laden Ihren Gesprächspartner geradezu zu kritischen (fachspezifischen) Nachfragen ein. Bewahren Sie sich Einzelheiten für den persönlichen Gesprächstermin vor – schließlich wollen Sie ein paar (fachliche) Argumente, die für Angebot sprechen, in der Hinterhand behalten.

Verkäuferisches Geschick gepaart mit partnerschaftlicher Kommunikation bedeutet zunächst einmal, Worte zu vermeiden, die bei Ihren Gesprächspartnern negative Assoziationen auslösen: „Risiko", „Bemühen", „Kosten", „billig" sind Beispiele so genannter Mülleimerworte, die Sie am besten sofort aus Ihrem Wortschatz streichen!

Das gleiche gilt für Killerphrasen, die Ihren Gesprächspartner irritieren, verletzen, auf jeden Fall aber „kein gutes Gefühl" bei ihm hinterlassen, wenn nicht sogar Antipathie: „Das kann ja nicht schaden!", „Das ist unerheblich", „Das werden Sie nicht bereuen", „Ich habe schon mehrmals versucht, Sie zu erreichen", „Ich versuche Ihnen das einmal zu erklären" etc.

Ihr Gesprächspartner ist – selbst wenn er Ihnen durch und durch als „Kopfmensch" erscheint – ein Gefühlswesen, zu dem Sie eine gewisse Grundsympathie aufbauen müssen. Gebrauchen Sie ganz bewusst und konsequent positive Formulierungen, um Ihrem Gesprächspartner sozusagen eine sprachliche Brücke zu Ihrem Angebot zu bauen!

Nehmen Sie sich die Zeit, Ihr persönliches Sprachverhalten zu prüfen und es gegebenenfalls zu modifizieren. Analysieren Sie – am besten zusammen mit einem oder mehreren Kollegen – Aufzeichnungen Ihrer Gespräche, um sich eventueller „Mülleimerworte" und „Killerphrasen" in Ihrer persönlichen Verkaufsrhetorik bewusst zu werden. Allein dieses Bewusstsein wird zu Änderungen in Ihrem Sprachverhalten führen!

Auf dem Weg zur Terminvereinbarung

Erfolgreiche Akquisetelefonate folgen in der Regel – das haben Sie sicher selbst schon herausgefunden – einem bestimmten Ablauf, der sich in einzelne Phasen gliedern lässt, für die wiederum gewisse Spielregeln gelten.

Die Sekretärin/Assistentin – die Mauer im Vorzimmer

Bei der Akquise im B2B-Bereich stellt das Vorzimmer die erste nicht zu unterschätzende Hürde dar. Betrachten Sie die Sekretärin als Ihre Verbündete! Selbstverständlich gilt auch für den Umgang mit der Sekretärin Ihres Gesprächspartners, sie höflich und mit Respekt zu behandeln – geben Sie ihr auf keinen Fall das Gefühl, sie nur als lästiges Hindernis auf dem Weg zu ihrem Chef zu betrachten. Bringen Sie Ihren Wunsch, mit ihrem Chef sprechen zu wollen, nach der Nennung Ihres eigenen Namens freundlich, präzise und selbstbewusst vor: „Bitte Herrn ... " oder „Ist Herr ... zu sprechen?" Wenn Sie den Namen der Sekretärin kennen oder direkt nach dem Abheben verstanden haben, ist es selbstverständlich von großem Vorteil, das Prinzip der Sie-Orientierung im Gespräch (siehe weiter unten) anzuwenden und die Sekretärin direkt mit ihrem Namen anzusprechen: „Frau ..., ist Herr ... zu sprechen?"

Optimal: Stellen Sie sich mit komplettem Vor- und Nachnamen vor und geben Sie auch den vollen Vor- und Familiennamen Ihres gewünschten Gesprächspartners an – das suggeriert ein hohes Maß an Vertrautheit, dem sich die angesprochene Sekretärin kaum verschließen wird und erleichtert den positiven Einstieg in Dialog mit ihr.

Experten-Tipp

Antworten Sie auf die typische Frage „Um was geht es denn?" nicht mit Ihrem Geschäftsanliegen oder gar einer Produktbezeichnung, denn das liefert der Sekretärin eine Steilvorlage: „Da sind wir bereits bestens eingedeckt, danke, kein Bedarf!" Behalten Sie stattdessen das Ziel Terminvereinbarung fest im Auge, ersetzen Sie aber den Begriff „Termin" durch eine „softere" Bezeichnungen wie „Kennenlernen" oder „persönliche Einladung".

Hinweise auf früher zugesandtes Infomaterial oder einen früheren Kontakt (selbst wenn er nicht stattfand ...) erleichtern es Ihnen, den Fuß in die Tür des Chefbüros zu bekommen. Insbesondere der Hinweis auf ein vorangegangenes Telefonat, das mit dem Wunsch Ihres Ansprechpartners endete, dass Sie ihn wieder anrufen sollten, lässt der Sekretärin keinen Spielraum, denn sie wird sich kaum diesem Wunsch ihres Vorgesetzten entgegenstellen.

Wenn das alles nicht fruchtet, dann bleibt Ihnen die Möglichkeit, nach Büroschluss (in der Regel 17 Uhr) anzurufen – meistens sitzt Ihr Ansprechpartner dann noch in seinem Büro und nimmt auch Anrufe entgegen. So gesehen kann es sich durchaus lohnen, im Vorfeld etwas mehr Energie aufzubringen, um die Durchwahlnummer Ihres Ansprechpartners herauszufinden.

Experten-Tipp

Wenn Sie die Durchwahl Ihres Ansprechpartners partout nicht eruieren können und trotz Ihres umwerfenden Charmes auch an der resoluten Dame im Vorzimmer nicht vorbeikommen, bleibt Ihnen noch ein kleiner Trick mit möglicherweise großer Wirkung: Hängen Sie einfach an die Zentralnummer des Unternehmens eine fiktive Durchwahl (oder verändern Sie leicht eine bestehende Durchwahl). Sie werden mit großer Wahrscheinlichkeit an einen netten Mitarbeiter geraten, der Sie unter Umgehung des Vorzimmers direkt mit Ihrem Ansprechpartner verbindet!

Begrüßung und Vorstellung

Haben Sie die erste Hürde gemeistert, ruhen Sie sich bitte keinesfalls auf Ihren Lorbeeren aus, ganz im Gegenteil: In den ersten drei Sekunden des Telefonats mit Ihrem eigentlichen Gesprächspartner müssen Sie einen sympathischen Eindruck von sich hinterlassen.

Überbrücken Sie diese ersten Sekunden souverän, indem Sie nach der Begrüßung seinen Namen nennen. Ihr Ansprechpartner schätzt es, wenn Sie erst nach der Nennung seines Namens zur Vorstellung Ihrer eigenen Person übergehen. Bei der Neuakquise gilt: Vom Allgemeinen zum Speziellen, das heißt: An erster Stelle nennen Sie Ihr Unternehmen und an zweiter erst Ihren Namen. Das ist insofern wichtig, als dass Ihr Kunde nur in den wenigsten Fällen einen Termin mit Ihrem Unternehmen wahrnimmt, sondern zuvorderst mit Ihnen als Verkäufer.

Dadurch, dass Sie Ihren Namen erst an zweiter Stelle nennen, gehen Sie sicher, dass dieser im Kopf Ihres Ansprechpartners „hängen bleibt", denn: das zuletzt Gesagte bleibt am stärksten haften. Außerdem hat sich gezeigt, dass viel eher Rückfragen zum Unternehmen gestellt werden, wenn es erst nach dem Namen des Verkäufers vorgestellt wird – wenn Sie für ein vergleichsweise unbekanntes Unternehmen arbeiten, verhindern Sie eine Blockade des Gesprächs durch die folgende Frage: „Von welchem Unternehmen rufen Sie an?"

Beispiel:

„Guten Tag, Herr Müller, hier ist die Meier GmbH, mein Name ist Robert Schmidt."

Bitte leiern Sie – bei aller Routine – Ihren Namen und die Unternehmensbezeichnung nicht herunter, sondern achten Sie darauf, das Ihr Tonfall ruhig und freundlich ist.

Kompetenzauslotung

In manchen Fällen kann es – je nach Strategie und Zielgruppe – direkt nach der Begrüßung und der Vorstellung erforderlich sein, eine Kompetenzauslotung vorzunehmen, um von Anfang an sicherzustellen, dass der Gesprächspartner, den Sie gerade „an der Strippe" haben, auch derjenige ist, der die erforderliche Entscheidungskompetenz hat.

Was Sie als Verkäufer brauchen, ist ein qualifizierter Besuchstermin. Deshalb klären Sie, bevor Sie zu Ihrem eigentlichen Anliegen kommen, durch persönliche Rückfragen, ob Sie beim „Richtigen" gelandet sind. Eine entsprechende Frage könnte zum Beispiel so lauten: „Herr ... , wenn es um die Einführung eines neuen Produkts geht, sind Sie der richtige Ansprechpartner oder entscheidet das einer Ihrer Kollegen?"

Eine solche Frage, die das Qualifikationsmerkmal beinhaltet („Sind Sie der richtige Ansprechpartner für ein neues Produkt?"), hat das Ziel, nach einer positiven Bestätigung das Gespräch weiterzuführen, es bei einer Verneinung jedoch freundlich, aber zügig zu beenden – zum Beispiel, indem Sie fragen, ob Ihr Gesprächspartner Sie mit dem zuständigen Kollegen verbinden kann oder ob er Ihnen dessen Durchwahl gibt. Bedanken Sie sich auf jeden Fall für das – wenn auch kurze – Gespräch und – wenn er Ihnen weitergeholfen hat – für seine Hilfe!

Kann Ihr Gesprächspartner Ihnen aus Mangel an eigener Kenntnis keine eindeutigen Angaben zu Ihrer Frage machen, versuchen Sie, ihm durch zusätzliche Hilfestellungen eine Festlegung zu ermöglichen. Klappt es selbst dann nicht, vereinbaren Sie einen konkreten Termin für einen Wiederanruf, bis zu dem sich Ihr potenzieller Kunden schlau gemacht hat, ob er tatsächlich zuständig ist oder nicht.

Andere Kunden reagieren ausgesprochen misstrauisch mit Fragen wie „Wozu wollen Sie das wissen?" oder gleich ablehnend mit „Das sage ich Ihnen nicht!". In diesem Fall sind Sie aufgefordert, dem Kunden nochmals zu verdeutlichen, dass die entsprechenden Angaben zu seinem Vorteil sind, da ein Besuchstermin nur unter den erwähnten Voraussetzungen für ihn sinnvoll ist. Erwähnen Sie an dieser Stelle, dass Sie seine Zeit als wertvoll betrachten und diese nicht mit einem unnötigen Termin in Anspruch nehmen wollen. Ist Ihr Gesprächspartner auch nach einer solchen wiederholten Erläuterung nicht bereit, Ihnen die entsprechenden Informationen zu geben, haben Sie mehr davon, wenn Sie sich freundlich verabschieden und Ihre Energie in den nächsten Anruf stecken.

Vom „Ich" zum „Sie" – die Gesprächseröffnung

Die ersten Sekunden Ihres Telefonats entscheiden über den weiteren Verlauf Ihrer Kommunikation mit Ihrem Gesprächspartner und damit über den Erfolg Ihrer Akquise.

Nun haben Sie es in der Hand, Ihren Gesprächspartner schon in den ersten Sekunden für sich zu gewinnen, indem Sie ihn neugierig machen – bringen Sie Ihr Thema kundenorientiert und in kurzen und präzisen Formulierungen auf den Punkt. Bereiten Sie sich auf den Anruf vor, indem Sie sich Ihre persönliche Strategie zurechtlegen, wie Sie den Einstieg in den Dialog optimal gestalten.

Im Idealfall dient diese Gesprächseröffnung als kurze komprimierte Präsentation dessen, was Sie Ihrem potenziellen Kunden anbieten wollen. Finden Sie dabei Ihre ganz persönliche Formulierung, die Sie konsequent über einen längeren Zeitraum nutzen – das vermittelt Sicherheit anstelle von dauernden Improvisationen!

Von zentraler Bedeutung für eine professionelle Gesprächseröffnung und einen weiteren positiven Gesprächsverlauf ist der konsequente Einsatz des „Sie-Standpunktes" anstelle des kleinen Wörtchens „Ich":

- „Der Anruf bei Ihnen hat einen besonderen Grund" statt „Ich rufe an wegen ..."
- „Wenn Sie sich dazu entschließen, hat das für Sie folgenden Vorteil ..." statt „Ich kann Ihnen das nur empfehlen ..."
- „Wann sind Sie telefonisch am besten zu erreichen?" statt „Wir melden uns wieder bei Ihnen."

„Ich" wird in der zwischenmenschlichen Kommunikation am häufigsten gebraucht – doch zweifellos gewinnen Ihre Argumente an Kraft, wenn Sie viele Ich-Formulierungen vermeiden und stattdessen eine kundenorientierte Gesprächsführung aufbauen. Ihr Gesprächspartner wird sich Ihrem Wunsch nach einer Terminvereinbarung viel eher öffnen, wenn Sie ihn direkt ansprechen, und dabei am besten immer wieder auch seinen Namen einstreuen. Ein Verkäufer hingegen, der bei seinem Ich-Standpunkt bleibt, spricht zwar *zu* seinem Kunden, aber nicht *mit* ihm – also sprechen Sie *mit* Ihrem Kunden!

Eine Ausnahme bildet „Wir" in Verbindung mit „gemeinsam", um Ihre Solidarität zu bezeugen und damit die Verbindung zum Kunden zu verstärken. Dieses „Wir" ist nicht gleichbedeutend mit dem „Wir", das Sie stellvertretend für sich und Ihr Unternehmen meinen und das nur eine Variante von „Ich" ist.

> *Beispiel:*
>
> „Wann wollen wir gemeinsam einen Termin abstimmen?"

Die zweite Ausnahme bildet die so genannte Selbstbezichtigung, mit der Sie zum Beispiel Missverständnisse „auf Ihre Kappe" nehmen: Durch Formulierungen wie „Das habe ich wohl falsch ausgedrückt" oder „Dann bin ich wohl von falschen Voraussetzungen ausgegangen" vermeiden Sie von vornherein Spannungen, die Sie mit einer konfrontativen Formulierung wie „Dann haben Sie das falsch verstanden" erzeugen würden.

Die Doppelnutzenargumentation

Bei nahezu allen Gesprächseröffnungen hat es sich bewährt, dem potenziellen Kunden den mindestens doppelten Nutzen des eigenen Angebots in Aussicht zu stellen. Mit Hilfe von Worten wie „gleichzeitig", „außerdem" und „darüber hinaus" vermitteln Sie Ihrem Gesprächspartner, einen „Treffer zu landen":

- „Herr ..., es geht darum, wie Sie die Liquidität für Ihren Betrieb erhöhen können und gleichzeitig Ihre Kunden noch stärker an Ihr Unternehmen binden."
- „Herr ... , es geht darum, wie Sie Ihre betrieblichen Aufwendungen um bis zu zehn Prozent reduzieren können und außerdem neue Zielgruppen für Ihr Angebot erschließen."

Auch hier gilt: Eine gute Vorbereitung ist die halbe Miete, denn mit einer Gesprächseröffnung, die sofort den Nutzen Ihres Kunden in den Mittelpunkt rückt, wecken Sie seine Neugier. Wenn Sie darüber hinaus einen USP (Unique Selling Proposition) als Joker im Ärmel haben, dann zücken Sie diesen, um gleich zu Beginn den überdurchschnittlichen Nutzen, der Ihrem Kunden einen Vorteil gegenüber seinem Wettbewerb sichert, hervorzuheben.

Ihr Ziel ist es also, Ihre Argumente auf die Kaufmotive Ihres Gesprächspartners abzustellen, sich so eine größere Akzeptanz zu sichern und zu neugierigen Rückfragen einzuladen: „Wie soll das gehen?" „Um was handelt es sich genau?".

Fragen, Fragen, Fragen

Wenn Sie die Neugier Ihres Gesprächspartners so weit geweckt haben, dass er so eine Rückfrage stellt, befinden Sie sich schon mitten im Dialog – Gratulation! Widerstehen Sie aber der Versuchung, Ihren Kunden jetzt mit Produktinformationen zuzuschütten, sondern bringen Sie ihn durch Fragen von Ihrer Seite zum Sprechen – getreu der uralten Verkäufer-Binsenweisheit: Wer fragt, der führt!

Aus diesem Grund ist es sehr sinnvoll, die Gesprächseröffnung mit einer Frage abzuschließen, vorausgesetzt, Ihr Kunde tut dies nicht schon von selbst durch eine Rückfrage. Geben Sie auf jeden Fall den Ball an Ihren Gesprächspartner weiter, um so einen klar strukturierten Dialog zu eröffnen.

Die Frage, die sich an Ihre Gesprächseröffnung anschließt und mit der Sie gleichzeitig diesen Dialog eröffnen, will gut überlegt sein, denn Ihr Gesprächspartner kann durch seine Antwort durchaus auch Einfluss auf den weiteren Gesprächsverlauf nehmen.

Vermeiden Sie auf jeden Fall geschlossene Fragen und stellen Sie stattdessen offene Fragen, die mit einem Fragewort eröffnet werden (Wie? Wo? Was? Inwieweit? Inwiefern? etc.). Solche Fragen haben zum einen den Vorteil, dass Sie aus den Antworten Ihres potenziellen Kunden auch Hintergrundinformationen über ihn und/oder sein Unternehmen/Ihren Wettbewerb herausfiltern können, zum anderen, dass Sie einem „Nein" entgegenwirken, das den Dialog zum Stocken, wenn nicht sogar zum Stoppen bringt.

Die Strategie des verknappten Angebots

Selbstbewusste Verkäufer mit einer besonders starken Identifikation mit ihrem Beruf nutzen dieses Vorgehen, um ihr Angebot als auf die Zielgruppe des Angerufenen oder auf die Region, in der er wohnt, begrenzt darzustellen – also als etwas Exklusives und Limitiertes. Eine zeitliche Begrenzung hingegen ist problematisch, denn zum einen schlagen Sie sich selbst die Tür für einen späteren Wiederanruf zu, zum anderen empfinden Kunden diesen Ansatz als Druckmittel des Verkäufers – also bitte nur mit äußerster Vorsicht anwenden!

Die entscheidende Gesprächsphase: der Umgang mit Einwänden

Gerade bei der telefonischen Terminvereinbarung sind die möglichen Kundenreaktionen durchaus vorhersehbar, beschränken sie sich doch auf sieben bis acht idealtypische Aussagen, die allerdings nach Standardreaktionen Ihres Kunden oder branchenspezifischen Äußerungen unterschieden werden können.

Nach einer gelungenen Gesprächseröffnung, in der Sie das Thema kurz umrissen und die Neugier Ihres Gesprächspartners geweckt haben, indem Sie den Nutzen Ihres Angebots hervorgehoben haben, und nach der anschließenden offenen Frage werden Sie mit seinem ersten Widerstand konfrontiert – einem Kunden, der nur auf Ihr Angebot gewartet hat und Sie gleich zu einem persönlichen Besuchstermin drängt, werden Sie wohl kaum begegnen ...

Aber als Profi werden Sie zu erwartende Vor- und Einwände mit rhetorischer Souveränität sowie psychologischem Geschick entkräften und so Ihren Kunden im weiteren Gesprächsverlauf führen. Statt unmittelbar nach der Gesprächseröffnung hemdsärmelig in Richtung Terminvereinbarung zu marschieren, setzen Sie Ihren Humor und Ihre Schlagfertigkeit ein – dann rückt das Ziel Ihres Telefonats in greifbare Nähe!

Vorwände

Im Gegensatz zu Einwänden, die sich immer gegen die Person des Verkäufers, sein Unternehmen oder sein Angebot – also gegen einen konkreten Ansatzpunkt – wenden, sind Vorwände in der Regel pauschal und entsprechend formuliert.

Typische Vorwände in Terminvereinbarungsgesprächen sind demnach: „Daran haben wir kein Interesse", „Darüber brauchen wir uns nicht zu unterhalten", „In diesem Punkt sind wir bestens versorgt", „Hierzu besteht im Moment kein Handlungsbedarf".

Mit solchen oder vergleichbaren Reaktion werden Sie erfahrungsgemäß sofort nach Ihrer Gesprächseröffnung konfrontiert. Diese Aussagen lassen sich alle unter der Rubrik „Kein Interesse" einordnen – wie also darauf reagieren?

Begegnet Ihnen Ihr Gesprächspartner mit barscher Zurückweisung, haben Sie möglicherweise den falschen Zeitpunkt erwischt, oder er war einfach

„schlecht drauf". Machen Sie sich in so einem Fall das Akquiseleben nicht unnötig schwer und versuchen Sie es getreu der Devise „höfliche Hartnäckigkeit" lieber noch einmal zu einem späteren Zeitpunkt.

Wenn Ihr Gesprächpartner freundlich, aber bestimmt antwortet, dann widerstehen Sie bitte der großen Versuchung, intuitiv mit „Warum?" zu antworten. Diese Gegenfrage birgt die Gefahr, bei Ihrem Gesprächspartner Aggressionen auszulösen, weil er sich Rechtfertigungsdruck ausgesetzt fühlt. Das Gesprächsklima könnte so nachhaltig gestört werden, dass an eine konstruktive Fortführung des Telefonats mit dem Ziel einer Terminvereinbarung nicht mehr zu denken ist.

Gehen Sie also mit äußerster Sensibilität vor, seien Sie hellwach, wenn das Gespräch an diesem Punkt ist – folgende Formulierung könnte Ihnen in dieser Situation weiterhelfen: „Es ist verständlich, dass Sie auf Anhieb wenig Interesse signalisieren, denn es liegen Ihnen ja noch nicht alle Details des Angebots vor und Ihr Interesse kann sicher erst dann geweckt werden, wenn Sie alle Vorzüge von X kennen gelernt haben. Deshalb ist es ja auch sinnvoll, einen Termin ins Auge zu fassen."

Mit der so genannten Schlüsseltechnik können Sie mit einer recht hohen Erfolgsquote analysieren, was hinter der (Vor-)Wand liegt, um dann zu einer gezielten Argumentation bzw. Einwandbehandlung überleiten zu können. Die Zacken der Schlüsseltechnik sollten relativ unverändert bleiben, um ins dazugehörige Kunden-Schloss zu passen. Formulierungsbeispiele finden Sie in der Tabelle auf der folgenden Seite.

Natürlich kann es sein, dass Ihr Gesprächspartner nicht auf diese Art der Vorwanddiagnose „anspringt" und mit einer Wiederholung des Vorwands antwortet oder Sie sogar bei Ihrer Schlüsselformulierung unterbricht. In so einem Fall wird Ihnen nicht viel anderes übrigbleiben, als das Gespräch freundlich zu beenden und diesen Kunden „abzuhaken".

Mit der Schlüsseltechnik können Sie Ihrem Gesprächspartner die Zustimmung entlocken, die Sie für eine Fortführung des Gesprächs und eine konstruktive Argumentation benötigen. Mit der jetzt typischerweise folgenden Reaktion „Ja, aber ..." geht Ihr Gesprächspartner nämlich vom bisherigen Vorwand in eine detaillierte Aussage über – einen Einwand, auf den Sie jetzt entsprechend reagieren können. Von der Vorwandreaktion zu Beginn dieses Dialogs wäre der gerade Weg direkt hin zur Terminabsprache unmöglich. Mit der Schlüsseltechnik haben Sie die Basis für die folgende Vier-Phasen-Einwandbehandlung gelegt.

Schlüsseltechnik: Beispielformulierung

Phase	Formulierung	Ziel/Effekt
1	„Gut, dass Sie es gleich sagen.	• Aggressionen des Gesprächspartners abfedern, seinen Vorbehalt weich annehmen und Verständnis signalisieren • aufgrund der pauschalen Äußerung nur pauschale Erwiderung möglich – Alternativen: „Herr ..., Sie sagen gleich, was Sie denken“, „Das ist ein offenes Wort“, „Sie sagen gleich, was Sache ist“, „Sie reden nicht um den heißen Brei herum“
2	Einmal abgesehen davon, dass Sie im Moment wenig Interesse haben,	• Kundenreaktion spiegeln und durch „im Moment“ auf einen minimalen Zeitpunkt reduzieren • Aufschließen bzw. Umlenken mit dem Ziel, Neugier für die folgende Aussage zu wecken
3	so sind Sie bestimmt immer, immer daran interessiert,	• mit suggestiver Kraft eine positive Unterstellung einbringen und mit D = 3 W-Effekt (doppelte Nennung bringt dreifache Wirkung) manifestieren
4	neue aktuelle Möglichkeiten zum Thema „Nutzen/zweiter Nutzen“ kennen zu lernen und zu prüfen.	• noch einmal auf den Nutzen hinweisen und je nach Belieben zwei Aspekte ansprechen, die mit größter Wahrscheinlichkeit für den Gesprächspartner von Bedeutung sind
5	Denn dies ist ja immer ein zentrales Thema, nicht wahr?"	• „Riegel mit Verstärker“: vorherige Aussage im Bewusstsein des Gesprächspartners verriegeln und durch „nicht wahr“ (oder „stimmt's“) Zustimmung einfordern • Formulierung in Vergangenheitsform („Dies war immer ...“) verstärkt Argumentationskraft • je nach regionalen Gegebenheiten auch Dialekteinfärbung („..., gell?“) möglich, auf jeden Fall verstärkt ein umgangssprachlicher Ton die Nähe zum Gesprächspartner

Einwände

Die gängigsten Kundeneinwände in Terminvereinbarungsgesprächen sind:

- „Für einen Termin habe ich momentan keine Zeit."
- „Ich habe kein Geld, um zu investieren, das Budget ist erschöpft."
- „Schicken Sie bitte erst einmal schriftlichen Unterlagen."
- „Für diesen Bereich habe ich bereits einen Lieferanten/Ansprechpartner."
- „Wir haben schlechte Erfahrungen mit diesem Thema gemacht."
- „Sie wollen mir doch nur etwas verkaufen."
- „Sie sind zu teuer."

Der Einwand „Keine Zeit" kann zum einen bedeuten, dass Ihr Gesprächspartner genau im Moment Ihres Anrufs keine Zeit zum Telefonieren hat, zum anderen, dass er Ihnen keine Zeit für einen Besuchtermin einräumen will. Kommt Ihr Anruf ungelegen, bieten Sie einen Wiederanruf an. Gehören Sie zu den mutigen Akquisiteuren, die nach einer Überleitung wie „Wenn es gerade ungünstig ist, dann fasse ich mich kurz" das Gespräch weiterführen, sollten Sie aber spätestens nach nochmaligem Widerstand Ihres potenziellen Kunden das Gespräch beenden und einen Wiederanruf anbieten, sonst riskieren Sie, Ihren Gesprächspartner zu verärgern.

Der Einwand „Zu teuer" kommt in der Regel vor, wenn Sie nach einem vorab zugesandten Angebot für ein erklärungsbedürftiges Produkt einen Termin vor Ort erreichen möchten.

Die Einwandbehandlung in vier Phasen

Die wirksame Behandlung und Entkräftung eines Einwandes erfordert eine Gesamtstrategie, die sich in vier Phasen unterteilen lässt.

Phase 1: Abfedern durch Lob und Bestätigung

Phase 1 der Einwandbehandlung besteht in der Praxis in einem wohldosierten, mittelstarken Lob als Reaktion auf die jeweilige Kundenaussage. Das bedeutet, dass Sie die Ihnen entgegengebrachte Skepsis und oder gar Aggression erst einmal weich abzufedern – und nicht, dass Sie sich mit übertriebener Lobhudelei unglaubwürdig machen. Lobformulierungen der mittleren Kategorie lauten zum Beispiel:

- „Das ist ein wichtiger Hinweis ..."
- „Gut, dass Sie darauf zurückkommen ..."
- „Eine ganz wichtige Frage in diesem Zusammenhang ..."

- „Gut, dass Sie das gleich ansprechen ..."
- „Sie gehen der Sache auf den Grund ..."
- „Das ist ein offenes Wort ..."

Diese pauschalen Lobformulierungen sollten Sie nur dosiert einsetzen, denn sie sind allgemein bekannt und haben dadurch nur eine begrenzte Wirkung. Zudem eignen sie sich auch nur als Entgegnung auf ebenso pauschale Äußerungen Ihres Gesprächspartners, zum Beispiel zu Beginn der Schlüsseltechnik zur Vorwanddiagnose.

Detailliertere Lobformulierungen sind demnach empfehlenswert, wenn Ihr Kunde einen gezielten Einwand vorbringt, der Ihnen gleich die Möglichkeit zur konkreten Einwandbehandlung gibt. Mit Hilfe dieses „Verbal-Judos" können Sie die Skepsis Ihres Gesprächspartners abfedern und punktgenau an seinem Widerstand ansetzen:

Beispiel:

Kunde:	„Für einen Termin habe ich momentan keine Zeit!"
Verkäufer:	„Dass Sie bei Ihrer Tätigkeit ein volles Terminbuch haben und Ihre Zeit begrenzt ist, versteht sich von selbst ...!"
Kunde:	„Ihr Preis ist mir zu hoch."
Verkäufer:	„Dass für Ihre Entscheidung der finanzielle Aspekt von maßgeblicher Bedeutung ist, ist verständlich ..."
Kunde:	„Wir haben zu diesem Thema bereits einen Ansprechpartner."
Verkäufer:	„Hervorragend, wenn Sie zu diesem Thema schon mit einem Profi zusammenarbeiten ..."

Sie sehen an diesen Beispielen: Lassen Sie die Aggressionen Ihres Gesprächspartners zunächst ins Leere laufen, um dann erst auf diesen „Angriff" zu reagieren – ganz entgegen unseren üblichen Reflexen, auf eine Attacke mit Verteidigung und Abwehr zu reagieren. Dieses Vorgehen verschafft Ihnen den Spielraum, den Sie brauchen, um Ihre Einwandbehandlung fortführen zu können. Entscheidend ist, dass Sie Ihrem Gesprächspartner nicht mit auswendig gelernten Lobformulierungen begegnen – das könnte leicht den Eindruck hervorrufen, dass Sie seine Einwände nicht wirklich ernst nehmen. Entwickeln Sie Formulierungen, die Ihrem eigenen Sprachgebrauch entsprechen und die Sie flexibel unterschiedlichen Situationen anpassen können!

Wenn Sie beispielsweise direkt und persönlich angegriffen werden, dann sind starke Lobformulierungen angebracht, um Ihrem Gesprächspartner den Wind aus den Segeln zu nehmen und noch eine Chance auf Fortführung des Dialogs zu wahren. Wenn Sie überhaupt noch zu Wort kommen, dann ist so ein „Feuerlöscher" eine der wenigen Möglichkeiten, konstruktiv mit der Attacke Ihres Gesprächspartners umzugehen:

Beispiel:

Kunde:	„Ihr Versicherungsvertreter seid doch nur daran interessiert, dicke Provisionen einzustreichen, und wenn Ihr Euren Abschluss in der Tasche habt, dann meldet Ihr Euch doch gar nicht mehr!"
Verkäufer:	„Herr ..., Sie haben sicher Recht, dass es in dieser Branche auch schwarze Schafe gibt, die nur daran interessiert sind, ihren Kunden das Geld aus der Tasche zu ziehen. Da gibt es nichts zu beschönigen, und Sie tun gut daran, eine ordentliche Portion Skepsis zu zeigen, denn schließlich geht es um Ihr hart verdientes Geld!"

Scheu vor der Telefonakquise ist angesichts solcher Angriffe, die zum Teil unter die Gürtellinie zielen, allzu verständlich. Wenn Sie diese Scheu überwinden wollen, beherzigen Sie bitte vor allem zwei Dinge:

- Nehmen Sie solche Angriffe nicht persönlich – Ihre „dicke Haut" ist für solche Situationen unerlässlich!
- Bereiten Sie sich gründlich auf das jeweilige Telefonat vor, entwickeln Sie Ihre Strategie(n), um Ihr Ziel immer im Auge zu behalten: den Termin!

Starke Lobformulierungen bieten sich auch beim ersten Kundeneinwand während des Gesprächs an, allerdings nur, wenn Sie bei nachfolgenden Einwänden Ihres Kunden die Dosierung Ihrer Lobformulierungen entsprechend abschwächen, denn sonst machen Sie sich unglaubwürdig!

Phase 2: Suggestive Eröffnung oder Bumerang-Methode

Bei der suggestive Eröffnung handelt es sich um eine leichte, kundenorientierte Unterstellung, die als Übergang in die nachfolgende Argumentationsphase dient:

- „Sicher ist es Ihnen wichtig ..."
- „Dann kann es für Sie ja nur von Vorteil sein ..."

Vier-Phasen-Einwandbehandlung: Beispielformulierungen im Überblick

Kunden-aussage/ Phase	„Ich habe keine Zeit!“	„Schicken Sie mir erst mal Ihre Unterlagen!“	„Wir haben bereits einen Lieferanten!“	„Ich habe kein Geld!“	„Sie wollen doch nur etwas verkaufen!“
1	„Es ist verständlich, dass Sie ein volles Terminbuch haben.	„Sie haben sicher Recht, dass Unterlagen eine Möglichkeit sind, sich mit diesem Thema eher zu beschäftigen.	„Es spricht für Sie, wenn Sie Ihrem jetzigen Lieferanten die Treue halten.	„Sie sagen gleich, wie es um die Finanzen bestellt ist.	„Verständlich, dass Sie denken, es geht nur darum, mit Ihnen ein Geschäft zu machen.
2	Dann ist es sicher in Ihrem Sinne,	Gleichzeitig werden Sie mir zustimmen,	Dann kann es ja nur von Vorteil sein,	Dann ist es ja unter diesen Umständen für Sie besonders interessant,	Sie werden sicher zustimmen,
3	keine stundenlange Präsentation abzustimmen, sondern in wenigen Minuten einmal zu prüfen, wie Sie in Zusammenarbeit mit der Unternehmensgruppe X neue Kunden für Ihren Betrieb gewinnen können. Dann entscheiden Sie, wie unser Kontakt weiter verläuft.	dass Unterlagen zu solch einem komplexen Thema wie Einsparung der Betriebskosten und Erhöhung der Liquidität nur allgemein sein können, und bevor Sie sich hier durch einen Stapel Papier wühlen, ist es sicher auch in Ihrem Interesse, eine Maßanfertigung auf Ihre Betriebsgröße kennen zu lernen. Dafür ist ein persönliches Gespräch sinnvoll.	in Spitzenzeiten auf einen weiteren zuverlässigen Partner zurückgreifen zu können und gleichzeitig zu prüfen, ob Sie die günstigsten Konditionen im Markt bereits nutzen. Das lässt sich natürlich nicht am Telefon klären.	Einsparmöglichkeiten bezogen auf X kennen zu lernen und hierdurch die finanzielle Situation zu verbessern. Nach einem kurzen Gespräch wissen Sie, wie sich dieses Konzept in barer Münze für Sie auszahlt.	es ist gar nicht möglich, Ihnen etwas zu verkaufen; wenn überhaupt, dann kaufen Sie. Sie bestimmen, was gemacht wird, nachdem Sie alle Vorteile kennen gelernt haben.

Kunden-aussage/ Phase	„Ich habe keine Zeit!“	„Schicken Sie mir erst mal Ihre Unterlagen!“	„Wir haben bereits einen Lieferanten!“	„Ich habe kein Geld!“	„Sie wollen doch nur etwas verkaufen!“
4	Stellt sich nur die Frage, welcher Zeitpunkt von Ihrem Tagesablauf besser geeignet ist. Im Lauf des Vormittags oder besser am Nachmittag?“	Lässt sich das von Ihrem Terminkalender her noch in dieser Woche einrichten, oder wollen wir auf die nächste Woche ausweichen?“	Dazu wird es gut sein, sich bei einer Tasse Kaffee persönlich zu unterhalten. Wollen wir hierzu einen Termin Anfang der Woche oder lieber in der zweiten Wochenhälfte ins Auge fassen?“	Ist es von Ihrem Wochenablauf besser Anfang oder Ende der Woche einzurichten?“	Es bleibt nur noch die Frage offen, wann wir über diese Vorteile näher sprechen wollen ...“

- „Bestimmt legen Sie Wert darauf ..."
- „Dann kommt es Ihnen bestimmt darauf an ..."

Mit so einer Formulierung spannen Sie sozusagen den Bogen für Ihre anschließende Argumentation, denn Sie haben die sehr wirksame Möglichkeit, Phase 1 des Abfederns durch Lob und Phase 3 der Argumentation miteinander zu verbinden.

Alternativ zur suggestiven Eröffnung bietet sich die so genannte Bumerang-Methode an, die das Ziel verfolgt, den Widerstand des Kunden aus einer anderen Perspektive zu betrachten:

- „ ..., gerade weil ..."
- „ ..., eben darum ..."
- „ ..., eben deshalb ..."

Ähnlich wie bei einem Bumerang geben Sie den Einwand Ihres Gesprächspartners zurück – allerdings in einer positiven Wendung. Handhaben Sie daher diese Technik ganz sensibel, wirkt sie in manchen Fällen doch zu offensiv. Es hängt von Ihrer Persönlichkeit und Ihrer Gesprächsstrategie ab, ob und wann Sie die Bumerang-Methode einsetzen.

Die Ja-aber-Technik, die Sie vielleicht noch aus früheren Verkäufertrainings kennen, ist meiner Ansicht nach überholt. Unsere Kunden sind heute wesentlich kritischer und größtenteils resistent gegenüber solchen Methoden, die sie zu Recht als Überrumpelungsversuche empfinden. Mein Ratschlag ist daher, dass Sie nicht der Versuchung nachgeben, Ihrem Lob aus Phase 1 ein „aber", „trotzdem" oder „doch" folgen zu lassen, selbst wenn es Ihnen auf der Zunge liegt. Es ist ein sehr gängiges Sprachmuster, das uns fast in Fleisch und Blut übergangen ist: eine positive Formulierung mit einem Konfrontationswort wie „aber" zu konterkarieren, das die vorher getroffene, positive Aussage wieder zunichte macht. Gerade wenn sich eine solche Situation in einem Gespräch mehrfach wiederholt, wird eine negative Dynamik in Gang gesetzt, die bei Ihrem Gesprächspartners Aggressionen auslöst.

Phase 3: Argumentation

Die Argumentation bildet das Kernstück der Vier-Phasen-Einwandbehandlung, denn in ihr erfolgt die Einwandbehandlung im engeren Sinn. Hier kommen die kundenorientierte Argumentation im Sie-Standpunkt und die Formulierung des Nutzens der Terminvereinbarung zum Tragen.

Dabei brauchen Sie nicht die Nutzenformulierung aus der Gesprächseröffnung zu berücksichtigen – das würde Ihren Gesprächspartner überfordern; es reicht völlig, an dieser Stelle eine allgemeine Nutzenformulierung einzubauen, die von Ihrem Kunden genauso positiv gewertet wird.

Selbstverständlich können Sie diese Phase mit plakativen Formulierungen optimieren, um Ihre Sprache ausdrucksstärker zu gestalten.

Phase 4: Terminfrage

Wenn Sie es bis zu diesem Punkt geschafft haben, eine kundenorientierte und vertrauensvolle Kommunikation aufzubauen, dann sind Sie nur noch einen kleinen Schritt von Ihrem Gesprächsziel entfernt: dem Termin.

Für diesen kleinen Schritt ist auch keine der Ihnen bekannten starken Abschlusstechniken notwendig. Selbstverständlich können Sie auch im Terminvereinbarungsgespräch mit sanfter Gewalt und etwas Druck nachhelfen, aber es kann Ihnen durchaus passieren, dass ein solch vereinbarter Termin wieder kippt, weil Ihr Gesprächspartner ihn nicht einhält oder nach Ihrem Telefonat wieder storniert.

Zudem ist auch Ihrem Kunden die übliche Alternativtechnik („Herr ..., ist Ihnen ein Termin um 15 Uhr oder um 17 Uhr lieber?") sattsam bekannt, und Sie laufen Gefahr, sich mit einem solch plumpen Vorgehen als ernsthafter Gesprächspartner selbst zu disqualifizieren. Vermeiden Sie möglichen Widerstand in Folge dieser Überrumpelungstaktik mit einer zeitgemäßeren „weichen" Alternativfrage, die keine präzise Zeitangabe beinhaltet und Ihrem Gesprächspartner dadurch freie Wahl unter Berücksichtigung seines Terminkalenders bietet: „Lässt es sich von Ihrem Tagesablauf her besser vormittags einrichten oder passt es Ihnen eher mittags, sodass wir das Thema gemeinsam beim Essen besprechen können?" Eine Abschlussfrage dieser Art wird Ihr Kunde als eher höfliche Berücksichtigung seines Zeit- und Arbeitsablaufs bewerten und schätzen!

Ganz abgesehen von „weichen" Alternativfragen sollten Sie sich immer auch die Möglichkeit einer offenen Frage bewahren, wenn es Ihnen in der entsprechenden Situation angebrachter erscheint: „Wann können wir uns zu diesem Thema zusammensetzen?"

Der positive Gesprächsabschluss: Festigung des vereinbarten Termins und Nachmotivation

Vermeiden Sie ein abruptes Gesprächsende und widerstehen Sie dem Drang vieler Verkäufer, schnell den Rückzug anzutreten, weil der Kunde ja vom gerade vereinbarten Termin zurücktreten könnte. Ganz das Gegenteil ist der Fall: Jede weitere Kommunikation nach der Terminabsprache trägt dazu bei, den Termin zu stabilisieren – schon um Missverständnissen vorzubeugen, wiederholen Sie einfach den genauen Zeitpunkt nochmals. Eine detaillierte Wegbeschreibung oder die Frage nach der Parkplatzsituation sind ideale Aufhänger, um den positiven Effekt einer gelungenen Abschlussphase zu verstärken. Mit einem freundlichen Gruß oder einem Wunsch wie „Dann wünsche ich Ihnen noch eine erfolgreiche Arbeitswoche" erhöhen Sie die Verbindlichkeit, die zwischen Ihnen und Ihrem Gesprächspartner entsteht.

Versuchen Sie stets, den Besuchstermin so nah wie möglich an das Telefonat anzuschließen, denn dann können Sie das aufgebaute Potenzial an Verbindlichkeit zwischen Ihnen und Ihren Kunden am effektivsten nutzen.

Lässt sich aber eine längere Zeitspanne von mehreren Wochen zwischen dem Terminvereinbarungsgespräch und dem Besuchstermin nicht vermeiden, dann sollten Sie mit einer schriftlichen Bestätigung Ihre Professionalität und Seriösität unterstreichen.

Darüber hinaus ist bei größeren Zeitspannen oder aufwändigen Anfahrten zwischen Terminvereinbarung und Besuchstermin ein zusätzliches kurzes Telefonat sinnvoll, um sicherzustellen, dass Ihr Kunde den vereinbarten Termin auch wirklich einhält. Als Aufhänger bieten sich an:

- eine Wegbeschreibung – falls diese beim ersten Kontakt nicht besprochen wurde;
- eine kleine Verspätung, die eventuell eintreten könnte;
- der allgemeine Hinweis, dass Sie das Gespräch fest eingeplant haben und sich auf den Termin freuen.

Nach dieser Rückversicherung haben Sie Ihr erstes Ziel auf dem Weg zum Abschluss erreicht: den Termin!

Der Motivationskick für Ihr Terminvereinbarungsgespräch!

Das Telefon ist immer noch das wichtigste Akquiseinstrument. Zu jedem Vertriebstag gehört die Akquise und das Nachfassen per Telefon. Bitte delegieren Sie Ihre Akquisetelefonate nicht an Mitarbeiter, Aushilfen und Call Center – der Profiverkäufer weiß, dass die Qualität selbst akquirierter Kunden höher einzuschätzen ist als die von Kunden, die er akquirieren lässt!

Vierter Trainingstag

Den Erstbesuch optimal vorbereiten

Konsequente Kundenorientierung

Dirk Kreuter

Herr Kreuter, welchen Rat für einen kreativen Gesprächseinstieg und den anschließenden Smalltalk haben Sie?

Dirk Kreuter: Meine Empfehlung: Beginnen Sie Ihr Gespräch mit einem Lob. Insbesondere, wenn Sie anerkennend über die Website Ihres Kundenunternehmens sprechen oder andere Informationen anbringen, die Sie beispielsweise über die News-Funktion von Google über dieses Unternehmen recherchiert haben, erleichtern Sie sich den Gesprächseinstieg erheblich. Nicht nur, weil Sie ihn mit einem Lob aufwerten, kommen Sie bei Ihrem Gesprächspartner gut an, sondern auch, weil Sie damit Ihre intensive Vorbereitung auf den Gesprächstermin unter Beweis stellen. Und welcher Kunde mag nicht einen Verkäufer, der seine Hausaufgaben gemacht hat?

Wie beurteilen Sie die Rolle der Körpersprache im Verkaufsgespräch, insbesondere in der kritischen Begrüßungsphase?

Kreuter: Die Rolle der Körpersprache im Verkaufsgespräch wird meiner Ansicht nach deutlich überschätzt. Zum einen verlangt eine hieb- und stichfeste, völlig zweifelsfreie Deutung körpersprachlicher Signale eine entsprechende jahrelange Erfahrung, zum anderen verliert ein Verkäufer sicher nicht einen Neukunden, weil sein Händedruck zu lasch oder zu kräftig war. Entscheidend für den Gesprächserfolg sind vielmehr seine verbale Kommunikationsstärke, seine geschickte Argumentation und Rhetorik, die auch mögliche kleinere körpersprachliche Fehler verzeihbar machen.

Sollten sich auch „altgediente" Verkäufer intensiv auf Neukundengespräche vorbereiten oder können sie sich das aufgrund ihrer jahrelangen Erfahrung sparen?

Kreuter: Egal ob Youngster oder „alter Hase": Eine gewissenhafte Vorbereitung auf einen Gesprächstermin ist immer eine absolute Notwendigkeit – ein schlecht vorbereiteter Verkäufer dagegen ist eine Beleidigung für seinen Kunden! Denken Sie stets an Picassos Motto: „Ein Mann, der sich nicht auf seine Chance vorbereitet, kann sich nur blamieren."

Den Erstbesuch optimal vorbereiten

Konsequente Kundenorientierung

Vorbereitung auf den Erstbesuch – Nachbereitung des Telefonakquisetermins oder Vorbereitung auf Kaltakquise?

Wann beginnt Ihr Kundenbesuch, der Kundenbesuch, den Ihr Kunde wahrnimmt? Er beginnt in dem Moment, in dem Sie mit Ihrem Fahrzeug auf den Hof Ihres Kunden fahren. Sie wollen jetzt erst einmal die McDonald's-Tüten auf den Rücksitz werfen? Noch schnell zwei Telefonate über das Handy führen? Ihre Unterlagen ordnen und aus dem Kofferraum ein paar Muster holen? In Ruhe die Krawatte binden und das Sakko anziehen? Vergessen Sie's! In der Regel nimmt Ihr Kunde so etwas bereits wahr – und zwar als nicht wirklich professionell ...

In der sorgfältigen Vorbereitung spiegelt sich Ihre Wertschätzung gegenüber Ihrem Kunden: Ist Ihnen Ihr Kunde die Mühe wert, möglichst umfassende Informationen zu recherchieren, sich zu notieren und auszuwerten, um sie zur Vorbereitung auf den Besuch zu nutzen?

Erfolgreiche Verkäufer jedenfalls haben Freude daran, für jeden Besuch die Informationen zusammenzusuchen, die ihren Kunden nutzen, die sie positiv überraschen, die sie für „ihren" Verkäufer, sein Produkt und sein Unternehmen begeistern.

Checkliste Erstbesuch

Informationen über das Unternehmen

- ❑ In welcher Branche ist das Unternehmen tätig? Welche Marktanteile besitzt es?
- ❑ Wie sieht das Produkt- und Dienstleistungsangebot aus?
- ❑ Welche Zielgruppen werden angesprochen? Welche Klientel hat das Unternehmen?
- ❑ Wie ist die Wettbewerbssituation? Wer sind Konkurrenten? Welche Schwächen und Stärken hat das Unternehmen gegenüber diesen?
- ❑ Kennzahlen: Umsatz des Unternehmens, Geschäftsergebnis, Finanzkraft und Liquidität, Anzahl der Mitarbeiter etc.
- ❑ Wie ist das Unternehmen organisiert? Welche Zuständigkeiten und Kompetenzen sind wie aufgeteilt? Welche informellen Strukturen gibt es darüber hinaus? Wer sind die wesentlichen Entscheider?
- ❑ Gab es schon Geschäftsbeziehungen zwischen uns und dem Unternehmen? Wenn ja: Welchen Umsatz haben wir bisher erzielt? Welche Produkte und Dienstleistungen kauft dieses Unternehmen von uns? Mit welchen Ansprechpartnern im Unternehmen gab es bisher Kontakt? Gab es Beschweren/Reklamationen dieses Unternehmens über uns? Wenn ja, welche?
- ❑ Welchen wahrscheinlichen Bedarf (Produkte, Preise, Mengen) hat das Unternehmen?
- ❑ Gibt es Geschäftsbeziehungen/Kontakte zu unseren Wettbewerbern? Wenn ja: Welchen Umsatz erzielen diese? Welche Produkte verkaufen sie? Wer sind die Verkäufer der Konkurrenz? Welche Gesprächspartner haben diese beim Unternehmen?
- ❑ Welche Schwächen und Stärken haben wir gegenüber diesen Konkurrenten, speziell was dieses Unternehmen betrifft?

Fortsetzung Checkliste Erstbesuch

Informationen zur Person des Gesprächspartners

- ❑ Name, Ausbildung, beruflicher Werdegang
- ❑ genaue Position, Kompetenz- und Handlungsspielraum, Einfluss innerhalb des Unternehmens
- ❑ Erwartungen an das Gespräch: Worauf legt der Gesprächspartner Wert, was ist ihm wichtig?
- ❑ Welche Interessen und Hobbys hat er?

Gesprächsvorbereitung und -führung

- ❑ Welche(s) Gesprächsziel(e) habe ich?
- ❑ Welche Themen will ich ansprechen, über welche Neuheiten und Aktionen will ich den Kunden informieren?
- ❑ Welche Produkte oder Leistungen will ich verkaufen? Wie viel und zu welchem Preis?
- ❑ Wie viel Zeit steht für das Gespräch zur Verfügung?
- ❑ Welche Ideen zum Gesprächseinstieg/zum Smalltalk habe ich?
- ❑ Gesprächsstrategie: Welche Nutzenargumente setze ich bei diesem Kunden ein? In welcher Reihenfolge? Mit welchen Gegenargumenten/Einwänden muss ich rechnen? Welche Antworten und Lösungen habe ich parat?
- ❑ Welche Informationen kann ich weitergeben, die für meinen Gesprächspartner interessant sind? (aktuelle Branchenthemen und Entwicklungen, geplante Gesetzesänderungen etc. – Vorsicht bei vertraulichen Informationen!)
- ❑ Wie finde ich die Wünsche und Kaufmotive des Kunden heraus? Welche Fragen sprechen ihn in seinen Bedürfnissen an? Wie kann ich ihn neugierig machen?
- ❑ Wie schaffe ich eine Vertrauensbasis? Wie kann ich dem Gesprächspartner vermitteln, dass mein Interesse nicht nur dem angestrebten Auftrag gilt, sondern dass ich mich für seine Person und seinen Bedarf, seine Wünsche interessiere?

Fortsetzung Checkliste Erstbesuch

- ❑ Was muss ich tun oder lassen, damit mein Gesprächspartner meine Fragen nicht als Ausfragen seines persönlichen Bereichs missversteht?
- ❑ Was muss ich mitnehmen? Welche Unterlagen (Akten, Dateien/ Dateiausdrucke, Umsatz-/Absatzanalysen, Kundenberichte/-prospekte, Marktberichte und -analysen etc.) und Verkaufshilfen (eigene Prospekte, Muster, Modelle, Bilder, Presseberichte/-zitate, PR-Material zum eigenen Unternehmen, Testergebnisse, Referenzen, unter Umständen Präsentationstechnik wie Notebook, Beamer etc.) setze ich ein?

Als Informationsquellen zum Unternehmen Ihres Gesprächspartners und zur Marktsituation bieten sich die Industrie- und Handelskammern, das ABC der deutschen Wirtschaft, Branchen- und Messeverzeichnisse, Fachzeitschriften, Geschäftsberichte, Unternehmenszeitschriften, Internet, Printmedien etc. an. Zögern Sie auch nicht, Informationsmaterial bei der Werbe-, PR- oder Verkaufsabteilung des Unternehmens anzufordern!

Experten-Tipp

Über die Suchmaschine Google können Sie detaillierte Informationen über das Unternehmen Ihres Gesprächspartners abfragen. Über die Funktion „Web" erfahren Sie, wo überall im Internet Ihr Kunde zu finden ist. Mit der „News"-Funktion können Sie nachrecherchieren, in welchen der täglich über 700 ausgewerteten Zeitungen und Zeitschriften Ihr Suchbegriff auftaucht. So erhalten Sie Zugriff auf brandaktuelle Informationen der vergangenen zwei Wochen über das Unternehmen, das Sie als Kunden gewinnen wollen!

Eine intensive und individuelle Vorbereitung auf den Erstbesuch

- gibt Ihnen Sicherheit, weil Sie eine klare Vorstellung von Ihrer Gesprächsstrategie haben;
- schafft Vertrauen zwischen Ihnen und Ihrem Kunden, weil Sie sich mit Ihrem Produkt, der Branche, der Marktsituation und nicht zuletzt mit dem Unternehmen Ihres Gesprächspartners auskennen;

- macht das Verkaufsgespräch effektiver, weil Sie den Überblick behalten, sich so auf das Wesentliche konzentrieren und präziser argumentieren können;
- lässt Sie nichts vergessen und die Gesprächsführung behalten, weil Sie sich Stichworte notiert und diese immer griffbereit haben;
- spart Zeit, weil Sie den direkten Weg zu Ihrem Gesprächsziel nehmen und
- spart Geld, weil Sie Ihre Termine durch sorgfältige Informationsrecherche qualifizieren und so überflüssige Besuche vermeiden!

Positive innere Haltung

Neben den Verkaufstechniken und Ihrer sozialen Kompetenz spielt Ihre mentale Stärke, Ihre Identität, Individualität und Authentizität als Verkäufer eine ausschlaggebende Rolle für den Erfolg Ihres Erstbesuchs.

Vor allem Ihre eigene positive Grundstimmung wird die Beziehung zu Ihrem Kunden auch entsprechend positiv beeinflussen: Sind Sie selbst von Ihrem Produkt und Ihrem Unternehmen überzeugt, so überzeugen Sie Ihren Kunden auch und vor allem mit Ihrer Ausstrahlung. Mit dem Kauf des Produkts kauft Ihr Kunde nicht nur Ihr Angebot, sondern auch Ihre positive Grundhaltung!

Ihre Vorfreude auf das Verkaufsgespräch hat eine ansteckende Wirkung auf Ihren Kunden – so haben Sie die besten Chancen, schon mit dem (fast) alles entscheidenden ersten Eindruck zu gewinnen! Mit Ihrer Vorfreude, die Ihr Kunde an Ihrer Mimik und Gestik sowie an Ihrer Stimme erkennen kann, werten Sie diesen auf, bringen ihm die Wertschätzung entgegen, die er sich wünscht. Effekt: Ihre Kunde öffnet sich und erleichtert Ihnen die Informationsbeschaffung im weiteren Gespräch, das für beide Seiten angenehm und lebendig – eben positiv – verläuft.

Die positive (Vor-)Programmierung auf einen Termin am kommenden Tag beginnt mit einer positiven Tagesrückschau am Abend vorher. Konzentrieren Sie sich bewusst auf die kleinen Erfolgsmomente, die Sie in der üblichen Tageshektik vergessen, und laden Sie die Aktivitäten, die Sie für den kommenden Tag geplant haben, positiv auf: Welche Ziele haben Sie sich für den folgenden Tag gesteckt? Welche Kunden besuchen Sie? Wie können Sie diesen etwas von Ihrem Spaß am Verkäuferberuf vermitteln? Wie überzeugen Sie diese Kunden davon, dass Ihr Produkt die richtige Lösung für sie ist?

Gerade einem schwierigen Kunden gegenüber erhöht Ihre positive Haltung die Wahrscheinlichkeit, dass Sie mit der richtigen Einstellung und Strategie ins Verkaufsgespräch gehen. Verabsolutieren Sie also nicht das, was Sie an ihm nicht mögen – stellen Sie sich eher die Frage, wie Sie diese unsympathischen Eigenschaften in einem anderen Licht betrachten können.

Auf diese Weise wird Ihnen ein geschäftstüchtiger Gesprächspartner nicht raffgierig, sondern gewitzt und clever vorkommen, ein durchsetzungsfähiger nicht eingebildet, sondern selbstbewusst, ein Geschäftspartner, der umsichtig handelt, nicht zaghaft, sondern gelassen.

Eine positive Einstellung und Freude allein machen Ihren Erstbesuch – vor allem angesichts zunehmend kritischerer und launischerer Kunden – natürlich nicht gleich zum Blockbuster – aber Sie machen es sich damit selbst und Ihren Kunden wesentlich leichter, den Weg zum Abschluss zielsicher einzuschlagen.

Bei einer Win-Win-Lösung müssen die Ziele Ihres Kunden zu Ihren eigenen werden – nur so können Sie ihn gut beraten. Alles wird zum Miteinander, zu einer zwischenmenschlichen Angelegenheit.

Mit dieser Einstellung wird Verkaufen ehrlicher und persönlicher. Denken Sie daran: Zu circa 90 Prozent ist die Entscheidung Ihres Kunden emotional geprägt. Er sucht nachträglich nach logischen Gründen und Argumenten für seine Kaufentscheidung, die er emotional schon längst gefällt hat, um seinen Verstand zu beruhigen. Hat er sich entscheiden, signalisiert Ihnen Ihr Kunde: Du hast mich gut beraten und mir Nutzen gebracht – dafür mag ich Dich!

Die Begrüßungsphase

Wenn Sie also auf den Hof des Kunden fahren, sollten Sie sofort aussteigen und mit Ihren vorbereiteten Unterlagen zum Kunden gehen.

Aber wo parken? Wenn Ihr Kunde Kundenparkplätze ausgewiesen hat, diese allerdings besetzt sind, sollten Sie Ihren Pkw woanders parken, denn Sie sind schließlich nicht sein Kunde. Schießen Sie also nicht gleich zu Beginn ein Eigentor und nehmen Ihrem Kunden die Parkplätze für seine eigenen Kunden weg!

In größeren Unternehmen treffen Sie nun auf die Empfangsdame an der Information, bei der Sie sich – unabhängig davon, ob Sie einen Termin haben oder einen Kaltbesuch machen – anmelden müssen. Wenn Sie nun also Ihren eigenen Namen nennen, den Ihres Unternehmens und den Ihres Ansprechpartners, wird die Empfangsdame in der Regel – vergessen Sie nicht: Sie befinden sich nicht bei einem Stammkunden, wo man Sie schon kennt, sondern sind das erste Mal in diesem Unternehmen – bei diesem anrufen: „Chef, hier ist ein Vertreter" oder „Herr ..., hier ist ein Vertreter von der Firma XY". Was passiert jetzt wohl? Getreu dem Motto „Jeden Meter ein Vertreter" sind Sie als Vertreter genau das, was der Chef gerade überhaupt nicht brauchen kann – die Aussichten auf ein Gespräch sind jetzt wirklich nicht besonders gut.

Damit Sie die erste Hürde „Information" erfolgreich nehmen, sollten Sie Ihre Visitenkarte nutzen, auf der alle wichtigen Daten über Sie abzulesen sind. Geben Sie diese bereits der Empfangsdame an der Information, damit sie Ihren Besuch entsprechend telefonisch ankündigen kann.

Anschließend werden Sie aller Wahrscheinlichkeit nach in einen Besprechungsraum mit einem quadratischen Tisch ohne erkennbare Sitzordnung geführt. Sie fragen sich sofort: Wo setze ich mich jetzt hin? Ganz einfach: Bleiben Sie stehen. Sie sitzen den ganzen Tag im Auto – nutzen Sie also einfach einmal die paar Minuten, bis Ihr Gesprächspartner eintrifft, um sich die Beine zu vertreten und sich zu lockern. Sie werden spüren, dass sich diese paar Bewegungen positiv auf Ihre Köperhaltung im folgenden Gespräch auswirken.

Aber mein Rat an Sie, stehen zu bleiben, hat noch einen anderen Grund: Stellen Sie sich vor, Ihr Lebenspartner hat einen Termin mit dem neuen Versicherungsvertreter vereinbart. Sie kommen fünf Minuten zu spät und der Vertreter sitzt in Ihrem Lieblingssessel im Wohnzimmer oder auf Ihrem gewohnten Stuhl am Küchentisch. Seien Sie ehrlich: Welchen ersten Eindruck werden Sie von diesem Vertreter wohl haben? Es ist der gleiche Eindruck, den Ihr Gesprächspartner von Ihnen hat, wenn er den Besprechungsraum betritt und Sie auf „seinem" Platz sitzen. Beugen Sie diesem denkbar schlechten Einstand vor: Bleiben Sie stehen.

Ihr Gesprächspartner betritt also den Besprechungsraum. Üblicherweise folgt nun das Händeschütteln, eine kurze Vorstellung und der Smalltalk, die Anwärmphase, in der Sie über dies und das, aber nichts wirklich Wichtiges reden. Doch Vorsicht: Schon diese Anwärmphase hat eine Menge Fallen und Fettnäpfchen!

Der erste Eindruck entscheidet: positive Ausstrahlung, äußeres Erscheinungsbild, Umgangsformen

Sie kennen die alte Verkäuferweisheit, die natürlich auch für die Begrüßung gilt: Für den ersten Eindruck gibt es (meist) keine zweite Chance.

Wenn Sie mal kurz „in sich gehen", werden Sie feststellen, dass Sie für einen Ihnen unbekannten Menschen bereits in den ersten Sekunden ein Gefühl der Sympathie oder Antipathie entwickeln. Das gleiche gilt selbstredend für Ihren potenziellen Kunden, wenn Sie ihn besuchen, denn auch im Geschäftsleben dominieren Emotionen unsere Aktionen und Reaktionen. Als erfolgreicher Verkäufer sollten Sie dies in der „Inszenierung Ihrer Auftritte" berücksichtigen. Daher sollte Ihr wichtigstes Ziel beim Kontakt mit Ihrem Kunden sein, seine Gefühlsebene zu beeinflussen – der erste Eindruck zählt, und scheinbare Kleinigkeiten spielen hierbei oft genug eine große, wenn nicht sogar entscheidende Rolle. Haben Sie Ihren Kunden erst einmal als Mensch – d.h. als emotionales Wesen – gewonnen, haben Sie es wesentlich leichter, ihn auch für Ihr Anliegen zu gewinnen. Ihr Kunde ist bereit, mehr zu investieren, wenn Sie es ihm (als Mensch) wert sind!

Die Verhaltensforschung hat herausgefunden, dass vor allem Ihre Körpersprache und Ihre Stimme die (unbewusste) Bewertung Ihres Gegenübers beim ersten Kontakt bestimmen – und nur zu einem Bruchteil das, *was* Sie sagen. Achten Sie also insbesondere auf Ihre Kleidung, Ihr gesamtes „Outfit", Ihre Körperhaltung, Ihre Mimik, den Blickkontakt, den Klang Ihrer Stimme, Ihre Sprechweise, Ihre Wortwahl, Ihre Unterlagen und und und – dies alles entscheidet weitgehend darüber, ob Ihr Kunde überhaupt mit Ihnen tiefer ins (Verkaufs-)Gespräch einsteigt!

„Kleider machen Leute" – das gilt nach wie vor. Aufgrund des ersten Eindrucks steckt Sie das Unterbewusstsein Ihres Gesprächspartners in eine Schublade, aus der Sie nur schwer wieder herauskommen: Kleiden Sie sich immer einen Tick korrekter, als es Ihr Kunde erwartet – berücksichtigen Sie dabei Ihre Branche, die Philosophie und/oder Corporate Identity Ihres Unternehmens und nicht zuletzt Ihre eigene Individualität!

Ihr Kunde erwartet *Höflichkeit* von Ihnen: Gute Umgangsformen wie Pünktlichkeit, richtige Begrüßung, Ihre tadellose Anrede und Vorstellung, Ihr „parkettsicheres" Auftreten und Verhalten etc. sind Mindestvoraussetzungen für persönliche Termine. Unhöflichkeit wird Ihr Kunde sofort bestrafen, im schlimmsten Fall damit, dass er Sie nach ein paar Minuten mehr oder weniger „hinauskomplimentiert". Höflichkeit verbindet – aber ohne das notwendige Fingerspitzengefühl wirken Ihre Gesten gestellt und leblos. Nur wenn Sie diese mit echter Offenheit und Freundlichkeit – positiver Ausstrahlung! – füllen, wirken sie sich nachhaltig auf einen günstigen Gesprächsverlauf aus.

Die Getränkefrage: Bietet Ihnen Ihr Kunde etwas zu trinken an, dann nehmen Sie sein Angebot an – selbst wenn Sie an diesem Tag bereits fünf Tassen Kaffee getrunken haben, dann trinken Sie eben eine sechste oder etwas anderes. Es ist eher unhöflich, wenn Sie Ihrem Kunden sagen, dass Sie nichts trinken möchten. Im deutschsprachigen Raum mag dies nicht so stark ausgeprägt sein, aber in südlichen Ländern wie Italien, Frankreich oder Spanien wird das Ablehnen des Begrüßungsgetränks als Beleidigung aufgefasst!

Rhetorik: Möglichst früh im Verkaufsgespräch, am besten schon in der Begrüßungsphase, kommt es für Sie darauf an, den Wortschatz Ihres Gesprächspartners einordnen zu können. Hat er eine „einfache Sprache"? Dann sollten Sie Ihre Wortwahl entsprechend anpassen, das folgende Gespräch ebenfalls mit einfachen Worten führen und dabei Fachausdrücke erklären – was Sie sich vielleicht bei jemand anderem sparen können.

Drücken Sie sich präzise aus, vermeiden Sie lange und umständliche Erklärungen und mehrdeutige Worte, um Ihr Anliegen/Ihr Angebot möglichst effektiv verständlich zu machen. Eine deutliche Aussprache ist ohnehin ein Muss, wobei eine leichte Dialektfärbung – je nach Branche und bei regional begrenzter Klientel – dabei nicht zwangsläufig von Nachteil ist. Passen Sie nicht nur Ihr Sprachniveau dem Ihres Kunden an, sondern auch Ihre Sprechgeschwindigkeit – kopieren Sie ihn aber nicht, sonst könnte er den Eindruck gewinnen, Sie wollten ihn auf den Arm nehmen ...

Experten-Tipp

Analysieren Sie doch einmal Ihre Stimme und Sprechtechnik, indem Sie Ihre Stimme aufnehmen und Ihren Partner, Ihre Freunde und Kollegen um eine Charakterisierung bitten. Wie ist Ihre Stimmfarbe? Sprechen Sie schnell und hektisch, verhaspeln Sie sich oft, oder vermittelt Ihre Stimme Gelassenheit und Souveränität? Setzen Sie Wiederholungen und Sprechpausen bewusst ein? Sprechen Sie lieber in einfachen und kurzen Hauptsätzen oder tendieren Sie zu Schachtelsätzen?

Fazit: Begegnen Sie Ihrem Kunden mit guter Laune, mit einem zuversichtlichen Optimismus, einer positiven Grundhaltung, angemessenem Selbstbewusstsein, Höflichkeit und Einfühlungsvermögen! Folgende Tipps helfen Ihnen, die Anfangssituation positiv zu gestalten:

- Lächeln Sie und suchen Sie den Blickkontakt zu Ihrem Gesprächspartner!
- Grüßen Sie mit freundlicher Stimme!
- Achten Sie auf ein korrektes Äußeres, das der Vorstellung des Kunden entspricht!

Begrüßungsschablonen und Killerphrasen vermeiden

Mit Standardformeln zur Begrüßung hinterlassen Sie sicher kein positives Bild bei Ihrem Kunden – vergessen Sie nicht, dass er die folgenden Einstiegsformeln jeden Tag, zum Teil mehrmals, zu hören bekommt:

- „Das ist Ihnen bestimmt neu."
- „Das ist bestimmt interessant für Sie ...."
- „Ihr Unternehmen ist sehr beeindruckend ..."
- „Das sind wirklich schwierige Zeiten in unserer Branche." etc.

Ihre Devise kann nur lauten: „Ich mache es anders und besser als meine Wettbewerber!" Bitte kommen Sie aber nicht auf die Idee, von sich aus mit negativem Smalltalk zu beginnen, soll heißen: nicht über die schwierige Anfahrt, den Termindruck, die schlechte Geschäftslage oder andere Dinge jammern:

- Wenn Sie wissen, dass es Ihrem Kunden nicht gut geht, sollten Sie in der Begrüßung tunlichst die Frage nach seinem Wohlbefinden vermeiden.
- Steht es um die geschäftliche Situation Ihres Kunden nicht zum Besten, begrüßen Sie Ihn nicht mit der Frage „Wie laufen die Geschäfte?"
- Beginnt Ihr Kunde von sich aus zu jammern, achten Sie bitte darauf, nicht mit „den Wölfen zu heulen". Wenn Sie beide jammern, befinden sich beide im Jammertal, wo es Ihnen beiden schlecht geht. Gemeinsamkeiten verbinden zwar, aber kein Kunde kauft aus Mitleid – Kunden kaufen nur von Siegern!

- Versuchen Sie daher, das Gespräch mit verschiedenen Fragetechniken (siehe unten) in positive Bahnen zu lenken.

Nutzen Sie den Smalltalk, um eine positive und freundliche Gesprächsatmosphäre zu schaffen. Loben Sie Ihren Kunden. Loben Sie ihm gegenüber die freundliche Dame an der Information, die großzügigen Parkmöglichkeiten, die gute Anfahrtsbeschreibung im Internet. Loben Sie Ihren Kunden für eine Pressenotiz, die Sie gelesen haben, für den neuen Internetauftritt, den Sie sich im Vorfeld angeschaut haben. Loben Sie ihn für seine neuen Produkte, für seine neue Montagehalle etc. Kurz: Gegen ein Lob kann sich Ihr Kunde nicht wehren!

Mit einem Lob signalisieren Sie Ihrem Kunden Interesse an ihm als Person und an seinem Unternehmen. Dieses Interesse wiederum zeigt ihm, dass Sie im Vorfeld Ihre Hausaufgaben gemacht und sich intensiv auf das Gespräch vorbereitet haben. Welche größere Wertschätzung können Sie Ihrem Kunden entgegenbringen?

Aber beachten Sie: Ihr Lob muss immer authentisch sein. Wenn Sie also eher der Meinung sind, dass der Internetauftritt Ihres Kunden bzw. seines Unternehmens misslungen ist, dann loben Sie ihn nicht für die Website. Ihr Kunde spürt, ob Ihr Lob ehrlich gemeint oder ohne Substanz ist.

Bei Stammkunden bietet es sich an, den Gesprächspartner in der Begrüßungsphase auf persönliche und private Dinge anzusprechen, die er beim letzten Besuch erwähnt hat, zum Beispiel das neue Auto, auf das er sich gefreut hat, den Urlaub, der kurzfristig anstand oder das Fußballturnier, das ihm sehr wichtig war.

Nonverbale Kommunikation: Körpersprache und Mimik

Ihr Körper lügt nicht. Sie sollten zumindest die untrüglichsten körpersprachlichen Signale Ihres Gesprächspartners deuten können, aber auch wissen, dass Sie selbst durch falsche Körpersignale unnötige Barrieren aufbauen, denn oftmals drückt Ihr Körper viel genauer das aus, was Sie durch Sprache vermitteln oder vielleicht verbergen möchten – vergegenwärtigen Sie sich doch nur einmal den Ausdruck „Wenn Blicke töten könnten".

Sie besitzen also nicht nur „Ihre" Sprache als Kommunikationsmittel, um sich auszudrücken, sondern können darüber hinaus – und ergänzend –

durch Ihren Blickkontakt, durch Ihre Mimik (Wie ist Ihr Gesichtsausdruck?) und durch Ihre Gestik (Was machen Ihre Hände?) ganz bewusst – aber eben auch völlig unbewusst – Botschaften aussenden.

Sie selbst können durch Ihre Ausstrahlung den positiven Ablauf der Beratung wesentlich beeinflussen:

- Mit Ihrer Mimik können Sie das Gesagte verstärken: Ihr Nicken signalisiert Ihre Zustimmung zu dem, was Ihr Gesprächspartner sagt; nicken Sie, wenn Sie selbst etwas sagen; so stützen Sie Ihre eigenen Aussage zusätzlich.
- Gestik erleichtert Merkfähigkeit: Bei einer Aufzählung unterstreichen Sie die einzelnen Punkte, indem Sie Ihre Finger zu Hilfe nehmen. Sie können zum Beispiel mit Ihrer Gestik das Gesagte unterstreichen: Handflächen, die nach oben gerichtet sind, signalisieren Ihrem Gesprächspartner eine positive Aussage, Handflächen, die nach unten zeigen, deuten hingegen eine negative Aussage an.

Das Thema „Körpersprache im Verkauf" wird allerdings von vielen deutlich überschätzt. Nur wenige Menschen können körpersprachliche Signale wirklich so deuten, wie sie vom Gesprächspartner gemeint sind. Ehe Sie die Körperhaltung Ihrer Gesprächspartner (falsch) interpretieren, empfehle ich Ihnen, in Ihrer eigenen Körpersprache einige typische Haltungen zu vermeiden, die erfahrungsgemäß bei Ihrem Gesprächspartner nicht gut ankommen:

- Verschränken Sie Ihre Arme auf dem Rücken, erinnert diese Haltung eher an einen Kasernenplatz.
- Lassen Sie Ihre Arme mit gefalteten Händen vor dem Körper hängen, gehören Sie eher in den sonntäglichen Gottesdienst!

Sobald Sie am Besprechungstisch sitzen, sollten Sie vor allem hierauf achten:

- Verschränken Sie Ihre Arme vor dem Körper, signalisieren Sie Ihrem Gesprächspartner: „Sprich mich ja nicht an! Ich will meine Ruhe haben!"
- Sitzen Sie zumindest halb seitlich zu Ihrem Gesprächspartner und schlagen Ihre Beine so übereinander, dass das ihm zugewandte auf dem anderen liegt, hat das auf Ihren Kunden eine ähnliche Wirkung wie verschränkte Arme. Spreizen Sie die Beine hingegen zu sehr, sind Sie zwar sehr „offen", aber Ihr Kunde eher irritiert, eine Frau wahrscheinlich sogar peinlich berührt ...

- Lehnen Sie sich sehr weit im Stuhl zurück, wirken Sie möglicherweise einen Tick zu entspannt und weniger engagiert, so, als würde Sie die ganze Angelegenheit nicht so richtig interessieren ...

Sonderfall Hände: Haben Sie in der Begrüßungsphase, bevor Sie sich setzen, beide Hände in den Hosentaschen, geben Sie Ihrem Besucher nicht unbedingt zu verstehen, dass Sie sich sehr auf ein Gespräch mit ihm freuen. Aber wohin mit Ihren Händen? Irgendwo müssen Sie sie ja „verstauen" ... Bei Männern, die einen Anzug mit Sakko tragen, bietet es sich an, eine Hand in die Hosentasche zu stecken – das sieht lässig, aber nicht lustlos aus.

Nehmen Sie aber während des Gesprächs nie einen Kugelschreiber in die Hand. Er verleitet dazu, dass Sie damit die ganze Zeit herumfuchteln und wirkt dann wie ein verlängerter Zeigefinger. Außerdem kann er ärgerliche Flecken hinterlassen. Lassen Sie ihn daher in der Innenseite Ihres Sakkos oder Ihrer Jacke stecken, solange Sie ihn nicht wirklich brauchen, zum Beispiel, um den Auftrag Ihres Kunden zu notieren oder um ihm während der Präsentation oder der Einwandbehandlung etwas auf dem Papier zu verdeutlichen.

Sitzposition

Wenn Sie am Tisch Platz nehmen, so verlangt es die Höflichkeit, dass Sie noch so lange stehen bleiben, bis sich Ihr Kunde gesetzt hat.

Ideal ist, wenn Sie Ihrem Kunden über Eck, also etwas schräg gegenübersitzen. Dann haben Sie ihn gut im Blick, denn Ihre volle Konzentration muss jetzt immer Ihrem Kunden gelten! In dieser Sitzposition können Sie ihm auch gut Unterlagen und Prospekte präsentieren, in die Sie dann gemeinsam blicken können.

Kommunikation schafft zwar Nähe, aber bei einem erfolgreichen Gespräch sollten Sie ebenso auf die richtige Distanz zu Ihrem Gesprächspartner achten. Zahlreiche Untersuchungen haben ergeben, dass es im Umgang miteinander unterschiedliche Distanzzonen gibt. Dabei ist die so genannte Intimdistanz oder persönliche Distanz jene Zone, in die Sie nicht einzudringen sollten. Die persönliche Distanz schließt sich wie ein Ring um jeden, dessen Abstand sich bis zu einem halben Meter ausdehnt. Wenn Sie als Verkäufer die Intimdistanz Ihres Kunden nicht respektieren, wird sich dieser je nach Temperament zurückziehen oder verärgert reagieren.

Rücken Sie Ihrem Besucher daher nicht zu sehr „auf die Pelle". Jeder Mensch hat eine Distanzzone, die er gewahrt wissen will. Sie kennen ja das Gefühl, im Aufzug auf zu engem Raum mit anderen Menschen zusammengepfercht zu sein. Das mag niemand. Also rücken Sie Ihrem Besucher nicht so nahe, dass Sie ihn ungewollt berühren, und respektieren Sie die erwähnte persönliche Distanz.

Legen Sie nie Ihre Unterlagen in diesem „Revier" Ihres Kunden ab. Denken Sie daran, wenn Sie Ihren Aktenkoffer auf dem Schreibtisch Ihres Kunden abstellen wollen. Er wird es sicher als Eingriff in seine Intimsphäre betrachten – und außerdem noch Angst um seine polierte Schreibtischoberfläche haben ...

Visitenkartentausch erspart Kundenqualifizierung

In der Regel erfolgt nun der Visitenkartentausch. Dieser Vorgang ist ein Geschäftsbrauch, ein Ritual. Das heißt: Sobald Sie sitzen und die Smalltalkphase beendet ist, schieben Sie Ihrem Geschäftspartner eine Ihrer Visitenkarten über den Tisch.

Experten-Tipp

Ihre Visitenkarte sollte immer griffbereit und in tadellosem Zustand sein. Visitenkarten mit Knick oder Eselsohr gehören sofort ins Altpapier, denn Ihre Visitenkarten müssen stets wie frisch aus der Druckerei aussehen.

Der Brauch, Visitenkarten auszutauschen, ist bei uns mittlerweile so üblich wie das Händeschütteln bei der Begrüßung. Zögern Sie also nicht, möglichst früh die Visitenkarten ins Spiel zu bringen.

Die eleganteste Art und Weise, eine Visitenkarte Ihres Kunden zu erhalten – wenn er es ohnehin nicht schon von selbst tut –, ist, die eigene anzubieten. In den meisten Fällen wird Ihr Gesprächspartner im Gegenzug ebenfalls sofort seine Visitenkarte zücken. Tut er das nicht, so bitten Sie ihn einfach darum: „Hätten Sie vielleicht auch ein Kärtchen für mich?" Im Normalfall reicht Ihnen Ihr Gesprächspartner spätestens jetzt seine Visitenkarte. Werfen Sie gleich einen kurzen Blick darauf. Lesen Sie wirklich, was darauf steht. Insbesondere die Jobbezeichnung ist für Sie wichtig. Eine Visitenkarte gibt unter Umständen Informationen preis, die Ihnen bisher noch nicht bekannt waren.

Bei mehreren Gesprächspartnern lassen Sie die Visitenkarten in der Reihenfolge der Sitzordnung Ihrer Gesprächspartner vor sich auf dem Tisch liegen und stecken Sie sie am Ende des Gespräches ein.

Vorstellung und Agenda

Bei Kunden, die Sie zum ersten Mal besuchen, ist es wichtig, dass Sie sich selbst, Ihre Aufgabe in Ihrem Unternehmen und Ihr Unternehmen selbst inklusive des Leistungsangebots vorstellen.

Gehen Sie aber in dieser Phase noch nicht zu sehr ins Detail, da Sie die Bedürfnisse des Kunden noch nicht kennen und so leicht Ihr Pulver – Ihre Verkaufsargumente – verschießen können.

Mit der Überreichung Ihrer Visitenkarte erfolgt in der Regel die Vorstellung Ihrer Person. Nennen Sie Ihren Vor- und Nachnamen und geben Sie Auskunft darüber, welche Position Sie bekleiden. Vermitteln Sie bereits bei der Vorstellung – sofern sich die Situation anbietet – Ihrem Kunden Ihre entsprechende Kompetenz, indem Sie auf Ihre fachliche Qualifikation hinweisen, zum Beispiel ein Fachstudium sowie langjährige Berufs- und/oder Branchenerfahrungen. Bitte sprechen Sie an dieser Stelle nicht von Ihrer *Zuständigkeit*, sondern davon, dass Sie der *verantwortliche* Außendienstmitarbeiter für dieses Gebiet, für diese Branche, diese Zielgruppe sind – Verantwortung hat einen anderen Stellenwert als Zuständigkeit!

Ebenso sollten Sie in Ihrer Vorstellung darauf achten, Ihrem Kunden zu erzählen, was Sie können, und nicht, was Sie nicht können. Es schmälert beispielsweise in den Augen Ihres Kunden sofort Ihre Kompetenz, wenn Sie Ihrem Kunden brühwarm erzählen, dass Sie in der Branche, in Ihrer Position oder in Ihrem Unternehmen neu sind. Ihr Kunde wird deutlich anders mit Ihnen kommunizieren, als wenn Sie ein „alter Hase" sind. Er wird Sie zwischendurch auf Herz und Nieren prüfen, Sie immer wieder antesten und für sich selbst klären, ob Sie ein vollwertiger Gesprächspartner für ihn sind. Dies können Sie sich ersparen, wenn Sie nur das erwähnen, was bei Ihrem Gesprächspartner einen kompetenten und positiven Eindruck hinterlässt. Ihr Leitsatz für diese Situation sollte sein: „Alles, was ich sage, muss wahr sein, aber nicht alles, was wahr ist, muss ich auch sagen". Wenn Sie also schon seit zehn Jahren in Ihrer Branche arbeiten, sollten Sie dies durchaus hervorheben.

Es folgt die Vorstellung Ihres Unternehmens. Hier sollten Sie kurz und knapp die wichtigsten Punkte hervorheben – drei bis vier Sätze reichen in der Regel. Wenn Sie Ihren Kunden vorab fragen, was er bereits über Ihr Unternehmen weiß, erfahren Sie, wie gut er schon informiert ist, und können die Vorstellungsphase entsprechend verkürzen. In Zeiten des Internets bereiten sich ohnehin schon viele Ihrer Kunden auf Ihren Besuch vor.

Erstellen Sie anschließend eine kurze Agenda. Ob schriftlich oder mündlich – klären Sie mit Ihrem Kunden die Ziele Ihres Gesprächs: Entweder haben Sie dieses bereits schriftlich erledigt und nehmen jetzt Bezug auf Ihr entsprechendes Fax, oder Sie definieren an dieser Stelle kurz die entscheidenden Gesprächspunkte.

Klären Sie spätestens jetzt auch die Zeitfrage: Wie viel Zeit hat Ihr Kunde für dieses Gespräch eingeplant? Sehr häufig ist es so, dass Kunden plötzlich ein Verkaufsgespräch beenden, weil sie einen Folgetermin oder ein Meeting wahrnehmen müssen, obwohl Sie mit Ihrer Präsentation noch nicht den gewünschten Erfolg erreichen konnten. Deshalb ist es wichtig, sich im Vorfeld auf einen Zeitrahmen zu verständigen, damit Sie sich innerlich darauf einstellen können, was Sie in welcher Reihenfolge und wann Ihrem Kunden präsentieren. Stellt sich heraus, dass Ihr Gesprächspartner heute einfach zu wenig Zeit hat, sollten Sie schlimmstenfalls den gerade laufenden Termin abbrechen und einen Folgetermin vereinbaren, für den Ihr Kunde dann auch mehr Zeit veranschlagen kann.

Kundenorientiert formulieren

Ihre Kunden sind Egoisten. Ihre Kunden wollen im Mittelpunkt stehen. Ihre Kunden schauen nur auf ihren Vorteil. In Zeiten von „Geiz ist geil" und „Ich bin doch nicht blöd!" sind sie darauf fixiert herauszufinden, wo sie das beste Schnäppchen bekommen, also für ihr Geld die Leistung, die ihnen wichtig ist. Nicht erst seit dem Fall des Rabattgesetztes feilschen Kunden – allerdings steht das Feilschen nicht in erster Linie dafür, einen günstigen Preis zu bekommen, sondern die Anerkennung zu erhalten, als Kunde und Einkäufer ein gerissener Verhandlungspartner zu sein. Es geht also um persönliche Erfolge. Kundenloyalität hat dramatisch nachgelassen – Kunden, die mit Ihnen als Lieferanten jahrelang gut zusammengearbeitet haben, wechseln, ohne mit der Wimper zu zucken, zu einem anderen Anbieter, wenn der ihnen echte Vorteile verspricht. Dies muss nicht immer der Preis sein, sondern kann auch in einem besonderen Serviceangebot oder ähnlichem bestehen. Eine Umfrage unter Endverbrauchern ergab unlängst, dass 68 Prozent ihren Anbieter gewechselt haben, weil sie das Gefühl hatten, nur unzureichend in ihren Wünschen und Bedürfnissen berücksichtigt worden zu sein!

Vergessen Sie also das Thema Kundenloyalität. Wenn es einen Trend gibt, der die nächsten Jahre im Verkauf bestimmt, so ist es der Egoismus Ihrer Kunden und ihre Suche nach Vorteilen. Wer sich darauf einstellt, wird erfolgreich sein, wer hingegen seinen Kunden weiterhin als Partner und Freund sieht, wird es zunehmend schwerer haben.

Noch vor einigen Jahren hieß es in Seminaren oder entsprechenden Büchern: Der Kunde ist der Partner. Während es das Ziel dieses Ansatzes war, eine Partnerschaft mit dem Kunden anzustreben, heißt das Thema heute „Kundenorientierung". Das bedeutet, dass der Kunde im Mittelpunkt steht – auch wenn er den meisten Unternehmen damit im Weg ist ...

Entscheidend ist, dass Sie beim Kommunizieren Ihrer Leistung Ihrem Kunden klar machen, welchen Nutzen er von Ihrem Kontakt, Ihrem Unternehmen und Ihrem Angebot hat! Jeder sieht die Dinge aus seiner eigenen Welt mit seinen eigenen Augen – beachten und respektieren Sie die Gefühle Ihrer Gesprächspartner, auch wenn Sie anderer Meinung sind, vermitteln Sie ihm das Gefühl, dass er angenommen, verstanden und respektiert wird.

Sie-Formulierungen

Seien Sie ehrlich: Sie stellen sich selbst gern in den Mittelpunkt, berichten über sich, Ihr Unternehmen, Ihre Programme und Ihre Dienstleistungen? Doch was folgt dann oft genug auf Ihre Selbstdarstellung und Produktpräsentation? „Wir überlegen es uns, lassen Sie uns doch Ihre Unterlagen da, wir melden uns dann bei Ihnen." Das bedeutet in der Regel Kontaktunterbrechung oder sogar Kontaktabbruch.

Ähnlich wie bei der Terminvereinbarung am Telefon gilt auch beim Verkaufsgespräch vor Ort: Ihr Kunde muss im Mittelpunkt Ihrer Formulierungen stehen, Sie müssen ihn persönlich ansprechen: Benutzen Sie statt „ich" „wir", statt „mein" „unser", verstärkt „Sie" und „Ihr". Ihr Kunde erwartet einen partnerschaftlichen Dialog – es ist daher unabdingbar, dass Sie jedes Gespräch mit ihm entsprechend vorbereiten.

Streichen Sie deshalb folgende Formulierungen aus Ihrer Kundenkommunikation, sei es in Werbebrochüren, in Anschreiben, auf Ihrer Website und vor allem in der persönlichen Gesprächsführung:

- „*Wir* bieten ein breites Sortiment."
- „*Wir* sind seit Jahren im Markt."
- „*Ich* bin seit 30 Jahren in dieser Branche."
- „*Ich* bin jederzeit zu erreichen."
- „*Man* kann sich darauf verlassen, dass die Ware auch pünktlich kommt."
- „*Man* bekommt alles aus einer Hand."

Diese Aussagen mögen alle richtig sein – aber wo bleibt Ihr Kunde? Wenn Sie Ihren Kunden in den Mittelpunkt stellen wollen, dann bitte mit Sie-Formulierungen.

Beispiel:

- „*Sie* erhalten alles aus einer Hand."
- „*Sie* haben einen festen Ansprechpartner sowohl im Innendienst als auch im Außendienst."
- „*Sie* sparen eine Menge Zeit, weil die Ware direkt auf *Ihre* Baustelle geliefert wird."

Spüren Sie es? Diese Formulierungen fühlen ganz anders im Bauch an. Es ist möglich, alles in Sie- und Ihnen-Formulierungen zu texten!

Wie haben Sie Ihren geschäftlichen Anrufbeantworter oder Ihre Mailbox/ Mobilbox besprochen? Mit folgendem Text? „Wir sind nicht zu erreichen. Wir melden uns, wenn wir eine Nachricht erhalten." Kundenorientiert formuliert hört sich das so an: „Schön das Sie anrufen. Leider kann Ihr Anruf gerade nicht persönlich entgegen genommen werden. Sie können sicher sein, umgehend einen Rückruf zu erhalten, wenn Sie eine Nachricht hinterlassen.Vielen Dank für Ihre Nachricht."

Negationen/Positiv-Formulierungen

Wenn Sie dies jetzt lesen, denken Sie in diesem Moment nicht an den Eiffelturm. Bitte denken Sie nicht an den Eiffelturm.

Und woran haben Sie gerade gedacht? Natürlich an den Eiffelturm. Wieso ist das so? Unser Gehirn denkt und erinnert sich immer nur in Bildern. Jedes Wort wird in ein Bild umgewandelt und entsprechend verarbeitet. Für bestimmte Wörter hat unser Gehirn aber keine Bilder, und dazu gehören die so genannten Negativformulierungen, also Negationen wie „nicht“, „nie“, „keine“ etc.

Was bedeutet das für den Verkauf? Ein Kollege vom Außendienst, der Stadtwerken Erdgas verkauft, argumentiert in der Vertragsverhandlung folgendermaßen: „Ihr Vorteil als Stadtwerk besteht bei dieser Art von Vertrag darin, dass Sie am Ende der Vertragslaufzeit keine Pönale zahlen müssen.“ Der Stadtwerkedirektor verschränkt daraufhin die Arme, lehnt sich in seinem Stuhl zurück und sagt: „So kommen wir beide auf keinen Fall ins Geschäft.“ Was ist geschehen? Nun, eine Pönale ist eine Strafzahlung für eine Menge von Erdgas, die das Stadtwerk zwar bestellt hat, aber auf Grund eines milden Winters beispielsweise nicht abgenommen hat. Und ein Stadtwerkedirektor hasst wie wir alle nichts mehr, als für etwas zu zahlen, was er nicht erhalten hat. Allein das Wort Pönale hat das Gespräch schon an den Rand des Abbruchs gebracht.

Überprüfen Sie daher alle Dokumente, die Sie in der Kundenkommunikation einsetzen, und Ihre eigenen Argumente auf Negationen und vermeiden Sie diese in Zukunft. Sie werden sehen: Ihre Verkaufsgespräche werden harmonischer und angenehmer verlaufen!

Vermeiden Sie also negative Formulierungen – nicht nur die Verneinung von Aussagen, sondern alle negativen Ausdrücke, die den Kunden auf Gedanken bringen können, die nicht in Ihrem Sinne sind.

Beispiel:

- „Damit hatten wir noch nie Reklamationen.“ Was bleibt bei Ihrem Kunden hängen? Richtig: Das Wort Reklamationen!
- „Damit haben Sie keine Ausfallzeiten.“ Hier kommt beim Kunden nur der Begriff Ausfallzeiten an.
- „Damit hatten wir noch nie Probleme.“ Der Kunde hört „Probleme“ und wird skeptisch.

In Bildern sprechen

Der Mensch ist ein „Augentier“: Während wir aus verbaler Kommunikation nur 20 Prozent behalten, liegt die entsprechende Quote bei bildhaften Darstellungen wie Bildern, Symbolen oder geschriebenen Worten bei circa 50 Prozent. Von dieser Tatsache können Sie profitieren, indem Sie die Kraft der Bilder und des „visualisierten Verkaufens“ nutzen!

Visualisieren heißt, Sachaussagen, Gefühle oder Prozesse bildhaft darzustellen. Die Visualisierung soll aber das gesprochene Wort nicht ersetzen, sondern vielmehr dabei unterstützen, dass

- sich Ihr Kunde besser auf Ihre Ausführungen konzentrieren kann,
- Sie Ihren Kunden als Zuhörer und Betrachter stärker einbeziehen,
- Sie Ihren Redeaufwand verringern und damit die Gesprächszeit verkürzen,
- Sie Informationen für Ihren Kunden leichter erfassbar machen,
- Sie Besonderes verdeutlichen,
- Sie Gesagtes erweitern und zu ergänzen und
- Sie Ihren Kunden zu Stellungnahme und Fragen ermuntern.

Ihre Kunden werden also deutlich mehr von Ihrem Gespräch und von Ihrem Produkt in Erinnerung behalten, wenn Sie eine bildhafte Sprache benutzen. Bringen Sie deshalb leicht visualisierbare Referenzbeispiele dafür, in welchen Bereichen Ihr Produkt eingesetzt wird und welche Erfahrungen Sie oder Ihre Kunden damit gemacht haben.

Die Merkmal-Nutzen-Argumentation

Ihnen mag es ganz selbstverständlich erscheinen, welchen Nutzen Ihre Produkte oder Dienstleistungen für Ihren Kunden haben. Aber ihm selbst fallen diese Vorteile im Zweifel nicht sofort ins Auge. Deshalb müssen Sie ihn darauf hinweisen, was sein Vorteil und sein Nutzen ist, wenn er Ihr Produkt kauft.

Das in aller Kürze zu tun, ist nicht leicht. Am besten bereiten Sie sich darauf gründlich vor. Schreiben Sie auf, welche Merkmale Ihr Produkt oder Ihre Dienstleistung charakterisieren und welcher Nutzen für Ihren Kunden daraus resultiert. Der Verkaufserfolg hängt oft davon ab, um wie viel besser Ihr Kunde Ihr Produkt im Vergleich mit dem Wettbewerb einstuft. Überlegen Sie deshalb, welche Nutzenargumente kaufentscheidend sind und welche Gefühlsebenen Sie dabei ansprechen sollten.

Ihr Kunde darf nicht aus dem Dialog „aussteigen", denn nur, wenn er den Nutzen miterlebt, wird er „Ja" zu Ihrem Produkt sagen. Überprüfen Sie durch die folgenden Fragen, inwieweit Sie Ihre eigene Gesprächsführung am Kundenbedürfnis ausrichten:

- Worauf legen Sie in Ihren Gesprächen mehr Gewicht? Auf die Leistungen Ihrer Firma oder das Anliegen des Kunden?
- Wer hat bei Ihren Gesprächen den größeren Sprechanteil? Sie oder Ihr Kunde?
- Wie wirken Ihre Präsentationen auf den Kunden? Ermüdend und langweilig oder abwechslungsreich und kurzweilig?

Teilweise heute noch versuchen Verkäufer, ihre Kunden zu überzeugen, indem sie alle Eigenschaften und Merkmale ihres Produktes aufzählen, übersehen dabei aber völlig, dass sie am eigentlichen Kundenbedürfnis vorbeiargumentieren. Machen Sie es besser! Überlegen Sie deshalb als Verkäufer:

- Welche Ziele verbindet der Kunde mit dem Kauf?
- Welche persönlichen Vorteile verspricht sich der Kunde durch diesen Kauf?
- Welchen Gesamtnutzen biete ich ihm als Verkäufer im Vergleich zu anderen Angeboten?

Wenn Sie also auf die Frage „Warum soll ich kaufen?" mit Argumenten wie „Sie bekommen alles aus einer Hand. Sie haben eine 24-Stunden-Hotline. Sie haben einen Außendienstler, der Sie persönlich betreut. Sie haben die Auswahl aus einem breiten Sortiment. Sie bekommen beste Qualität" antworten, ist diese negationsfreie Sie-Formulierung schon ein echter Fortschritt!

Doch zu früh gefreut! Was hat denn Ihr Kunde davon, dass Sie ihm alles aus einer Hand bieten? Was hat Ihr Kunde davon, dass Sie eine 24-Stunden-Hotline bieten? Was hat Ihr Kunde davon, dass Ihre Produkte eine Topqualität haben? Sie merken schon: Es handelt sich hier um eine Argumentation, die Merkmale in den Vordergrund schiebt, aber nicht den daraus für den Kunden resultierenden Vorteil. Kein Kunde kauft Merkmale, alle Kunden kaufen nur ihren Vorteil!

Sie werden jetzt sagen: Das weiß der Kunde doch alles. Mag schon sein, aber sicherer ist es allemal, nicht mit Merkmalen, sondern mit Vorteilen zu argumentieren:

- „Alles aus einer Hand" bedeutet für Ihren Kunden: Zeit- und Geldersparnis und damit Bequemlichkeit.
- Eine 24-Stunden-Hotline bedeutet für Ihren Kunden: Bequemlichkeit und Sicherheit. Wenn Ihr Kunde Fragen hat, so kann er dort jederzeit anrufen und erhält entsprechende Antworten.

Übung:

Erstellen Sie eine Tabelle und ergänzen Sie zu jedem Ihrer Produkt- und/oder Dienstleistungsmerkmale den dazugehörigen Nutzen für Ihren Kunden. Anschließend tun Sie dasselbe für die Frage, welche Vorteile Ihr Unternehmen, sein Service und Ihre eigene Person als Verkäufer Ihrem Kunden bringen. Im dritten Schritt formulieren Sie dann aus den gesammelten Merkmalen und Kundenvorteilen jeweils einen kompletten Satz mit negationsfreien Sie-Formulierungen!

Achten Sie darauf, dass diese Sätze auch wirklich in Ihrem Sprachgebrauch formuliert sind. Der Kunde darf nicht den Eindruck gewinnen, dass Sie gerade von einem Seminar oder Workshop kommen und Ihr neu erworbenes Know-how eins zu eins, also ohne es der speziellen Gesprächssituation anzupassen, umsetzen wollen.

Lassen Sie in Ihren Formulierungen ein Wunschbild vor den Augen Ihres Kunden entstehen, das ihn den Nutzen Ihres Produkts deutlich erleben lässt. Ihr Kunde will (unbewusst) weniger ein Produkt kaufen, als vielmehr die Gefühle, die er damit verbindet. Beziehen Sie Ihren Kunden deshalb immer wieder durch Fragen wie „Können Sie sich dieses Gefühl von Freiheit vorstellen?" oder „Wäre das nicht auch für jemanden in Ihrer Situation ein Vorteil?" ein.

Der Motivationskick für Ihr Erstgespräch!

Wenn Sie sich intensiv für Ihre Besuchstermine präparieren, wird Ihre Erfolgsquote dramatisch ansteigen. Die richtige Vorbereitung spart enorm Zeit: Ihre Gespräche werden kürzer, Ihre Gespräche werden effizienter – Ihre Gespräche werden erfolgreicher, weil Ihr Kunde sich wohl fühlt bei einem Verkäufer, der seine Hausaufgaben gemacht hat!

Fünfter Trainingstag

Den Kundenbedarf ermitteln und das Angebot präsentieren

Mit cleverer Gesprächsführung zur perfekten Produktvorstellung

Dirk Kreuter

Herr Kreuter, welche Fragetechniken werden von Verkäufern am stärksten genutzt?

Dirk Kreuter: Die meisten Verkäufer arbeiten auch heute noch gewohnheitsgemäß mit geschlossenen Fragen. Dabei sind offene Fragen – richtig genutzt – für die Bedarfsanalyse und Motivermittlung die weit wirksamere Technik, gleichzeitig aber für jeden Verkäufer – ob Berufseinsteiger oder ausgestattet mit jahrelanger Erfahrung – die größte Herausforderung unter den Frageformen.

Von welchen Hindernissen bei der Angebotspräsentation berichten Ihre Seminarteilnehmer am häufigsten?

Kreuter: Viele Kunden fühlen sich von der verwirrenden Angebotsvielfalt und von ungeheuren Informationsmöglichkeiten überfordert oder geradezu eingeschüchtert. Diese Reizüberflutung führt dazu, dass die Angst vor falschen Kaufentscheidungen diese Kunden oft dominiert. Das Problem sind also weniger quantitative oder qualitative Informationsdefizite als vielmehr die Motivation, die den Kaufimpuls bremst.

Welche Präsentationsmedien empfehlen Sie branchenübergreifend? Und warum?

Kreuter: Eine generelle Empfehlung zu bestimmten Präsentationsmedien ist nicht möglich und auch gar nicht ratsam, denn jede Präsentation ist im Idealfall ein „Unikat", eine speziell auf den jeweiligen Kunden zugeschnittene, höchst individualisierte Angelegenheit. Auf jeden Fall gilt aber: Starke Verkäufer können die Bilder in den Köpfen ihrer Kunden bestimmen. Sie sind in der Lage, allein mit einem Blatt Papier die Vorteile ihrer Kunden aufzuzeigen und mit diesen eine individuelle Lösung zu erarbeiten. Top-Powerpoint-Präsentationen, Hochglanzbroschüren etc. sind eher Hilfsmittel für schwache Verkäufer – ganz abgesehen davon, dass sie vom Wesentlichen, der individuellen Kundenlösung, ablenken und für eine entsprechende Präsentation auch nicht flexibel genug einsetzbar sind.

Den Kundenbedarf ermitteln und das Angebot präsentieren

Mit cleverer Gesprächsführung zur perfekten Produktvorstellung

Wozu eine Bedarfs- und Situationsanalyse?

Ein immer noch häufig vorkommender Kardinalfehler im Verkauf ist es, die Produktpräsentation abzuspulen, ohne vorab den Bedarf oder die Situation des Kunden eingehend zu analysieren. Aber wie wollen Sie dann souverän den Einwänden Ihrer Kunden begegnen und Ihren Preis überzeugend begründen? In so einer Situation fehlen Ihnen die entsprechenden Argumente, weil Sie ja nicht wissen, was Ihren Kunden wirklich interessiert!

Selbst bei bester Vorbereitung ist es für Sie entscheidend, Ihren Kunden noch einmal zu qualifizieren, bevor Sie mit Ihrer Präsentation oder Beratung beginnen. Sie können hier die in Ihrer Vorbereitung gewonnenen Erkenntnisse noch einmal gezielt abfragen und sich so einen Überblick über die Situation Ihres Kunden verschaffen.

Ob sich Ihr Kunde für Ihr Produkt entscheidet, hat seine Gründe weniger in der Abschlussphase des Verkaufsgesprächs, sondern eher darin, was und wie es vorher besprochen wurde. Neben der wirtschaftlichen und finanziellen Seite hat Ihr Kunde die unterschiedlichsten Motive, warum er sich schließlich für Ihr Produkt entscheidet. Für fast jedes Produkt finden Käufer ihre ganz individuellen Gründe – schätzt der eine das Auto wegen seiner Sicherheit, ist dem anderen das Markenimage besonders wichtig. Die theoretische Kenntnis der Motivationshintergründe ist also nur bei reinen Nutzprodukten hilfreich, ansonsten müssen Sie als Verkäufer bereit sein, den spezifischen Bedarf und die individuellen Motive jedes Ihrer Kunden herauszuarbeiten.

Erst wenn die grundlegenden Bedürfnisse abgesichert sind, können wir uns nach Maslow um die „höheren" Elementarbedürfnisse kümmern. So sind denn auch die vitalen Basisbedürfnisse bei weitem am besten ab-

Die Maslow-Pyramide

Jeder Mensch hat Bedürfnisse. Diese hängen unmittelbar mit seinen Zielen, seinen Beweggründen oder seiner Denkweise zusammen. Jeder Wunsch oder jedes Bedürfnis, das bei unseren Gesprächspartnern vorherrscht, lässt sich auf eines der Elementarbedürfnisse zurückführen, wie sie im – wenngleich wissenschaftlich umstrittenen – Modell der Maslow'schen Pyramide dargestellt sind:

- An der Basis der Pyramide finden sich die vitale Bedürfnisse unseres Körpers, wie das Bedürfnis, unseren Durst und unseren Hunger zu stillen, unser Wunsch nach Wärme, Kleidung, einer Behausung, aber auch unser Selbsterhaltungstrieb.
- Bei der nächsthöheren Stufe spricht man von den Sicherheitsbedürfnissen – dies schließt beispielsweise alle Wünsche nach körperlicher Gesundheit, nach finanzieller Sicherheit, Leben ohne Angst, der Gewährleistung der Befriedigung der vitalen Bedürfnisse in der Zukunft etc. ein.
- Auf der dritten Ebene geht es um die sozialen Bedürfnisse, die es zu erfüllen gilt, zum Beispiel Liebe, Zuneigung, Zugehörigkeit, berufliche Anerkennung und den Wunsch nach einem intakten Freundeskreis.
- Anschließend folgen unsere Ego-Bedürfnisse wie Unabhängigkeit, Achtung, Selbstbestätigung, Prestige, Status und Macht.
- Ganz oben steht das Streben, sich selbst zu verwirklichen, sich selbst zu finden: persönliche Entwicklung, Kreativität, Wachstum.

gedeckt, darauf folgen die Sicherheitsbedürfnisse, aber unsere sozialen, Ego- und Selbstverwirklichungsbedürfnisse sind demnach am wenigsten erfüllt. Das bedeutet für Sie als Verkäufer: Knüpfen Sie an diese Bedürfnisse Ihres Kunden an, denn das, was er nicht besitzt, begehrt er umso mehr!

Ihre Kundenkommunikation findet auf zwei Ebenen statt: Auf der sachlichen Ebene beziehen Sie sich im Verkaufsgespräch auf technische und wirtschaftliche Daten oder Nutzeninhalte des Produkts. Auf der Gefühlsebene jedoch müssen Sie die Bedürfnisse Ihres Kunden ansprechen, sodass er den Eindruck gewinnt, dass er (nur) mit Ihrem Produkt seine individuellen Bedürfnisse befriedigen kann.

Diese Motive gilt es im Laufe des Gesprächs freizulegen und an Ihrem Produkt darzustellen. Manchmal weiß Ihr Kunde auch selbst nicht, was er will oder was er braucht. Unterstützen Sie ihn dabei, dies herauszufinden. Dabei hilft Ihnen die Bedarfsanalyse. Stellen Sie sich dafür einen Fragenkatalog zusammen, der sich auf die Eigenschaften Ihres Produkts und das gesamte Leistungsangebot Ihres Unternehmens bezieht. Die Fragen können sich über Ihr konkretes Angebot auf die unterschiedlichsten Aspekte wie Umweltaspekte, schnelle Lieferzeiten, Serviceangebote, Kostensenkung und Qualitätssicherung beziehen.

Mit der ausführlichen und detaillierte Analyse der Situation Ihres Kunden(unternehmens), des Wettbewerbs und der persönlichen Situation Ihres Gesprächspartners schaffen Sie die Basis für eine erfolgreiche Angebotspräsentation. Eine Analyse heißt deshalb in erster Linie: fragen, fragen, fragen!

Grundsätzliches zur Gesprächsführung

Denken Sie kurz an Ihren Bekanntenkreis: Wen schätzen Sie mehr? Denjenigen, der immer auf Sie einredet, oder den, der Ihnen auch einmal zuhört?

Bedarfsermittlung bedeutet: Ihr Kunde redet. Der Gesprächsanteil Ihres Kunden in dieser Phase sollte bei etwa zwei Dritteln liegen, Ihr eigener bei etwa einem Drittel. Sie wollen ja möglichst viele Informationen aus Ihrem Kunden „herauskitzeln" – dazu müssen Sie ihn ausgiebig zu Wort kommen lassen, denn nur so können Sie das weitere Gespräch entsprechend steuern.

Wenn Sie einen Kunden unterbrechen, entgehen Ihnen einerseits wichtige Informationen, andererseits verstimmen Sie ihn, denn eine Unterbrechung empfindet er als unhöflich. Außerdem entsteht bei ihm das Gefühl, dass Sie sich nicht wirklich für ihn oder sein Anliegen interessieren.

Leihen Sie also Ihrem Kunden Ihr Ohr: Geben Sie ihm die Gelegenheit, sich zu öffnen und seine Meinung anzubringen, besser: auszubreiten.

Aktives Zuhören

Es gibt eine einfache Methode, das Verkaufsgespräch schnell zu beenden: Hören Sie Ihrem Kunden einfach nicht zu, signalisieren Sie ihm, dass er Sie nichts angeht, schauen Sie dabei an die Decke und lassen Sie Ihre Gedanken schweifen.

Die beste Methode hingegen, eine gute Beziehung zu Ihrem Gesprächspartner aufzubauen und diese beizubehalten, ist das aktive Zuhören.

> **Experten-Tipp: Aktives Zuhören**
>
> - Lassen Sie Ihren Gesprächspartner immer ausreden!
> - Zeigen Sie Ihr Interesse durch zustimmende Äußerungen wie „ja", „genau", „richtig", „interessant", „aha", „hm"!
> - Aktivieren Sie Ihren Gesprächspartner mit offenen Fragen!
> - Machen Sie sich Notizen!
> - Fassen Sie die wichtigsten Äußerungen zusammen! Sprechen Sie dabei kurz und knapp, ohne Fachchinesisch und Abkürzungen sowie Kundennutzen orientiert und negationsfrei in „Sie"- Formulierungen!

Zuhören verlangt eine große Konzentration und fällt besonders bei hektischen Kunden sehr schwer. Nicht nur die Fakten, die Ihr Kunde Ihnen nennt, sind wichtig, sondern auch und vor allem die Motivation, die jeweils hinter diesen Fakten steckt. Das, was Ihr Kunde Ihnen „zwischen den Zeilen" mitteilt, ist oft kaufrelevanter als die Informationen, die er Ihnen direkt liefert.

Paraphrasieren

Bei der reflektierenden Frage (Paraphrase) wiederholen Sie das, was Ihr Kunde gerade eben gesagt hat, nur in anderen, Ihren eigenen Worten. Damit erreichen Sie zunächst Folgendes: Zum einen stellen Sie sicher, Ihren Kunden richtig verstanden zu haben, zum anderen geben Sie ihm die Gelegenheit, seine Äußerung richtigzustellen oder auch zu relativieren, wenn er merkt, dass er etwas übertrieben hat.

Reflektierende Fragen können Sie beispielsweise mit

- „Darf ich das so verstehen, dass ...?,
- „Wenn ich Sie recht verstanden habe, meinen Sie, dass ...?" oder
- „Sie sind also der Meinung, dass ...?"

einleiten.

Paraphrasieren bedeutet aber noch mehr, als die Äußerungen Ihres Kunden lediglich zu wiederholen. Sie können noch weiter auf seine Argumente eingehen, indem Sie

- diese aus Ihrer Erfahrung heraus bestätigen,
- Verständnis für Ihren Kunden äußern oder
- Ihrem Kunden ein anderes positives Feedback geben.

Ihr Ziel sollte es sein, Ihren Kunden spüren zu lassen, dass Sie seine Aussagen wertschätzen und anerkennen. So locken Sie ihn aus seiner Reserve – er gibt mehr von sich preis, was Sie für Ihre Bedarfsanalyse und Ihre anschließende Angebotspräsentation verwerten können. Sie werden feststellen: Sie werden nahezu alles erfahren, wenn Sie diese Gesprächstechnik konsequent anwenden!

Erfolgreiche Verkäufer erkennen Sie daran, dass Sie für die Bedarfsanalyse reflektierende Fragen stellen, konzentriert zuhören und dabei immer den Blickkontakt halten.

> *Beispiel: Paraphrasieren*
>
> *Kunde:* „Ich hoffe, dass ich mit dem 99-Cent-Angebot die Frequenz in meinem Markt deutlich erhöhen kann."
>
> *Verkäufer:* „Sie wollen vor allem Ihre Kundenfrequenz steigern."
>
> *Kunde:* „Das klingt ja alles ganz gut, wer gibt mir aber die Sicherheit, dass die Aktion rechtzeitig im Markt steht ?"
>
> *Verkäufer:* „Sie haben volles Vertrauen in unser Angebot, meinen aber, dass wir den Termin nicht einhalten können."

Offene Fragen zu stellen und auch noch so gut zuzuhören, dass Sie anschließend in der Lage sind zu paraphrasieren, dazu gehört allerdings einiges an Übung und entsprechender Konzentration. Daher mein Rat: Lernen Sie Ihre Fragen schon vor Ihrem Kundenbesuch auswendig. Ja, Sie haben richtig gelesen: auswendig lernen! Auch wenn Ihnen diese Methode überholt vorkommt, ist es ein doch gutes Gefühl von Sicherheit, später im Verkaufsgespräch nicht ständig überlegen zu müssen, welche Frage in welcher Formulierung denn noch fehlt, und dann improvisieren zu müssen.

Blickkontakt halten

Halten Sie während der Bedarfsanalyse Blickkontakt zu Ihrem Kunden. Lassen Sie sich dabei nicht von möglichen Bewegungen oder Geräuschen im Hintergrund ablenken. Der Kunde ist am wichtigsten – nur seinetwegen haben Sie sich ja auf den Weg gemacht. Konzentrieren Sie sich auf ihn, starren Sie ihm dabei aber nicht in die Augen, sondern beziehen Sie das Gesicht als Ganzes mit ein.

Sie können die Wirkung Ihrer Offenheit und Ihres Interesses, die Sie mit dem Blickkontakt vermitteln, durch körpersprachliche Signale zusätzlich verstärken, indem Sie sich zum Beispiel mit Ihrem ganzen Körper Ihrem Gesprächspartner zuwenden oder ihm durch zustimmendes Kopfnicken zeigen, dass Sie seiner Meinung sind und sein Anliegen für Sie wichtig ist.

Notizen machen

Machen Sie sich während der Bedarfsermittlung (zusätzliche) Notizen. Fragen Sie aber der Höflichkeit halber Ihren Kunden, ob er damit auch einverstanden ist – was er aber sicherlich sein wird, denn allein die Tatsache, dass Sie sich die Mühe machen, seine Äußerungen festzuhalten, dokumentiert Ihr Engagement, ihm ein individuelles Angebot zu schneidern, das genau zu seinem Bedarf passt.

Benutzen Sie aber auf keinen Fall ein vorgefertigtes Formular, sondern einfach leere Blätter, denn sonst könnte bei Ihren Kunden der Eindruck entstehen, als sei er ein „08/15-Fall", der anschließend in irgendeiner Ablage verstaubt. Ihr Kunde will und muss sich in seiner individuellen Persönlichkeit umworben fühlen und nicht als einer von vielen Routinefällen, mit denen Sie immer wieder die gleichen Fragen durchgehen.

Fragetechniken

Zu Beginn des eigentlichen Verkaufsgesprächs ist es wichtig, dass Sie schnell und gezielt herausfinden, was Ihr Kunde wünscht, um von dieser Basis aus souverän in Ihre Angebotspräsentation und Beratung übergehen zu können. Neben der Fähigkeit, sensibel und aufmerksam zuzuhören, ist der Einsatz verschiedener Fragetechniken von entscheidender Bedeutung, denn:

Wer fragt, sammelt Informationen! Wer fragt, führt das Gespräch!

Durch Fragen

- verbessern Sie Ihren Informationsstand über Ihren Kunden, über seine Wünsche, Probleme, Einwände und Widerstände;
- erfassen Sie die Motive und die Argumente Ihres Kunden schneller und besser und können so gezielt mit individuellem Kundennutzen argumentieren;
- signalisieren Sie Ihrem Kunden, dass Sie ihm zuhören und ihn ernst nehmen;
- aktivieren Sie Ihren Gesprächspartner;
- vermeiden Sie mögliche Missverständnisse;
- können Sie Ihren Gesprächspartner diplomatisch korrigieren;
- können Sie möglichen Aggressionen vorbeugen bzw. diese abbauen;
- gewinnen Sie Zeit, eigene Gedanken zu formulieren.

Neben der Kenntnis der nun folgenden einzelnen Fragetechniken ist für Sie der Grundsatz wichtig, immer nur eine Frage zu stellen und die entsprechende Antwort abzuwarten. Die Erfahrung zeigt nämlich: Stellen Sie mehrere Fragen unmittelbar hintereinander, wird Ihr Kunde in der Regel nur auf die letzte Frage wirklich so antworten, wie Sie es für Ihre Bedarfsanalyse benötigen. Hingegen wird der Informationsgehalt der Antworten auf Ihre zuerst genannten Fragen gegen Null tendieren. Bekommen Sie unklare oder schwammige Aussagen, so fassen Sie noch einmal nach, sodass Sie die brauchbaren Informationen auch wirklich bekommen.

Im Idealfall erstellen Sie sich in der Vorbereitung für Ihr Gespräch einen fertigen Fragenkatalog: Was müssen Sie von Ihrem Kunden wissen, um ihm ein entsprechendes Angebot zu machen, um herauszufinden, ob dieser Kunde für Ihre Leistung überhaupt geeignet ist? Sie haben die Möglichkeit, Fragen speziell auf bestimmte Sortimentsbereiche, Produkte, Entscheidergruppen oder Kundenzielgruppen bzw. Branchen auszurichten. Sie sparen sich eine Menge Arbeit, wenn Sie nicht ständig versuchen, das

KISS

Sie kennen sicher die Formel für eine geschickte Gesprächsführung: KISS = Keep it short & simple. Nichts ist einfacher, als sich schwierig auszudrücken, aber nichts schwieriger, als sich einfach auszurücken. Es soll daher Leute geben, die diese Abkürzung eher mit „Keep it short & stupid" auflösen ...

- Bitten Sie nicht vorher um Erlaubnis, ob Sie fragen dürfen – entschuldigen Sie sich nicht vorab für eine Frage.
- Fragen Sie präzise und kurz: Mit weitschweifigen Fragen handeln Sie sich in der Regel nur unbefriedigende und ebenso weitschweifige Antworten ein.
- Fragen Sie verständlich: Vermeiden Sie Begriffe, die der Gesprächspartner nicht kennt.
- Betonen Sie die Worte der Frage richtig. Sehen Sie Ihren Gesprächspartner dabei an. Zeigen Sie ihm, dass Ihnen die Frage wichtig ist.

Rad neu zu erfinden. Erstellen Sie sich einen Leitfaden für die Bedarfsanalyse und sparen Sie sich so eine Menge Zeit!

Darüber hinaus gibt Ihnen dieser Fragenkatalog auch zusätzliche Sicherheit im Verkaufsgespräch, denn Sie müssen in der Gesprächssituation selbst nicht mehr überlegen, welche Fragen Sie stellen und wie Sie diese formulieren, sondern Sie können sich komplett auf Ihren Kunden und seine Antworten konzentrieren und sich so einen Überblick über seine Bedürfnisse verschaffen.

Natürlich sollten Sie Ihren Fragenkatalog nicht als schriftliche Vorlage mit in Ihr Gespräch nehmen – Sie sind ja nicht im Einwohnermeldeamt ... Für das Verkaufsgespräch sollten Ihnen Ihre Fragen schon in Fleisch und Blut übergegangen sein!

Vermeiden Sie aber eine Verhöratmosphäre, die schnell entstehen kann, wenn Sie Ihre auswendig gelernten Fragen auf Ihren Kunden „abfeuern" und er nach schon wenigen Sätzen nach einer grellen Lampe sucht, die ihm direkt ins Gesicht scheint ... Erkundigen Sie sich bei Ihrem Kunden zu Beginn der Bedarfsanalyse, ob es für ihn in Ordnung ist, dass Sie erst mal einige Fragen loswerden, um sich einen Überblick über seine Situation und seinen Bedarf zu verschaffen. In der Regel wird er einverstanden sein. Die andere Möglichkeit besteht darin, dass Sie paraphrasieren, also die Antworten Ihres Gesprächspartners auf Ihre Fragen mit eigenen Worten positiv wertschätzend wiederholen.

Offene Fragen

Die effektivste Art von Fragen in der Bedarfsanalyse sind die so genannten offenen Fragen. Sie werden auch „W-Fragen" genannt, denn sie leiten Fragen mit den Fragewörtern „wer", „was" , „wie", „wann", „weshalb" etc. ein. Sie kennen doch sicher noch den Spruch aus der Sesamstraße: „Wieso, Weshalb, Warum – Wer nicht fragt, bleibt dumm!"

Offene Fragen bieten Ihrem Gesprächspartner die Möglichkeit, Ihnen mehr Informationen zu geben als nur ein „Ja" oder „Nein". Mit W-Fragen sind Sie in der Lage, das Gespräch zu führen und zu steuern, denn Ihr Kunde legt seine Probleme, Bedenken und Wünsche offen dar.

Beispiel: Offene Fragen

- „Welche Erfahrungen haben Sie damit bisher gemacht?"
- „Wie lange denken Sie schon über den Einsatz einer solchen Maschine in Ihrer Produktion nach?"
- „Welche Kundenzielgruppe wollen Sie damit ansprechen?"
- „Wann benötigen Sie die Ware?"
- „Mit welchem Lieferanten arbeiten Sie bisher zusammen?"

Mit offenen Fragen dokumentieren Sie Ihr starkes Interesse daran, für Ihren Kunden eine maßgeschneiderte Lösung für seinen Bedarf zu „basteln". Ihr Kunde merkt, dass Sie nicht nur mitdenken, sondern auch intensiv über seine Probleme und sein Anliegen nachdenken – er fühlt sich geschmeichelt ... Antwortet Ihr Kunde mit Einwänden, können Sie davon ausgehen, dass diese „echt" und nicht etwa Vorwände sind, die Sie erst aufwändig identifizieren müssen, weil sich Ihr Kunde von Ihnen verstanden und ernst genommen fühlt. Das gibt Ihnen die Gelegenheit, die richtigen Nutzenargumente einsetzen, um die Einwände Ihres Kunden zu überwinden.

„Warum?" vermeiden

Bitte vermeiden Sie Fragen, die mit „Warum...?" beginnen. Natürlich ist auch dies eine offene Frage, jedoch ruft Sie bei Ihrem Gesprächspartner in der Regel das Gefühl hervor, sich rechtfertigen zu müssen – und das mag niemand, auch Sie selbst nicht. Insbesondere im Verkaufsgespräch ist Ihr Kunde sehr empfindlich, was „Warum-Fragen" an ihn betrifft, schließlich fühlt er sich selbst in der Position, *Sie* zu fragen: „Warum soll ich ausgerechnet Ihr Angebot wahrnehmen?" Ihr Kunde muss sich immer wohlfühlen. Benutzen Sie deshalb Formulierungen wie „Aus welchem Grund...?", „Was hat Sie veranlasst, dass...?" oder „Was hat Sie motiviert, dass ...?", um eine angenehme Gesprächssituation zu schaffen bzw. zu erhalten.

Geschlossene Fragen

Geschlossene Fragen sind Fragen, auf die Ihr Gesprächspartner nur mit „Ja" und „Nein" antworten kann.

> *Beispiel: Geschlossene Fragen*
>
> - „Haben Sie da schon entsprechende Erfahrungen gemacht?"
> - „Sind Sie damit zufrieden?"
> - „Setzen Sie so etwas aktuell bereits ein?"

Der Informationsgewinn beim Einsatz geschlossener Fragen ist meist recht spärlich. Noch schlimmer: Ist Ihr Kunde wenig gesprächsbereit, lässt er Sie am ausgestreckten Arm verhungern, ganz abgesehen davon, dass mehrere geschlossene Fragen hintereinander das Gespräch sehr einseitig werden lassen. Nutzen Sie deshalb geschlossene Fragen nie als alleinigen Fragetypen, sondern immer als Ergänzung in Kombination mit anderen.

Alternativfragen

Alternativfragen bieten Ihrem Kunden immer nur begrenzte, in der Regel lediglich zwei, Antwortmöglichkeiten: X oder Y; gelb oder grün; Kalenderwoche 40 oder 41; Lieferung oder Abholung etc. Auf diese Weise können Sie das Gespräch bestimmen und sehr gut steuern, weshalb sich die Alternativfrage auch sehr gut für den Verkaufsabschluss oder die Terminvereinbarung eignet.

Suggestivfragen

Suggestivfragen sind Fragen, die nur ein „Ja" als Antwort zulassen. Ihr unbestreitbarer Vorteil liegt zwar darin, dass Sie rasch die Zustimmung Ihres

Gesprächspartners herbeiführen, die Gefahr jedoch besteht, dass er sich eingeengt und überfahren fühlt. Diesen Fragetyp dürfen Sie daher nur selektiv und dann mit viel Fingerspitzengefühl einsetzen.

Suggestivfragen enthalten oft Worte wie „sicherlich" oder „wohl". Ich empfehle Ihnen, sie mit einer „Wenn-Sie"-Formulierung einzuleiten.

> *Beispiel: Suggestivfragen mit „Wenn-Sie"-Einleitung*
>
> - „Wenn Sie Ihr Lager neu einrichten, Herr ..., dann wollen Sie sicherlich auch gleich Arbeitskosten einsparen?"
> - „Wenn Sie eine Vibrationswalze einsetzen, Herr ... , dann wollen Sie doch sicherlich, dass das Gerät leicht steuerbar ist?"

Gegenfragen

Gegenfragen kommen zur Anwendung, wenn der Kunde Ihr Verkaufsgespräch unterbricht. Eine Frage Ihres Kunden mit einer Gegenfrage zu beantworten, hat unter anderem den Vorteil, die Kontrolle über das Gespräch zu behalten bzw. zurückzugewinnen.

Weitere Vorteile der Gegenfrage:

- Sie gewinnen Zeit, um Ihre Gedanken zu sortieren (Beispiel: „Können Sie das noch einmal näher erläutern?")
- Sie können Einwände oder Behauptungen Ihres Kunden präzisieren.
- Besteht die Gefahr, dass sich Ihr Gespräch „festläuft", können Sie mit einer Gegenfrage neue Aspekte einbringen, um das Gespräch wieder „flott zu machen".
- In unangenehmen Gesprächssituationen können Sie Ihren Kunden zu einem anderen Thema „lotsen", zum Beispiel, wenn Ihr Kunde sehr früh nach dem Preis fragt: „Darf ich Ihnen zunächst einmal aufzeigen, welche Vorteile Sie haben – dann komme ich auf die Kosten zurück."

Antworten abwarten, nicht vorgeben

Wenn Sie Ihrem Kunden eine offene Frage gestellt haben, dann geben Sie ihm die Zeit, darüber nachzudenken. Es kann schon mal ein paar Sekunden dauern, bis Ihr Kunde antwortet. Warten Sie geduldig, halten Sie Blickkontakt, lächeln Sie ihn an – und reden Sie nicht. Viele Ihrer Kollegen halten diesen Moment des Schweigens nicht aus, doch er ist entscheidend, weil Ihr Kunde über den Hintergrund Ihrer Frage nachdenkt. Außerdem fasst er Vertrauen zu Ihnen, wenn Sie geduldig auf seine Antwort warten, weil Sie diese offensichtlich wirklich hören wollen.

Manche Verkäufer stellen regelrechte „multiple-choice-Fragen" wie diese: „Wann benötigen Sie das Produkt denn? In den nächsten vier Wochen? Zum Jahresende? Oder doch erst zu Anfang des nächsten Jahres?" Ein so befragter Kunde kann dann seine Antwort förmlich ankreuzen – sofern die richtige Antwort überhaupt dabei ist.

Ihr Kunde ist mündig genug, seine Antwort selbst zu formulieren. Er ist irritiert und fühlt sich eingeengt, wenn er Antworten „vorgegeben" bekommt – mal ganz abgesehen davon, dass Sie sich selbst keinen Gefallen tun, denn Sie verbauen sich auf diese Art die Chance, an mehr Informationen zu kommen, als an die, die Sie dem Kunden vorgeben. Stellen Sie ihm also offene Fragen, zu denen er selbst seine Antwort formuliert!

Die professionelle Präsentation

Präsentieren bedeutet zunächst einmal,

- ein Produkt zu zeigen oder darzustellen,
- das Angebot mit Unterlagen, Zahlen, Daten und Bildern zu untermauern und
- die Zuhörer/Zuschauer vom Produkt zu überzeugen.

Präsentieren heißt letztlich also: verkaufen. Jede Form der Präsentation ist Verkauf, denn das Ziel ist immer, Ihren Kunden für Ihr Produkt, Ihr Unternehmen und Sie selbst zu begeistern und zu gewinnen.

Entscheidende Voraussetzung für eine gelungene Präsentation ist, dass Sie überzeugt sind von dem, was Sie präsentieren – denn nur dann können Sie auch Ihren Kunden überzeugen. Ihr Erfolg hängt auch davon ab, wie gut Sie Ihren Kunden mit seinen (fachlichen Vor-)Kenntnissen, Erfahrungen, in seinem Bedarf und in seiner Motivstruktur kennen und verstehen.

Das Ergebnis Ihrer Präsentation sollte sein, dass der Kunde Ihr Produkt am liebsten gleich behalten will. Dazu ist es notwendig, dass er bei der Demonstration selbst Spaß hat und sein Wunsch, es zu besitzen, stetig zunimmt.

Die Beschreibung der individuellen Lösung: nur die kommunizierte Lösung zählt

Bitte stellen Sie sich einmal folgende Ausgangssituation vor: Sie haben zwei Anbieter, die ein unterschiedliches Leistungsspektrum anbieten. Anbieter A hat bei annähernd gleichem Preis etwa 30 Prozent mehr Leistung zu bieten als Anbieter B. Bei wem würden Sie kaufen?

Natürlich: bei Anbieter A. Denn 30 Prozent mehr Leistung für das gleiche Geld – das nehmen Sie gerne mit.

Verändert sich Ihre Kaufentscheidung, wenn Sie klare Vorstellungen von dem haben, was Sie suchen?

> *Beispiel:*
>
> Sie möchten sich ein neues Auto kaufen. Sie haben sich ein Modell der Mercedes-A-Klasse ausgesucht. Sie wissen genau, welche Ausstattung Ihr Fahrzeug haben soll, welchen Motor, welche Farbe, den Liefertermin und den Rabatt, den Sie gern aushandeln möchten. Nun besuchen Sie Autohaus A, das größere Autohaus in Ihrem Ort. Autohaus A bietet Ihnen neben dem, was Sie sich genau vorstellen, noch 50 Prozent mehr Leistung – was immer dies auch im Detail ist. Anschließend gehen Sie in Autohaus B. Autohaus B bietet Ihnen gerade mal 15 Prozent zusätzlich zu dem, was Sie sich wünschen – bei gleichem Preis. Bei wem kaufen Sie jetzt?

Klar: Sie kaufen immer noch bei Autohaus A, denn auf die 50 Prozent mehr Leistung im Vergleich zu den 15 Prozent, die Ihnen Autohaus B bietet, greifen Sie selbstredend viel lieber zurück.

Aber wie werden Sie sich in der dritten Variante entscheiden?

> *Beispiel:*
>
> Sie gehen zu Autohaus A. Dieses bestätigt Ihnen Ihre Anfrage. Das heißt, der Liefertermin wird Ihnen bestätigt, Sie erhalten den gewünschten Rabatt, und das Fahrzeug wird genau in der Farbe, Motorvariante und Ausstattung, wie Sie es sich vorstellen, geliefert. Anschließend gehen Sie zu Autohaus B. Dieses bestätigt Ihnen dies genauso. Nur Autohaus B bietet Ihnen darüber hinaus Folgendes an: Wenn Ihr Fahrzeug einmal in den Service muss (Ölwechsel, Inspektion etc.), so erhalten Sie einen kostenlosen Leihwagen für die Dauer des Serviceaufenthaltes. Das heißt: Ihr Auto wird morgens bei Ihnen zu

Hause abgeholt, gleichzeitig bekommen Sie ein Ersatzfahrzeug gestellt. Am gleichen Abend noch, spätestens aber am nächsten Morgen erhalten Sie Ihr eigenes Auto wieder zurück und der Leihwagen wird wieder mitgenommen. Wenn Sie eine längere Strecke fahren, sollten Sie kurz nachtanken, doch ansonsten ist dies ein Service des Hauses und somit kostenlos für Sie. Außerdem bietet Ihnen Autohaus B die kostenlose Einlagerung Ihrer Räder oder Reifen, wenn Sie Sommer- bzw. Winterreifen wechseln und diesen Service in Ihrem Autohaus B in Anspruch nehmen. Gleichzeitig werden Ihre Felgen auch noch gereinigt, sodass diese beim nächsten Radwechsel sofort blitzblank sind.

Autohaus A bietet Ihnen diesen umfangreichen Service ebenfalls auch und noch viel mehr (50 Prozent mehr Leistung!) – nur: Das hat Ihnen niemand in Autohaus A mitgeteilt. Sie wissen nichts von diesem Service! Für welchen Anbieter entscheiden Sie sich jetzt?

Richtig: Sie entscheiden sich für Autohaus B, denn dieses hat seinen Service deutlich kommuniziert. Sie wissen gar nichts von dem ebenso tollen Service, den Autohaus A bietet. Woher auch?

Für die ganz kritischen unter Ihnen: Möglicherweise gehen Sie noch ein zweites Mal ins Autohaus A und fragen dort nach, ob man Ihnen den Service (Leihwagen und kostenlose Einlagerung der Reifen etc.) ebenfalls bietet. Der Verkäufer wird Ihnen dieses bestätigen – aber nicht mehr. Jetzt sind die Chancen wieder gleich, denn beide Autohäuser bieten Ihnen bei gleichem Preis die gleiche Leistung. Bei wem kaufen Sie?

Nun, wenn ich diese Frage bei diesem Beispiel in Seminaren stelle, so entscheiden sich fast alle für Autohaus B. Grund: Dort wurde mir der Service sofort und von selbst angeboten, während ich in Autohaus A dem Verkäufer „alles aus der Nase ziehen" musste.

> Entscheidend ist nicht (allein), welche Leistung Sie bieten –
> Sie als Verkäufer, Ihr Unternehmen und Ihre Produkte.
> Entscheidend ist, welche Leistung Sie als Unternehmen
> oder als Verkäufer kommunizieren, soll heißen:
> in den Köpfen Ihrer Kunden verankern!

Präsentationen erfolgreich gestalten

Einer erfolgreichen Präsentation geht eine gute Planung voraus. In einem ersten Schritt sollten Sie sich überlegen, was Sie mit Ihrer Präsentation erreichen wollen. Wollen Sie damit „lediglich" informieren oder überzeugen?

Bei einer rein informativen Präsentation könnte Ihr Ziel zum Beispiel lauten: Jeder Teilnehmer soll die Arbeitsabläufe in der Herstellung Ihres Produkts kennen lernen.

Anschließend legen Sie fest, welche visuellen Hilfsmedien Sie zur Unterstützung Ihres Präsentationsziels nutzen wollen. Setzen Sie beispielsweise einen Overhead-Projektor mit Arbeitsfolien und Bildern ein, wählen Sie eine Tischflipchart-Präsentation oder eine Multimedia-Präsentation per Notebook, oder reicht Ihnen Ihr Präsentationsbuch für Ihre Zwecke?

Egal, wie Sie sich entscheiden: Denken Sie immer daran, dass ein Bild mehr sagt als 1 000 Worte. Die Details Ihres Verkaufsgespräches vergisst Ihr Kunde schnell, denn Hören allein mobilisiert unser Gedächtnis nicht ausreichend – bewegen Sie Ihren Gesprächspartner dazu, sich das Verkaufsgespräch im Gedächtnis zu notieren! Das gelingt Ihnen am besten, wenn Sie ihm ein Erlebnis bieten: Erst mit entsprechenden visuellen Eindrücken sorgen Sie dafür, dass sich Ihr Kunden nachhaltig und positiv an Ihr Gespräch erinnert.

Schließlich müssen Sie in einem Brainstorming die Kernaussagen Ihrer Präsentation definieren. Beispiel: Ich liefere meinem Kunden die Informationen 1, 2 und 3, damit er die Vorteile I, II und III erkennt, die er durch mein Angebot hat. Mit Ihren Präsentationsmedien und Unterlagen untermauern Sie Ihre Kernaussagen visuell. Nur wenn Sie vor Ihrer Präsentation eine konkrete Vorstellung von ihrem Ablauf haben, sind für den weiteren Gesprächsverlauf inklusive Einwandbehandlung und Abschluss gewappnet!

Es gibt keine Standardpräsentationen – jede ist so individuell wie Ihre Kunden und deren Bedürfnisse, die Sie analysiert haben und in Ihrer Präsentation entsprechend nutzenorientiert berücksichtigen. Allerdings sollten Sie als erfolgreicher Verkäufer die folgenden Komponenten beherrschen:

Aufbau einer Präsentation

1. *Einstieg:* Einen guten Einstieg für Ihre Präsentation zu finden, ist wichtig, denn er soll Ihren Gesprächspartner ja neugierig machen und auf das Kommende einstimmen. Für diese Aufwärmphase bietet sich eine spritzige Einleitung an, die Ihrem Kunden den Impuls vermittelt, für Ihre Ausführungen bereit zu sein: Eine kleine Anekdote oder eine kurze Schilderung einer eigenen Erfahrung mit Ihrem Produkt sichert einen positiven Einstieg und eine gute Atmosphäre. Ob Humor, eine rhetorische Frage, eigene Erfahrungen oder vielleicht ein kleiner Schockmoment – welchen Einstieg Sie auch wählen, achten Sie stets darauf, dass er etwas mit Ihrem Präsentationsinhalt zu tun hat!
2. *Darstellung des Kundenbedarfs:* Wenn Sie die Aufgabenstellung Ihres Kunden noch einmal in eigenen Worten, mit Skizzen, Folien etc. beschreiben, stellen Sie sicher, dass Sie seine Situation richtig erfasst haben und mit Ihrem Angebot richtig liegen.
3. *Beschreibung des Angebots:* Erst wenn Ihnen Ihr Kunde bestätigt hat, dass Sie seinen Bedarf richtig erfasst haben, folgt die Schilderung Ihrer Lösung, die auf der Bedarfsanalyse beruht und die die Schwerpunkte und Motive Ihres Kunden berücksichtigt. Gehen Sie bei Darstellung Ihres Angebots deduktiv vor, das heißt: Beginnen Sie immer mit einem Gesamtüberblick dessen, was Sie zeigen und erklären wollen, und gehen Sie danach logisch und nachvollziehbar in die Details, um die Zusammenhänge herauszuarbeiten. Die Qualität Ihrer Argumentation sollte dabei nach der Formel „vom Produktmerkmal über den Vorteil zum individuellen Nutzen des Kunden" stetig zunehmen.
4. *Referenzen vorlegen:* An kundenbezogenen aktuellen Referenzbeispielen zeigen Sie die Leistungsfähigkeit Ihrer Lösung.
5. *Abschluss herbeiführen:* Da der letzte Eindruck Ihrer Präsentation bei Ihrem Kunden haften bleibt, empfiehlt es sich, direkt danach die Abschlussfrage zu stellen. Manchmal ist es aber schwer, gleich eine Entscheidung herbeizuführen, insbesondere, wenn Sie vor bei einer Gruppe von Zuhörern sprechen. Für diese Situation bietet sich die hypothetische Frage an: Bitte Sie Ihre(n) Zuhörer, sich vorzustellen, einem Kollegen, der Ihre Präsentation verpasst hat, von dieser zu erzählen. Fragen Sie Ihre(n) Zuhörer, wie dieser Bericht ausfallen würde – so erhalten Sie Hinweise darauf, wie Ihre Präsentation angekommen ist und in welchen Details es noch Klärungsbedarf gibt.

Den Kunden im Auge behalten und aktivieren

Sorgen Sie vor der Präsentation dafür, dass Dinge, die möglicherweise den Ablauf Ihrer Präsentation stören könnten, beseitigt bzw. erledigt sind – soweit es eben in Ihrem Einflussbereich liegt: Verpackungskartons wegräumen, die Funktionstüchtigkeit Ihres Notebooks, des Overheadprojektors, Beamers etc. überprüfen, Stifte für Flipchartzeichnungen bereitlegen, das Produkt(muster) für alle Zuschauer sichtbar auf dem Tisch platzieren etc. etc.

Während der Präsentation sollten Sie sich ausschließlich um Ihren Gesprächspartner und seine Fragen kümmern – er verdient Ihre alleinige Aufmerksamkeit. Nichts darf Sie dabei stören – Pannen wegen einer schlechten Vorbereitung oder eine ungenügende Vorführung aufgrund unzureichender Produktkenntnisse sind Dilettantismus pur, der sofort von Ihrem Gesprächspartner bestraft wird.

Gerade die Präsentation bietet Ihnen die Möglichkeit, Ihre Verkaufsstrategie und -taktik nicht allzu sehr zu offenbaren, weil sich Ihr Gesprächspartner auf das Produkt bzw. die Inhalte Ihrer Ausführungen konzentriert. Lassen Sie während Ihrer Präsentation Ihren Gesprächspartner immer wieder ein angenehmes „Stimmt's?", oder „Sehen Sie den Nutzen?" hören – ist er tatsächlich von den Vorteilen überzeugt, wird er Ihnen gern zustimmen. Unterstützen Sie diese Fragen mit einem Nicken, wird Ihr Kunde ebenfalls nicken – denn Nicken steckt an ... Je öfter Ihr Kunde mit „Ja" antwortet, desto schwerer kann er sich dem Nutzen entziehen.

Kunden aktivieren

Sie können Ihr Angebot noch besser bei Ihrem Kunden verankern, wenn Sie ihn in die Präsentation mit einbeziehen. Führen Sie beispielsweise eine Software vor, so lassen Sie Ihren Kunden ein wenig selbst mit Mausklick oder Touchpad rumprobieren – auch wenn das doppelt so lange dauert, wie wenn Sie bestimmte Bearbeitungsschritte vorführen. Ihr Kunde wird seine eigenen Erfahrungen besser in Erinnerung behalten, als wenn er Ihnen dabei zusieht, wie Sie die Software bedienen.

Um den Kunden einzubeziehen, können Sie auch Ihr Prospektmaterial und Ihre Kataloge zur Hilfe nehmen. Schlagen Sie die Seite auf, auf der das Produkt, das Sie präsentieren, beschrieben wird. Markieren Sie mit Ihrem Kugelschreiber Einzelheiten, die den Kundennutzen betonen, und fügen Sie unter Umständen handschriftlich einige Informationen hinzu. Schreiben Sie dann Ihren Vor- und Nachnamen sowie Ihre Handynummer auf die Seite. Sie haben zwar dem Kunden bereits Ihre Visitenkarte überreicht, vielleicht ist der Prospekt auch mit einem Stempel versehen. Doch mit Ihrem Namen in Ihrer Handschrift erhält der Prospekt eine persönliche Note. Sollte der Kunde später noch Rückfragen haben, muss er nicht lange nach Ihrer Visitenkarte suchen, sondern kann Sie jederzeit unter der auf der Seite notierten Nummer erreichen.

Neugier wecken: Überzeugen über Zeugen

Das Angebot auf den Märkten wird immer unüberschaubarer. Da nehmen wir – und Ihre Kunden – gern Ratschläge Dritter entgegen, um unsere eigenen Entscheidungen abzusichern. Wenn Sie sich den Stamm des Wortes „überzeugen" betrachten, so finden Sie darin den Begriff „Zeuge" vor. Überzeugen Sie Ihren Kunden mit Hilfe von Zeugen!

Ihr Kunde wird Ihren Zeugen und seinen „Rat" umso mehr akzeptieren, je mehr er sich mit diesem identifizieren kann bzw. je mehr er Ihrem Zeugen die entsprechende Kompetenz zuspricht. Ob privat oder geschäftlich: Immer wieder werden Zeugen für die Stärkung der eigenen Argumentation angeführt. Wir alle nutzen ganz alltäglich und meist unbewusst diese „Zeugenumlastung" genannte uralte rhetorische Technik.

Beispiel: Zeugenumlastung

Sie möchten gern ein Mountainbike kaufen, für das Sie rund 1 000 Euro veranschlagt haben. Der Verkäufer im Fahrradgeschäft hat Ihnen schon einige Modelle in dieser Preislage vorgestellt. Eines dieser Modelle gefällt Ihnen besonders gut, Sie können aber die Qualität kaum einschätzen, weil Sie die Marke nicht kennen (Kettler und Herkules sind Ihnen ein Begriff, aber Steppenwolf haben Sie noch nie gehört). Sie zweifeln also: Ist das das richtige Rad für mich? Ist der Preis gerechtfertigt?

Anstatt lange zu argumentieren, nutzt der Verkäufer die Technik der Zeugenumlastung:

Verkäufer: „Herr Kunde, ich kann verstehen, dass Sie skeptisch sind, die Unterschiede der gezeigten Modelle liegen im Detail. Vielleicht überzeugt Sie das: Die Stiftung Warentest hat im letzen Juniheft 30 Mountainbikes in der Preislage um 1 000 Euro getestet. Drei dieser 30 Mountainbikes haben mit der Testnote ‚sehr gut' abgeschnitten. Dieses hier ist eines von diesen drei. Was denken Sie?"

Stellt sich jetzt wirklich noch die Frage nach Preis, Leistung und Qualität?

Als Zeugen eignen sich Referenzkunden, Referenzobjekte, Referenzprojekte, unabhängige Institute und Experten wie die Stiftung Warentest, Ökotest, Presse (Fachzeitschriften) und elektronische Medien – manchmal auch Ihr Kunde selbst, wenn Sie im Vorgespräch seine Wünsche, Erwartungen und Bedürfnisse detailliert erfasst und so bereits eine Menge Informationen über ihn in Erfahrung gebracht haben.

Experten-Tipp

Erstellen Sie eine Liste mit geeigneten Zeugen. Machen Sie Ihre Referenzen für Ihre Kunden und Interessenten transparent, veröffentlichen Sie diese auf Ihrer Website, in Ihren Unternehmens- und Produktbroschüren und machen Sie davon in Ihrer Argumentation im persönlichen Kundengespräch Gebrauch!

Sollte Ihr Kunde einmal einen Ihrer Zeugen aus welchen Gründen auch immer ablehnen, dann machen Sie bitte nicht den Fehler, diesen Zeugen zu verteidigen! Das bringt Sie in Ihrer Argumentation nicht weiter, sondern schadet Ihrem Verhältnis zu Ihrem Kunden. Der erfolgreichere Weg ist das Benennen eines anderen Zeugen, der das Gleiche bestätigt, doch von dem Kunden eher akzeptiert wird.

Ein weiterer Vorteil der Zeugenumlastung besteht für Sie also darin, dass Sie bequem einen Zeugen gegen einen andern austauschen können, wenn Ihr Kunde Zweifel hegt. Ihre Kompetenz wird dabei aber nie in Frage gestellt. Fällt Ihnen gerade kein passender Zeuge ein, dann verwenden Sie doch Aussagen wie: „Wie in einer der letzten Ausgaben der Fachzeitschrift XY zu lesen war ..." oder „Wie man allgemein in Fachkreisen zu sagen pflegt ...." Bitte kommen Sie in dieser Situation aber nicht auf die Idee, sich selbst als Zeugen zu nennen – das hat nämlich keinerlei Wirkung, denn Sie sind wirklich kein ernstzunehmender Zeuge. Ihr Kunde unterstellt Ihnen unbewusst, dass Sie ja gar nichts anders sagen können, schließlich wollen Sie etwas verkaufen!

Je höher die Akzeptanz Ihres Gesprächspartners, Ihres Kunden gegenüber dem genannten Zeugen ist, desto „härter" ist Ihr Zeuge und damit griffiger Ihr Argument. Oft reicht es schon, dass mit einem Ihrer anderen Kunden argumentieren:

- „Ein anderer Kunde aus Musterstadt hat folgende Erfahrung gemacht." Nicht schlecht, aber verbesserungswürdig.

- „Der Handwerksbetrieb Schneider in Musterstadt hat folgende Erfahrung gemacht." Schon besser.
- „Herr Müller, der Inhaber des Handwerksbetriebs Schneider in Musterstadt hat erst letzte Woche mit diesem Gerät folgende Erfahrung gemacht." Ideallösung!

Diese Ideallösung ist nur noch zu toppen, wenn Ihr Kunde den genannten Zeugen auch noch persönlich kennt und ihn schätzt – selbstverständlich sollten Sie nicht einen Wettbewerber als Zeugen nutzen. Vermeiden Sie möglichst auch Objekte, bei denen Ihr Kunde nicht mit Aufträgen zum Zuge gekommen ist, ein Institut, bei dessen Tests ein Produkt Ihres Kunden schlechte Noten erhalten hat und ähnlich unerwünschte Zeugen.

Wählen Sie Ihre Zeugen also immer mit Bedacht aus! Ein weiterer Grundsatz ist, dass ein Zeuge immer wahr sein muss. Durch manchen dummen Zufall sind schon nicht existente Zeugenumlastungen „aufgedeckt" worden, mit der Folge, dass das so mühsam aufgebaute Kundenvertrauen mit einem Schlag zerstört war.

Im Idealfall können Sie einem verunsicherten oder zögerlichem Kunden einen Referenzgeber mit Adresse und Durchwahlnummer nennen, bei dem er sich bis zu Ihrem nächsten Termin über Ihr Produkt und/oder Ihren Service erkundigen kann. Natürlich sollten Sie in so einem Fall einen wirklich zufriedenen Referenzgeber nennen. Ganze Branchen leben mittlerweile von dieser Verkaufstaktik, dabei wird in den seltensten Fällen tatsächlich beim Referenzkunden angerufen!

Der Motivationskick für Ihre Bedarfsanalyse und Präsentation!

Früher fragten Verkaufsleiter, wenn ihre Verkäufer von einem Besuchstermin zurückkehrten: „Hast du dem Kunden auch alle unsere Produkte vorgestellt?" Heute heißt es dagegen: „Hast du auch alles genau analysiert? Potenzial, Bedarf, Motive?"

Müssen Sie hart um den Verkaufsabschluss ringen, treffen Sie in der Einwandbearbeitung und in der Preisargumentation auf den harten Widerstand Ihrer Kunden, dann heißt Ihre Devise ab sofort: Detailliert den Bedarf Ihres Kunden analysieren, seine Motive herausarbeiten und die Präsentation individuell auf ihn abstimmen – und Sie sparen sich und Ihrem Kunden viel Zeit und Nerven. Er wird es Ihnen mit dem Auftrag danken!

Sechster Trainingstag

Einwänden souverän begegnen

Professionelle Vor- und Einwandbehandlung

Martin Limbeck

Herr Limbeck, welche innere Haltung muss ein Verkäufer mitbringen, um souverän durch die Phase der Einwandbehandlung zu kommen?

Martin Limbeck: Er muss sich seiner selbst absolut sicher sein – dann nimmt er die Vorwände und Einwände seiner Kunden auch nicht persönlich und reagiert nicht entsprechend sauer. Einwände sind Kaufsignale und daher Chancen auf dem Weg zum Abschluss!

Von welchen Hindernissen in der Einwandbehandlung berichten Ihre Seminarteilnehmer am häufigsten?

Limbeck: Kunden sind sehr kreativ im Erfinden immer wieder neuer Einwände. Die Erfahrung zeigt, dass Verkäufer oft zu wenig konkret den Bedarf ihrer Kunden analysieren sowie deren Motive und Wünsche Kunden ermitteln – mit dem Effekt, dass sie in der Einwandphase zu schnell aufgeben.

Wie reagieren Sie selbst auf Einwände, mit denen Sie offensichtlich provoziert werden sollen?

Limbeck: Wenn möglich und angemessen, mit der stärksten Waffe der Welt: mit der Macht des Schweigens!

Einwänden souverän begegnen

Professionelle Vor- und Einwandbehandlung

Die mentale Vorbereitung auf die Einwandbehandlung – wie der erfolgreiche Verkäufer Einwände betrachtet

Einwände gehören zum Verkäuferberuf wie das tägliche Brot. Sie und ihre engsten Verwandten – Vorwände und Bedingungen – begegnen Ihnen in jeder Phase eines Verkaufsgesprächs, insbesondere bei der Neukundenakquise. Das beginnt schon beim Terminvereinbarungsgespräch, findet seine Fortsetzung in der Phase der Bedarfsanalyse und der Präsentation und ist erst beendet, wenn Ihr Kunde auf Ihrem Auftragsblock unterzeichnet hat.

Schon deshalb dürfen Sie sich als Verkäufer nicht immer wieder von Einwänden und Gegenargumenten Ihrer Kunden aus der Bahn werfen lassen. Ihre eigene Erfahrung sagt Ihnen ja ohnehin: Es gibt nur eine Handvoll typischer Einwände, auf die sich ein Verkäufer genauso präzise vorbereiten kann wie auf den 31. Dezember.

Statt also Einwände als Hürden auf dem Weg zum Abschluss zu betrachten, als Knüppel, die Ihnen Ihr Kunde zwischen die Beine wirft, um Sie zum Stolpern zu bringen, versuchen Sie, einen anderen Standpunkt einzunehmen: Einwände, Vorwände, Bedingungen und andere Argumente Ihres Kunden sind Herausforderungen, Meilensteine zu Ihrem Erfolg, das Salz in der Suppe des Verkaufsgesprächs, willkommene und wichtige Ereignisse für das gesamte Kundenbeziehungsmanagement:

- Einwände sind Gradmesser für das Interesse Ihres Kunden an Ihrem Angebot – ein Kunde ohne Einwände wird Ihnen garantiert nichts abkaufen!
- Mit Einwänden fragt Sie Ihr Kunde, warum er ausgerechnet bei Ihnen kaufen soll.

- Einwände geben Aufschluss über die Bedenken und spezifischen Anforderungen des Kunden und liefern Ihnen auf diese Weise neue Ideen und Verkaufsargumente.
- Einwände sind oft nur Tests, mit denen Ihr Kunde herausfinden will, wie überzeugt Sie selbst von Ihrem Angebot sind.

Einwände sind letztlich eine Hilfestellung: Sie zeigen Ihnen, wie Sie Ihren Kunden in seinen Bedürfnissen und Wünschen unterstützen können – sie sind aber keine Aufforderung zu einem rhetorischen Wettkampf, um am Ende doch Recht zu behalten, denn: Ein besiegter Kunde ist kein Kunde!

Bedingungen, Vorwände und Einwände

Die Kategorisierung von Bedingungen, Vorwänden und Einwänden ist notwendig, damit Sie Ihre eigenen Reaktionen und Antworten, Ihre gesamte weitere Gesprächsstrategie darauf abstellen. Ihr Kunde selbst unterscheidet nicht zwischen diesen Kategorien und Begriffen: Für den einen ist ein Argument ein Vorwand, für den anderen ist es eine Bedingung, für den Dritten hingegen ein Einwand.

Bedingungen sind nachvollziehbare, messbare oder beweisbare Fakten, die Ihr konkretes Angebot nicht erfüllen kann. Sie sollten also herausfinden, ob es sich beim Argument Ihres Kunden tatsächlich um eine Bedingung handelt, der Sie sich beugen müssen, weil Ihr Produkt oder Ihre Dienstleistung den objektiven Bedarf Ihres Kunden nicht bedient, oder vielleicht doch nur um einen Vorwand, den Sie als Verkäufer bearbeiten können (siehe weiter unten).

Erkennen Sie, dass das Argument eine unabänderliche Bedingung ist, bringt Sie eine lange Diskussion darüber nicht weiter. Bestätigen Sie Ihrem Kunden kurz, dass Sie sein Argument zur Kenntnis genommen haben, und lenken Sie dann mit Fragen das Gespräch in eine andere, für Sie positive Richtung.

Vorwände sind Wände, hinter denen sich Ihr Kunde versteckt. Psychologisch gesehen, handelt es sich um einen Fluchtversuch, zumindest aber eine rein emotionale Reaktion, die ihren Ursprung häufig in Angst oder (falsch verstandener) Höflichkeit hat. Vorwänden können Sie daher nicht mit rationalen Argumenten begegnen. Ihr Kunde würde sich ertappt und unter Druck gesetzt fühlen – Sie müssten dann mit verärgerten Reaktionen rechnen, die zu einer nur mit großer Mühe zu beseitigenden Gesprächsblockade oder gar zum Gesprächsabbruch führen können. Hier ist Ihre verkäuferische Sensibilität und Empathie gefragt!

Einwände sind Argumente gegen Ihr Angebot, die manchmal auf fehlenden oder falsch verstandenen Informationen beruhen. In so einem Fall handelt es sich also um Kaufsignale Ihres Kunden, die Sie bei richtiger Interpretation geschickt nutzen können. Nach der entsprechenden Klärung der Situation spricht meist alles für den Abschluss und eine echte Partnerschaft mit Ihrem Kunden.

Einwand ist nicht gleich Einwand

- Einen *sachlich gerechtfertigten Einwand,* der also in einem Detail Ihres Angebots begründet ist, sollten Sie zunächst auf seine Stichhaltigkeit gründlich prüfen. Sollte er tatsächlich zutreffen, bleibt Ihnen nur die Möglichkeit, ihn für sich selbst zu bestätigen und sofort zu versuchen, die momentan rationale Gefühlsebene zu verlassen und diesen objektiven Nachteil durch fünf Vorteile auf der Gefühlsebene Ihres Kunden auszugleichen, soll heißen: seine emotionalen Bedürfnisse verstärkt anzusprechen, zum Beispiel, indem Sie ihm einen individuellen, konkreten Nutzen Ihres Angebots visualisieren, „ausmalen“: „Stellen Sie sich mal vor ...“
- Bei einem *subjektiv gerechtfertigten Einwand* hat der Kunde von seinem Standpunkt aus betrachtet Recht. In so einem Fall sollten Sie ihn bestätigen, allerdings ohne auch nur einmal „Ja“ zu sagen – vielmehr sollten Sie Ihre Gegenargumente ausspielen, und zwar, indem Sie diese mit einer offenen Frage neu einleiten.
- Ein *durch Dritte geprägter Einwand* ist als Klischee über Ihr Unternehmen, über Ihr Produkt oder gar über Sie selbst kaum mit rationalen Argumenten direkt zu widerlegen. Stellen Sie daher diesen Einwand am besten zurück und entwickeln Sie dezent Ihre eigene Argumentation weiter.

- Mit einem *unsachlichen Einwand* will Sie Ihr Kunde in die Enge treiben – vermutlich, weil zu viele Missverständnisse aufgetreten sind. Versuchen Sie deshalb, das Gespräch neu aufzurollen. Streiten Sie nicht, sondern suchen Sie nach neuen und positiven Ansatzpunkten.
- Der *Geltungseinwand* wird meist von arroganten Besserwissern oder schulmeisternden Kunden vorgebracht: Betrachten Sie die Äußerung als Belebung, lächeln Sie leicht, nehmen Sie die „Argumente" mit Humor, steigen Sie aber auf keinen Fall in die Diskussion ein, die Ihr Kunde jetzt anzetteln möchte. Geben Sie in für Sie unwichtigen Fragen nach, verhalten Sie sich großzügig!

Einwände identifizieren

Die Differenzierungsstrategie und ihre Technik der hypothetischen Frage hilft Ihnen herauszufinden, welcher Art das Argument Ihres Kunden ist. Ohne diese absolut notwendige Qualifizierung verpufft Ihre eigene noch so clever ausgetüftelte Gesprächsstrategie wirkungslos, wenn Sie nicht berücksichtigen, ob eine Bedingung, ein Vorwand oder ein Einwand vorliegt.

Hypothesen sind Annahmen, Denkmodelle, die uns in eine Vorstellungswelt führen und Begründungen und Antworten liefern, warum wir etwas tun oder unterlassen sollten. Nutzen Sie diesen Mechanismus für Ihre Verkaufsgespräche, um Ihren Gesprächspartnern die Sicherheit zu geben, die richtige Kaufentscheidung zu treffen:

Zunächst präsentieren Sie Ihrem Kunden mit Formulierungen wie „Angenommen ...", „Setzen wir einmal voraus ...", „Stellen Sie sich einmal vor ...", „Malen Sie sich einmal aus ...", „Führen Sie sich einmal vor Augen ...", „Gesetzt den Fall, dass ... ", „Nehmen Sie einmal an ...", „Legen Sie einmal zu Grunde ..." einen „Als-ob-Zustand", eine sozusagen virtuelle Situation, die zwar (momentan) nicht der Realität entspricht, Ihrem Kunden aber „ein gutes Gefühl" gibt.

Im zweiten Schritt stellen Sie die Verbindung von dieser angenommenen Situation zu Ihrem Angebot mit Formulierungen wie „Nur ein Gedanke ....", „Nur eine Annahme ..", „Nur eine Idee ...", „Nur ein Planspiel ..." her.

Beispiel:

Kunde: „Ich kann diese Maschine nicht kaufen, dazu fehlt mir das Geld."

Verkäufer: „Nehmen wir einmal an, Ihnen stehen die finanziellen Mittel zur Verfügung ..."

Kunde: „Genau genommen würde ich auch nicht Ihre Maschine kaufen."

Verkäufer: „Dann gibt es noch einen weiteren Grund?" (alternativ: „Was brauchen Sie noch für diese Entscheidung?")

Dieser Beispieldialog zeigt, wie wichtig es ist, in der letztgenannten Frage keinesfalls zusätzliche Lösungsvorschläge anzubieten: Würden Sie an dieser Stelle direkt nach dem „wahren" Grund fragen („Und was stört Sie jetzt wirklich an unserem Angebot?" oder schlimmer: „Dann war Ihr knappes Budget also nur vorgeschoben?"), würden Sie Ihren Kunden bloßstellen, die Situation unnötig emotionalisieren und sich selbst den Weg zum eigentlichen Motiv (der Blockade) Ihres Kunden versperren. Formulieren Sie dagegen die Frage wie im Beispiel offen, sozusagen aus einer abwartend-freundlichen Haltung heraus, die ein echtes Interesse am Thema Ihres Kunden signalisiert, wird er schon von selbst mit der „Wahrheit rausrücken": „Ihre Maschine wurden in den letzen Testberichten eher negativ beurteilt."

Auf diese Weise haben Sie das Argument des knappen Budgets als Vorwand „enttarnt" und die Möglichkeit, den „echten" Einwand der negativen Berichterstattung rational mit Ihrem Produkt-Know-how sowie Ihren Markt- und Wettbewerber-Kenntnissen zu bearbeiten.

Experten-Tipp

Notieren Sie sich Ihre eigenen Hypothesen zu den Vor- und Einwänden, die Ihnen immer wieder in Ihren Verkaufsgesprächen begegnen. Verinnerlichen Sie diese Formulierungen – allerdings, ohne Sie auswendig zu lernen, um sie auch situationsgerecht zu variieren. Hypothesen können Sie übrigens auch als Argumentationshilfe für Ihre Präsentation und als Abschlusstechnik nutzen.

Die Ängste Ihres Kunden

Wodurch entstehen Einwände und Vorwände? Einwände und Vorwände sind in der Regel Signale des grundsätzlichen Interesses Ihres Kunden und seines möglichen Informationsdefizits – oft genug aber auch ein Ausdruck seiner Angst:

- *Angst vor Veränderung:* Dabei handelt es sich um eine weitverbreitete Angst, die sich nicht nur im Beruf zeigt, sondern in allen Lebensbereichen. Veränderung bedeutet, Vertrautes aufzugeben und sich mit Neuem auseinander zu setzen, das wir nicht kennen. So vermeidet Ihr Kunde es beispielsweise, seinen Lieferanten zu wechseln, weil er befürchtet, die „Sicherheit", die ihm dieser hinsichtlich Termintreue, Lieferkonditionen oder Service bietet, zu verlieren.
- *Angst vor späteren Kosten:* Gerade bei langfristigen Entscheidungen (Investitionsgüterbereich) quält Ihren Kunden die Frage nach möglichen Folgekosten, weil unbekannte Faktoren eine hundertprozentige Sicherheit in dieser Hinsicht verhindern.
- *Angst vor dem falschem Zeitpunkt:* Ärger, schlechte Stimmung, Zeitnot und Sorgen sind Stressfaktoren, die die Befürchtung verursachen, zu einem falschen Zeitpunkt eine wichtige Entscheidung zu fällen – bewahren Sie also Ihren Kunden davor, lieber auf bessere Zeiten warten zu wollen!
- *Angst vor dem Angebot:* Ihr Kunde hat Zweifel, ob Ihr Angebot tatsächlich seinen Bedürfnissen entspricht. Tritt diese Situation auf, haben Sie es versäumt, in der Anfangsphase des Verkaufsgesprächs die genauen Bedürfnisse, Wünsche und Motive Ihres Kunden zu ergründen und diese dann mit einem passenden, weil individuell zugeschnittenen Angebot zu verknüpfen.
- *Angst wegen schlechter Erfahrung:* Aus Enttäuschung darüber, dass eine getroffene Entscheidung zu einem schlechten Ergebnis geführt hat, versucht Ihr Kunde, vergleichbare Situationen zu vermeiden. So hat er zum Beispiel mit einem früheren Lieferantenwechsel schlechte Erfahrungen gemacht und hält nun an seiner bisherigen Geschäftsbeziehung fest, trotz der objektiven Vorteile, die Sie ihm mit Ihrem Angebot bieten.
- *Angst vor (fehlender) Kompetenz:* Empfindet sich Ihr Kunde gerade im Vergleich mit Ihnen inkompetent, beschleicht ihn die Angst, Sie könnten ihn „über den Tisch ziehen". Spürt Ihr Kunde hingegen, dass Sie

deutliche fachliche und/oder soziale Kompetenzdefizite haben, fühlt er sich bei Ihnen nicht sicher, nicht „aufgehoben".

- *Angst vor Beeinflussung:* Ihr Kunde blockt ab aus Angst, von massiven Werbeaussagen, übereifrigen Verkäufern und zu vielen positiven Aussagen manipuliert zu werden – diese bewirken genau das Gegenteil von dem, was sie eigentlich bezwecken sollen!

Ihre rationalen Argumente helfen Ihnen in solchen Situationen nicht weiter, lassen Sie daher „Angstzustände" Ihres Kunden gar nicht erst entstehen: Wecken Sie seine positiven Emotionen, indem Sie eine Verbindung zwischen seinen Bedürfnissen und Ihrem Angebot herstellen. Die Ängste Ihres Kunden sind stark mit seiner Motivstruktur verknüpft, und das bedeutet für Sie: Wenn Sie seine Ängste respektieren und zu verstehen versuchen, werden Sie auch seine Motive noch besser in seinen persönlichen, individuellen Nutzen übersetzen.

Wie auf Einwände reagieren?

Sie haben Bedingungen, die objektiv gegen Ihr Argument sprächen, ausgeschlossen und eventuelle Vorwände enttarnt? Gratulation! Dann können Sie endlich mit der *Einwand*behandlung loslegen! Die Palette Ihrer entsprechenden verkäuferischen Möglichkeiten ist nahezu unbegrenzt; Sie können (und sollten) jedoch verbale Antwortstrategien und nonverbale Verhaltensstrategien miteinander kombinieren.

Nonverbale Verhaltensstrategien

Achten Sie auf Ihre körpersprachlichen Signale! Versuchen Sie, sich Ihrer Wirkung auf Ihren Kunden hinsichtlich Gestik und Mimik bewusst zu werden und diese zu steuern. Insbesondere die Übereinstimmung zwischen dem, was Sie sagen, der Art und Weise, wie Sie sich bewegen (Offene Körperhaltung? Wo haben Sie Ihre Hände? Sind Ihre Handinnenflächen für Ihren Kunden zu sehen?) und Ihrem Blick (Schauen Sie Ihren Kunden an? Ziehen Sie Ihre Stirn kraus?) sind für die Überzeugungskraft Ihrer Argumente in dieser kritischen Phase von entscheidender Bedeutung.

Um sich selbst und damit auch die Gesprächssituation unter Kontrolle zu behalten, ist es absolut notwendig, die eigenen Emotionen im Griff zu haben: Wenn Sie einem Einwand Ihres Kunden auf der Gefühlsebene begegnen, besteht die Gefahr, dass Sie emotional „zurückschießen" und so Ihren Kunden treffen. Betrachten Sie seinen Einwand immer als berechtigte Frage, um das Gespräch ohne emotionalen Ballast Ihrerseits weiterzuführen.

Gerade in Gesprächsphasen, in denen Sie mit Einwänden rechnen müssen, ist es daher besonders wichtig, zwischen Inhalts- und Gefühlebene zu unterscheiden. Nehmen Sie den Einwand auf der Inhaltsebene entgegen und betrachten Sie ihn als Frage des Kunden, als noch fehlende Information. Kommen Sie zu dem Schluss, dass Ihr Angebot (noch) nicht ganz mit den Bedürfnissen Ihres Kunden übereinstimmt, verhindern Sie so, dass Sie sich persönlich angegriffen fühlen, und sind in der Lage, sachlich zu reagieren.

Wichtiger „Nebeneffekt": Haben Sie Ihre eigenen Emotionen im Griff, sind Sie flexibel genug, die Ihres Kunden im Auge zu behalten und adäquat darauf zu reagieren. Auch in dieser Hinsicht sollten Sie also zwischen Inhalts- und Gefühlsebene unterscheiden, um Ihren Kunden bei der Einwandidentifikation nicht bloßzustellen, sondern um vielmehr mit Formulierungen, die „gute Gefühle" in Ihrem Kunden hervorrufen, eine positive Gesprächatmosphäre im Gespräch zu halten oder herzustellen.

Experten-Tipp

Durch aktives *Hin*hören schenken Sie Ihrem Kunden die Wertschätzung, die er sich wünscht und erwartet. Geben Sie ihm das „gute" Gefühl, dass er mit seinen Bedenken bei Ihnen gut aufgehoben ist und dass Sie gemeinsam mit ihm an einer ganz individuellen Lösung seiner (scheinbar) spezifischen Anforderungen intensiv arbeiten.

- Lassen Sie ihn auf jeden Fall in Ruhe aussprechen. Beobachten Sie, wie und wohin er bei seiner Einwandformulierung schaut. Weicht er Ihrem Blick aus oder schaut er Ihnen fest in die Augen? Wie ist sein Stimme? Spricht er klar und deutlich oder eher leise, schnell und hastig oder ist sein Sprechtempo seinem Anliegen angemessen?
- Signalisieren Sie ihm durch Blickkontakt und Notizen, dass Sie seine Argumente ernst nehmen, hören Sie ihm aufmerksam zu, um (weitere) Informationen für Ihre Antwort bzw. Ihren Lösungsvorschlag zu sammeln.

Verbale Reaktions- und Antwortstrategien

Das Wichtigste vorab: *Vermeiden Sie Widerspruch!* Mit Widerspruch oder Verteidigung erhöhen Sie nur den Druck auf Ihren Kunden, der sich dann in emotionalen Reaktionen Luft macht. Besser, weil effektiver, ist die dezente Anerkennung (DEA), mit der Sie ohne Bewertung den Einwand des Gesprächspartners annehmen: „Sie sprechen einen wichtigen Punkt an ...", „Sie kennen sich gut mit dem Thema aus ...". Lob und Anerkennung sind ja bekanntlich wichtige Nahrung für die Seele, die in unserer schnelllebigen Gesellschaft meist viel zu kurz kommt. Überraschen Sie also Ihren Gesprächspartner, wenn Sie seinen Einwand mit positiver Anerkennung quittieren. Wichtig: Ihr Lob muss ehrlich gemeint sein und von Herzen kommen!

Kundenaussagen wiederholen bzw. paraphrasieren: Besonders bei komplexen Themen ist es wichtig, dass Sie mit Ihren eigenen Worten wiederholen, was Sie von den Argumenten und Einwänden des Kunden verstanden haben – nur so stellen Sie sicher, dass Sie genau auf den Punkt antworten, der noch geklärt werden muss. Auch übertrieben formulierten Einwänden sollten Sie sachlich begegnen: Mit dem *kontrollierten Dialog* vermeiden Sie Missverständnisse, die erst spät – oder: worst case – gar nicht erkannt werden und deren Klärung wertvolle Zeit kostet. Mit dieser Technik können Sie darüber hinaus Dauerredner disziplinieren.

Vier Grundregeln des erfolgreich kontrollierten Dialogs

- Lassen Sie Ihren Gesprächspartner aussprechen und hören Sie aktiv hin.
- Solange Ihr Gesprächspartner spricht, konzentrieren Sie sich allein auf seine Ausführungen.
- Wiederholen Sie Ausführungen Ihres Gesprächspartners mit eigenen Worten in verkürzter Form bzw. fassen Sie diese zusammen. Beispiele für die Einleitung: „Sie sind der Meinung, dass ...", „Habe ich Sie richtig verstanden, ..", „Sie suchen eine Lösung ...", „Ich habe Sie so verstanden ...", „Sie stellten fest ..."
- Warten Sie die positive Bestätigung Ihrer Zusammenfassung ab, bevor Sie Ihre Antwort formulieren.

Abfedern: Sie zeigen Verständnis für die Emotionen Ihres Kunden und identifizieren sich mit dessen Themen und Fragen: „Ich verstehe, was Sie sagen, Herr Kunde, was kann ich also tun, um ...?"

Korkenzieher: Manchmal fällt es einfach schwer nachzuvollziehen, wie ein Kunde zum genannten Einwand kommt. In so einem Fall ist es wichtig herauszufinden, welches Kaufmotiv, das wir vielleicht noch nicht kennen, hinter dem Einwand verborgen liegt: „Aus welchem Grund ist genau dieser Punkt so wichtig für Sie?"

Wertefrage: Ziel dieser Technik ist es, dass Ihnen der Kunde die Punkte nennt, die er als Einwandbehandlung akzeptieren kann. So gelingt es Ihnen, Ihre Antwort mit den Argumenten Ihres Kunden zu formulieren.

> *Beispiel:*
>
> *Kunde:* „Mit der letzten Maschine hatten wir zu Beginn große Probleme."
>
> *Verkäufer:* „Wenn Sie der Hersteller wären, welche Punkte hätten Sie verändert, um diese Schwierigkeiten abzustellen?"

Die Punkte, die Ihr Kunde jetzt nennt, greifen Sie nun für Ihre Einwandbehandlung auf. Sie erreichen dadurch, dass er seine Meinung wiedererkennt. Sie steigern damit den Erfolg Ihrer Argumentation, denn Sie stellen sicher, dass Sie den Vorstellungen Ihres Kunden nahe sind – es fällt ihm leicht, seinen Standpunkt positiv zu ändern: Auf diese Weise motivieren und aktivieren Sie ihn zum Selbstkauf!

Nutzenmaximierung: Gerade in Preisgesprächen hat sich diese Form der Einwandbehandlung bewährt. Sie zählen die persönlichen Nutzen und Vorteile auf, die Ihr Kunde durch Ihr Produkt erhält, und lassen sich diese von ihm bestätigen. So entsteht eine Mehrwert-Kette, die den Einwand Ihres Kunden deutlich abschwächt/relativiert.

Schwarz auf weiß: Setzen Sie diese Technik ein, wenn Ihr Gesprächspartner Sie mit immer wieder neuen Einwänden konfrontiert. Nehmen Sie ein Blatt Papier und fragen Sie den Kunden nach den Punkten, die für ihn erfüllt sein müssen, damit er eine Entscheidung trifft. Notieren Sie alle Einwände und Fragen und bearbeiten Sie diese nacheinander. Markieren Sie sichtbar für Ihren Kunden jeden Punkt, den Sie für ihn positiv geklärt haben, mit einem „OK". Effekt: Ihr Kunde sieht schwarz auf weiß, dass alle seine Fragen und Einwände stichhaltig beantwortet wurden. Sie wirken damit dem Motto „Glaub' nicht alles, was du hörst" entgegen und geben Ihrem Kunden stattdessen das Gefühl, dass alles stimmt, was Sie beide gemeinsam besprochen haben.

Poker oder Joker? Die Joker-Frage sollten Sie einsetzen, um herauszufinden, ob der Kunde pokert bzw. blufft oder ob er es ernst mit seinem Interesse an Ihrem Angebot meint. Besonders wenn Ihr Kunde sehr viele Einwände bringt, stellen Sie, bevor Sie zum Beispiel mit der Schwarz-auf-weiß-Technik die Einwände bearbeiten, die Joker-Frage: „Herr Kunde, nehmen wir an, Sie werden sich gleich selbst überzeugen, dass wir Ihre Fragen beantworten und gut lösen werden, kann ich Sie dann zu meinen Kunden zählen (alternativ: ... machen wir dann Nägel mit Köpfen? ... kann ich Sie dann als Kunden begrüßen? ... habe ich Sie dann als Kunden gewonnen)?"

Freunde schaffen: Bei mehreren Gesprächspartnern versuchen Sie herauszufinden, wer aus dieser Kundenrunde für Ihr Angebot offen ist bzw. wen Sie schon auf Ihrer Seite haben. Diesen „Freund" aktivieren Sie dann für Ihre Sache – er hilft Ihnen dabei, seine Kollegen zu überzeugen.

Der neutrale Zeuge: Manchen Kunden fällt es oftmals schwer, Ihre Angebote als „Wahrheit" zu akzeptieren – beziehen Sie sich in dieser Situation auf einen vergleichbaren Fall und untermauern Sie Ihre Lösung mit einem „neutralen Zeugen": Damit geben Sie Ihrem Kunden auch das Gefühl, sich mit seiner Entscheidung in guter Gesellschaft zu befinden.. „Herr Kunde, die gleiche Situation stellte sich uns ... und wurde folgendermaßen gelöst ..." Halten Sie stets (zusätzliche) Unterlagen wie Referenzen zufriedener Kunden, Dokumentationen, Presseberichte, Tests etc. bereit!

Kein Bauchladen: Wenn Sie aufgrund der Einwände Ihres Kunden feststellen, dass Ihr Angebot nicht optimal auf seine Bedürfnisse abgestellt ist bzw. Sie ihm ein anderes Produkt anbieten müssen, haben Sie seine Wünsche und Motive nicht ausreichend analysiert – jetzt gilt es, nachzuarbeiten und seine Einwände in Ihrem neuen Angebot zu berücksichtigen. Aber Vorsicht! Legen Sie Ihrem Kunden nicht zu viele Angebote vor, sonst fühlt er sich überfordert und schlecht beraten, schließlich erwartet er eine kompetente und passende Lösung und keinen Tante-Emma-Laden.

Schlüssel-Schloss-Prinzip bzw. Umkehrmethode: Aus dem Einwand des Kunden formulieren Sie einen Vorteil oder sogar einen Nutzen für ihn. Ihr Kunde wird überrascht sein und neugierig auf Ihr Angebot!

Diese Technik ist besonders hilfreich bei klassischen Blockern schon zu Beginn der Akquise oder des Verkaufsgesprächs wie „Kein Interesse", „Keine Zeit", „Kein Bedarf", „Kein Geld", „Wir haben schon einen Lieferanten" etc.

Beispiel:

Kunde: „Das Geschäft läuft schlecht. Ich habe kein Geld, und das alte System funktioniert noch sehr gut."

Verkäufer: „Danke, dass Sie so offen über Ihre Situation sprechen. Damit Sie mit Ihrem neuen System in Zukunft Geld verdienen, genau deshalb bin ich hier. Welche Vorteile sehen Sie für sich in der Investition in eine neue Maschine?"

Visualisierung: Alles, was wir hören, setzt unser Gehirn in Bilder um, und diese wiederum erzeugen Gefühle. Das bedeutet: Mit der richtigen Wortwahl helfen Sie Ihrem Gesprächspartner, sich für Ihr Angebot zu entscheiden. Je bildhafter Sie sprechen, desto einfacher ist es, Ihnen zu folgen. Als Profiverkäufer sollten Sie daher einen Vorrat an rhetorischen Bildern haben, die Sie je nach Situation einsetzen: „den Nagel auf den Kopf treffen", „etwas macht Schule", „wissen, wo der Schuh drückt", „doppelt genäht hält besser", „zwei Fliegen mit einer Klappe schlagen" etc.

Be-greifen kommt von greifen: Sollten Sie die Möglichkeit dazu haben, dann lassen Sie doch Ihren Kunden einen „Praxis-Test" mit Ihrem Produkt durchführen, damit er sich selbst vom Wahrheitsgehalt Ihres Angebots überzeugen kann. So beugen Sie seinem – nicht ausgesprochenen – Einwand vor, nicht alles glauben zu wollen, was einem erzählt wird. Vielmehr kann er sich sagen: „Ich habe es selbst erlebt." Wenn Ihre Argumentation auf das Preis-Leistungs-Verhältnis Ihres Angebots abstellt, sollten Sie Ihren Kunden zu eigenen Beispielrechnungen ermutigen, damit die Preisvorteile zum Greifen nah sind!

Nein-Ja-Technik: Mit dieser Taktik können Sie abklären, ob Sie zum Beispiel unter veränderten Rahmenbedingungen und/oder mit der Aussicht auf einen Vorteil/Nutzen Ihren Kunden doch noch „ködern" können.

Beispiel:

Kunde: „Immobilien interessieren mich nicht."

Verkäufer: „Sagen Sie generell ‚Nein'? Oder sagen Sie ‚Ja', wenn Sie sicher sind, dass Sie später eine entsprechende Rendite erzielen werden?"

Folgende Techniken sollten Sie nur sehr sparsam und mit viel Fingerspitzengefühl einsetzen, sonst laufen Sie Gefahr, dass sich Ihr Kunde überrumpelt oder ignoriert fühlt und entsprechend verärgert reagiert:

Überspringen: Sie bestätigen den Einwand Ihres Kunden, lassen ihn aber unbeantwortet im Raum stehen, um gleich zu seinem nächsten Vorteil überzugehen.

Steter Tropfen: Wiederholen Sie mehrmals Ihren eigenen Standpunkt durch zusätzliche Behauptungen, bis Ihr Kunde bereit ist, ihn zu akzeptieren.

Zersetzen: Durch wiederholte Nachfragen schwächen Sie die Einwände Ihres Kunden nach und nach ab, sodass sie sich quasi von selbst erledigen. Das funktioniert aber nur, wenn Sie sofort einen konkreten Vorteil „nachschieben", um einer unangenehmen Pause vorzubeugen, in der sich bei Ihrem Kunden das Gefühl einstellen könnte, sein Anliegen sei nicht verstanden oder gar ernst genommen worden.

Aus Nein mach Ja

Ein „Nein" Ihres Kunden ist in der Regel keine endgültige Entscheidung, sondern sein stärkster Einwand. Ihr Kunde signalisiert mit seinem „Nein", dass er noch nicht überzeugt ist – dann helfen Sie ihm dabei, sich selbst von den Vorteilen Ihres Angebots zu überzeugen – und zwar nicht, indem Sie es widerlegen, sondern es beantworten!

Manchmal kann Ihr Kunde seinen Einwand nicht exakt definieren oder formulieren, oder seine Unlust, sich mit Neuem auseinander zu setzen, fordert geradezu Ihre Hilfe heraus. So gesehen, gibt Ihnen ein „Nein" Ihres Kunden die Chance, Ihre verkäuferischen Fähigkeiten unter Beweis zu stellen.

Als Verkäufer müssen Sie daher das Selbstvertrauen und den Mumm haben, um für Ihr Produkt zu kämpfen. Lassen Sie sich nicht einschüchtern, werden Sie nicht nervös, verlieren Sie nicht Ihre Beherrschung. Zeigen Sie stattdessen stets Begeisterung und eine positive Einstellung – und vor allem: Bringen Sie Ihrem Kunden echtes Interesse und Respekt entgegen.

Die Sokrates-Schiene

In den platonischen Dialogen baut Sokrates seine Beweisführung stets so auf, dass seine Gesprächspartner auf seine (geschlossenen) Fragen immer nur mit „Ja" antworten (können) – solange, bis er das ursprüngliche Argument seines Diskussionspartners vollständig widerlegt und ihm sein eigenes Gegenargument praktisch in den Mund gelegt hat.

Die Sokrates-Schiene war jahrelang Standardprogramm sämtlicher Verkaufsseminare und wurde entsprechend überzogen trainiert. Durchschnittsverkäufer wenden sie allerdings auch heute noch an, obwohl ihre Wirkung schon längst verpufft ist, denn unsere Kunden lassen sich nicht mehr derart aufs Glatteis führen

Die so genannte Ja-Frage als Kontrollfrage, um festzustellen, dass Sie Ihren Kunden auch wirklich verstanden haben, ist jedoch nach wie vor legitim und nützlich.

Die häufigsten Vorwände und Einwände

Als aufmerksamer Verkäufer wissen Sie, welche Argumente bzw. Einwände in Ihren Verkaufsgesprächen und Verhandlungen häufig genannt werden. Auf diese Einwände, meist drei, sollten Sie sich besonders gut vorbereiten und diese dann im Gespräch ganz offensiv selbst ansprechen – vergessen Sie nicht: Wer fragt, der führt.

1. Schritt: „Sie haben sich sicher schon die eine oder andere Frage gestellt."

2. Schritt: „Eine Frage könnte sein, ... Eine andere Überlegung könnte ... oder ... betreffen? (An dieser Stelle bauen Sie die drei Einwände, die von Ihren Kunden in der Regel vorgebracht werden, positiv formuliert ein.)

3. Schritt: „Herr Kunde, welche dieser drei Fragen ist für Sie zunächst die entscheidende?"

Die Vorteile der Technik der *Einwand vorwegnehmenden Aktion (EVA)* für Ihre weitere Gesprächsführung liegen auf der Hand:

- Durch Ihre Vorbereitung bauen Sie aktiv Ihre Angst vor den Argumenten bzw. Einwänden Ihres Kunden ab.
- Sie entscheiden, wann Sie diese Einwände ins Spiel bringen, und behalten so die Zügel der Gesprächsführung in der Hand.
- Sie machen Ihren Kunden auf weitere Vorteile Ihres Angebots aufmerksam, indem Sie die Einwände positiv wenden.
- Ihr Kunde fasst (zusätzlich) Vertrauen zu Ihnen, weil Sie seine Bedenken von selbst aufgreifen und für ihn „mitdenken".
- In den Augen Ihres Kunden sind Sie ein geradliniger, „berechenbarer" und daher vertrauenswürdiger Verkäufer.

Experten-Tipp

Prüfen und aktualisieren Sie laufend die Einwände Ihrer Kunden mit der EVA-Technik, um nicht unprofessionell zu erscheinen, wenn Sie Einwände vorwegnehmen, die für Ihre Kunden schon längst nicht mehr von entscheidender Bedeutung sind.

Einwand: „Zu teuer"

Der Durchschnittsverkäufer bearbeitet dieses „Totschlagargument" als rationalen Einwand und verteidigt seinen Preis mit logischen Argumenten – dabei wissen wir doch, dass unser Verstand nachträglich unsere Gefühlsentscheidungen begründet: Entscheidend ist also die Intensität des Gefühls Ihres Kunden – wenn sein Wunsch, das Produkt zu haben, groß genug ist, wird er den Preis akzeptieren und auch im Nachhinein eine rationale Begründung für diesen Wunsch suchen und finden.

Doch die meisten Verkäufer ignorieren die Notwendigkeit (und Chance), Ihren Kunden auf der Gefühlebene anzusprechen und geben schon nach zwei bis drei Anläufen der rationalen Einwandbehandlung auf, häufig aus diesem Gedanken heraus: „Ich wusste es ja von vornherein, dass wir zu teuer sind – der Kunde bestätigt es uns ja schließlich auch!" Verbannen Sie diese sich selbst erfüllende Prophezeiung aus Ihrem Kopf, denn sonst bringen Sie sich damit selbst um den Lohn Ihrer harten Arbeit!

Stattdessen sollten Sie ganz *selbstbewusst mit dem eigenen Angebot umgehen*. Nur wenn Sie davon überzeugt sind, dass Ihr Angebot seinen Preis wert ist und Sie dies dem Kunden auch deutlich zeigen, wird es für ihn so attraktiv, wie es Ihr Angebot auch wirklich verdient! Ihre Aufgabe ist es, die Leistung und die persönlichen Nutzen für Ihren Kunden herauszustellen, denn entscheidend für die Kraft Ihrer Aussage ist Ihre eigene Überzeugung.

Beispiel:

Verkäufer: „Herr Kunde, es stimmt, dass wir ein hohes Niveau haben, dafür bekommen Sie auch etwas wirklich Ausgezeichnetes und Wertvolles. Wie wichtig ist Ihnen ein hohes Leistungsniveau?"

(Unabhängig davon, was Ihr Kunde jetzt erwidert, fahren Sie fort:)

Verkäufer: „Dafür erhalten Sie ..." oder „Ja, richtig, Herr Kunde, der Wert, den Sie dafür bekommen ..." oder „Ja richtig, Herr Kunde, es ist sehr wertvoll und bringt Ihnen ...", „Richtig, es ist nicht billig, denn Sie erhalten dafür ..." (Jetzt folgt die Darstellung Ihrer kundenspezifischen Lösung, des individuellen Nutzens Ihres Angebots für Ihren Kunden.)

Sie können darüber hinaus den Wert Ihres Angebots zusätzlich unterstreichen und auf diese Weise das Preis-Leistungs-Verhältnis zu Gunsten Ihres Kunden verschieben: Verweisen Sie zum Beispiel auf

- die hohe Qualität und die Langlebigkeit Ihres Produkts,
- die entscheidenden Vorteile, die es speziell Ihrem Kunden bietet,
- den umfassenden Service,
- die Garantieleistungen,
- die starke Nachfrage – wenn es sich anbietet („Wenn so viele Kunden das Produkt kaufen, muss es doch wohl genug Vorzüge haben, die diese Investition rechtfertigen") etc.

Beweisen Sie Standfestigkeit: Verhandlungsprofis unter den Einkäufern wollen Verkäufer oftmals nur testen, das heißt, sie sind eigentlich vom Angebot überzeugt, doch sie wollen sehen, ob der Verkäufer standhaft bleibt oder „umfällt", wenn sie Preisdruck ausüben – oft genug mit der Folge, dass ein hemmungsloses Feilschen einsetzt, bei dem Sie letztlich nur verlieren können. Wenn Sie sich also auf einem Bazar nicht besonders wohl fühlen, dann schaffen eine Verbindung zwischen Preis, Qualität und Leistung Ihres Angebots. Ihr Kunde wird Ihnen zusätzliche wichtige Informationen zu seinen Wünschen und Vorstellungen preisgeben – nutzen Sie diese Informationen, indem Sie diese Wünsche so intensivieren, dass Ihrem Kunden nur Ihr Angebot als Lösung erscheint!

Beispiel:

Verkäufer: „Herr Kunde, eine Entscheidung ist nur dann eine gute Entscheidung, wenn die Investition im richtigen Verhältnis zu Qualität und Leistung steht. Wie wichtig ist Ihnen die Qualität?"

(Unabhängig davon, was Ihr Kunde jetzt antwortet, fahren Sie folgendermaßen fort:)

Verkäufer: „Dafür bekommen Sie ..." (Hier führen Sie den Nutzen für Ihren Kunden auf.)

Stellen Sie die Einzigartigkeit Ihres Angebots heraus: Betonen Sie die besondere Individualität Ihres Angebots für den (persönlichen) Nutzen Ihres Kunden. Dieser Ansatzpunkt schafft sofort wieder eine Verbindung zu Qualität und Leistung Ihres Angebots und baut so den Preisdruck ab, den Ihr Kunde auf Sie ausübt!

Beispiel:

Kunde: „Qualität und Leistung stimmen bei Ihren Wettbewerbern aber auch."

Verkäufer: „Herr Kunde, sehen Sie das im Bezug auf ... oder auf ... ?"

(Hier setzen Sie zwei persönliche Vorteile Ihres Angebots für Ihren Kunden ein und nennen den Nutzen, der sich besonders gut darstellen lässt, ganz am Ende.)

Verkäufer: „Herr Kunde, welcher der beiden Punkte trifft für Sie den Nagel auf den Kopf?"

Visualisieren Sie den Nutzen: Die Technik der hypothetischen Frage aus der Einwandidentifizierung können Sie auch für die eigentliche Einwandbearbeitung nutzen, indem Sie ein in die Wunsch- und Vorstellungswelt des Kunden passendes Bild als Beispiel setzen und als Hypothese formulieren („Nehmen wir mal an ...", „Nur mal als Beispiel ...").

Gegenfragen wie „Kennen Sie ein Produkt, das Ihnen zu diesem Preis mehr Vorteile bietet? Auf welches Angebot bezieht sich Ihr Vergleich? Womit vergleichen Sie den Preis unseres Produkts?" sollten Sie wirklich nur dann einsetzen, wenn Sie sich absolut sicher sind, dass Sie Ihren Kunden damit nicht bloßstellen, weil Sie ihn „festnageln", in Zugzwang bringen. Wie schon für die drei Antwortstrategien „Überspringen", „Zersetzen" und „Steter Tropfen" gilt auch für Gegenfragen, dass Sie Ihren Kunden damit schnell in eine defensive Position bringen, auf die er unter Umständen mit wütenden Verteidigungsmaßnahmen reagiert, die sich nicht gerade positiv auf den weiteren Gesprächsverlauf auswirken dürften ... Hierzu erfahren Sie noch mehr am achten Trainingstag!

▸ Einwand: „Warum soll ich gerade Ihr Produkt kaufen?"

Mit dieser Frage bekundet Ihr Gesprächspartner sein echtes Interesse, will aber auf keinen Fall den Eindruck bei Ihnen erwecken, als sei er eine „leichte Beute", ein unkritischer Kunde, der leicht zufrieden zu stellen sei. So erwartet er weitere Kaufargumente von Ihnen, um sich schließlich doch (gern) von Ihnen überzeugen zu lassen. Tun Sie ihm doch den Gefallen! Nennen Sie drei wesentliche Vorteile Ihres Angebots und verweisen Sie dabei auf den individuellen Nutzwert Ihres Angebots, der sich daraus für ihn ergibt.

▸ Einwand: „Ich habe schon schlechte Erfahrungen mit Ihrem Unternehmen gemacht!"

Diesen Einwand sollten Sie sehr ernst nehmen! Notieren Sie sich die Reklamation (zum Beispiel unpünktliche Lieferung) ganz detailliert. Versichern Sie Ihrem Kunden, dass Sie sich umgehend persönlich um seine Beschwerden kümmern, überzeugen Sie ihn davon, dass diese dann auch abgestellt werden – und gehen Sie hundertprozentig sicher, dass Sie Ihre Zusage auch wirklich einhalten können, denn nichts merkt sich Ihr Kunde besser als ein gebrochenes Versprechen!

▸ Einwand: „Sie wollen ja nur verkaufen!"

Hier ist Ihr Selbstverständnis als Verkäufer gefragt! Gehen Sie offen(siv) mit dem um, was Ihren Beruf ausmacht: Verkaufen! Ihre Leitspruch sollte demnach lauten: „Guten Tag, ich bin Verkäufer und will Ihnen etwas verkaufen." Ihre Kunden schätzen Ehrlichkeit und Fairness, sie honorieren diese Aufrichtigkeit und Offenheit mit Vertrauen. Als Profiverkäufer betrachten Sie das Verhältnis zu Ihren Kunden als echte, gleichwertige, von gegenseitigem Respekt geprägte Partnerschaft. Es besteht also kein Grund, um den heißen Brei herumzureden oder herumzudrucksen – stimmen Sie Ihrem Kunden zu und arbeiten Sie auf Empfehlungen in seinem Bekanntenkreis hin!

▶ Einwand: „Ich muss es mir noch einmal überlegen!"

Hinter diesem Argument stecken häufig Überlegungen Ihres Kunden, wie er Ihr Angebot finanziert: Er hat also schon darüber nachgedacht, wie er Ihr Produkt/Ihre Dienstleistung konkret einsetzt – die Frage, *ob* er Ihr Angebot wahrnehmen möchte, ist somit bereits geklärt, nur das *Wie* bereitet ihm noch Kopfzerbrechen. Sprechen Sie ihn direkt darauf an und rechnen Sie ihm vor, wie schnell sich Ihr Produkt/Ihre Dienstleistung amortisiert. Die entsprechende Wirkung können Sie wiederum mit einer Hypothese verstärken: „Stellen Sie sich vor, das Produkt arbeitet bereits für Sie ... der Nutzen liegt auf der Hand: 1. ..., 2. ...., 3. ... .

Sollte Ihr Kunde dann noch immer zögern, dann machen Sie's doch mal wie *Inspektor Columbo:* Was hat denn der berühmte Fernsehkommissar mit Einwandbehandlung zu tun, fragen Sie? Antwort: Er spielt seine Trümpfe erst beim Hinausgehen aus ... Sie sind mit Ihrem Kunden nicht zu einer Einigung gelangt, packen – schweigend! – Ihre Unterlagen zusammen, sehen Ihrem Kunden dabei in die Augen, stehen auf, verabschieden sich („Überlegen Sie sich das Ganze noch mal ...") und sind bereits auf dem Weg zur Tür – plötzlich stoppen Sie und sagen: „Mir fällt da noch eine Lösung ein ..." Häufig lenkt Ihr Gesprächspartner schon ein, während Sie zusammenpacken und aufstehen, und entschuldigt sich für sein Zögern. Diese Technik eignet sich insbesondere für die Fälle, in denen Sie noch ein solches echtes (!) Ass im Ärmel haben – allerdings nur, wenn Sie es wirklich brauchen. Meine Teilnehmer berichten: „Es ist kaum zu glauben, aber es funktioniert hervorragend!"

Fazit: Gute Verkäufer freuen sich über Einwände

Die Einwände Ihres Kunden sind die besten Verkaufshilfen, die Sie sich vorstellen können, denn sie bilden Wegweiser zum Verkaufsabschluss. An ihnen erkennen Sie, wie weit Ihr Kunde noch von einer Zusammenarbeit mit Ihnen entfernt ist. Jetzt erweist es sich, ob Sie ausreichend Stehvermögen und (hartnäckige) Höflichkeit besitzen, um Ihren Kunden im Gespräch zu halten und letztlich von Ihrem Angebot zu überzeugen.

Auch hier gilt: Wer rastet, der rostet! Sie müssen Ihre Einwandbehandlung immer wieder trainieren und auf den neuesten Stand bringen, indem Sie sich die wichtigsten Einwände Ihrer Kunden notieren und aus der Erfahrung des eigenen Verkäuferalltags heraus die zündendsten Strategien und Antworten verinnerlichen. Nutzen Sie dabei die Mechanismen und die Psychologie der Einwandbehandlung, aber lassen Sie sich trotz Ihrer Erfahrung und Ihrer Kenntnisse – so verlockend es Ihnen auch erscheint –

keinesfalls auf einen „Kampf“ mit dem Kunden ein, denn diesen werden Sie nicht gewinnen – oder ist es Ihnen lieber, die Debatte zu gewinnen und den Auftrag zu verlieren?

Der Motivationskick für Ihre Einwandbehandlung!

Einwände sind wie Raubtiere – wenn Sie als Verkäufer Angst zeigen, greifen diese Raubtiere an! Seien Sie also ein souveräner Einwanddompteur!

Siebter Trainingstag

Den Kunden ins Ziel führen

Der elegante Abschluss – die Krönung Ihres Verkaufsgesprächs

Martin Limbeck

Herr Limbeck, aus welchem Grund wird von vielen Verkäufern die Frage nach dem Auftrag häufig als „schwer“ empfunden?

Martin Limbeck: Meist haben Verkäufer Angst vor einem „Nein“ ihres Kunden. Diese Furcht lässt die Abschlussfrage zu einem schier unüberwindbaren Hindernis werden. Darüber hinaus wird genau dieses Szenario zu wenig durchdacht, sodass die Chancen, die sich aus einem „Nein“ ergeben, völlig übersehen werden. Was also bringt uns weiter? Die optimale und konkrete Vorbereitung auf das Abschlussgespräch und eine große Zahl an Abschlussvarianten, die zum Ziel führen.

Welche Fehler machen Verkäufer Ihrer Erfahrung nach in der Abschlussphase besonders oft?

Limbeck: Nach wie vor fehlt den meisten Verkäufern die höfliche Hartnäckigkeit und die freundliche Führung des Kunden, um ihm als „Hebamme“ „Geburtshilfe“ beim Verkaufsabschluss zu leisten. Kunden testen gern noch einmal aus, ob der Verkäufer auch wirklich hinter seinem Produkt, seiner Dienstleistung und seinem Unternehmen steht – und diesem Test halten Verkäufer oft nicht stand.

Ist die „richtige“ Abschlusstechnik allein eine Frage der Gesprächstaktik oder auch der Persönlichkeit des Verkäufers?

Limbeck: Dies ist eine der wichtigsten Fragen! Beides ist wichtig. Ein Verkäufer, der nicht verkaufen will, wird den Kunden nicht überzeugen. Aber genau das ist entscheidend: Der Überzeugte überzeugt am besten – rhetorisch und persönlich! Das eine setzt das andere voraus: Gesprächstaktik und Persönlichkeit müssen absolut übereinstimmen!

Den Kunden ins Ziel führen

Der elegante Abschluss – die Krönung Ihres Verkaufsgesprächs

Der Abschluss beginnt bei der Kontaktaufnahme

Diese Situation kennen Sie sicher aus eigener leidvoller Erfahrung: Das Verkaufsgespräch lief bisher positiv, Sie und Ihr Kunde sind sich offenkundig sympathisch, die Präsentation haben Sie souverän hinter sich gebracht, Ihr Kunde scheint überzeugt davon, dass ihm Ihr Produkt die Vorteile und den Nutzen bringt, die er sich erwartet – soweit also ein geradezu mustergültiges Verkaufsgespräch mit Lehrbuchcharakter.

Aber trotzdem beschleicht Sie nun dieses Gefühl, das anfangs nur mulmig ist und sich dann zu einem riesigen Ungeheuer aufbläht: Die Abschlussphase im Verkaufsgespräch scheint zu einem unüberwindlichen Hindernis zu werden, vor dem Ihre verkäuferische Courage vollends kapituliert. Die Angst vor dem „Nein" Ihres Kunden scheint Sie plötzlich zu dominieren, Ihre Stimme zum Zittern zu bringen, Ihre Bewegungen fahrig werden zu lassen – obwohl Sie ihn doch ganz elegant bis zu diesem Punkt des Verkaufsgesprächs geführt haben. Der Tipp für den Kunden, Ihr Angebot „noch einmal zu überschlafen", macht sich in Ihrem Kopf breit, wird zur verführerischen Möglichkeit, der Frage nach dem Auftrag aus dem Weg zu gehen.

Doch Sie wissen es ja im Grunde besser: Alles, was Sie seit der Kontaktaufnahme, vor allem aber im Lauf des Verkaufsgespräches sagen oder tun, ist Teil des Abschlusses. Die Frage nach dem Auftrag ist somit nur die logische Konsequenz Ihrer Vorbereitung, Ihrer Verkaufs- und Gesprächsstrategie, die Sie ja speziell für diesen Kunden mit einem individuellen Angebot entworfen haben. Die Abschlussfrage ist nicht etwa ein riesiger, einmaliger Kraftakt am Ende des Verkaufsgesprächs. Nein! Sie führen Ihren Kunden Stufe um Stufe zum Auftrag, sein Autogramm ist ebenso selbstverständlich wie alle bisherigen Schritte Ihrer Verkaufsstrategie – und damit auch Ihre Frage nach seinem Auftrag.

Überspitzt formuliert: Sie treffen in der Abschlussphase die Kaufentscheidung für Ihren Kunden. Als guter Verkäufer sind Sie ja völlig überzeugt davon, dass er von Ihrem maßgeschneiderten Angebot nur profitieren kann. Warum also zögern Sie bei der Frage nach dem Auftrag? Sie haben Ihren Kunden geschickt bis zu diesem Punkt geführt, wieso wollen Sie diese Führung aus der Hand geben?

Auch hier gilt: Die Einstellung macht den Unterschied

Sie helfen Ihrem Kunden, eine vernünftige Entscheidung zu treffen. Vernünftig ist das, was Sie Ihrem Kunden ans Herz legen, denn Sie wollen doch das Beste für Ihren Kunden. Also müssen Sie Ihrem (zögernden) Kunden den notwendigen Anstoß geben, damit er auch den Auftrag erteilt. Ohne diesen sanften (Nach-)Druck bekommt Ihr Kunde nur das Gefühl, dass Sie nicht an sich selbst als Verkäufer und an Ihr Angebot glauben, denn Abschlusstechniken sind keine Hochdrucktechniken, sondern eine wirkliche Hilfe, mit der Sie eine Fehlentscheidung Ihres Kunden verhindern.

Sie entwickeln im Lauf des Verkaufsgesprächs gemeinsam mit Ihrem Kunden ein Konzept, eine Lösung für seinen ganz konkreten, individuellen Bedarf. Sie und Ihr Kunde sind nicht Gegner, sondern Partner. Dieser gemeinsame Abschluss entscheidet demnach nicht über Sieg oder Niederlage, sondern führt eine Partnerschaft herbei, von der Sie beide profitieren!

Gehen Sie optimistisch und selbstbewusst mit der Überzeugung in die Abschlussphase, den Kunden nicht ohne einen Auftrag zu verlassen. Dieses Selbstvertrauen verleiht Ihnen ein überzeugtes Auftreten, das dem Kunden Sicherheit und eine positive Einstellung vermittelt. Der Kunde erwartet diese Haltung, denn er möchte das Geschäft mit einem Sieger abschließen, der ihm das beste Produkt verkauft, und nicht mit einem kleinen Verkäufer, der Angst vor seinem Kunden und vor der Frage nach dessen Kaufentscheidung hat.

Der erfahrene Verkäufer hilft seinem Kunden, dessen Angst vor dem Kauf zu überwinden. Aber wie soll er denn diese Hilfe leisten, wenn er selbst Angst hat – Angst vor der Frage nach dem Auftrag, Angst, den Kunden zum Kauf aufzufordern? Glauben Sie an Ihr Angebot und den Abschluss und agieren Sie entsprechend. So wird sich bei Ihnen das Selbstvertrauen einstellen, mit dem Ängste vor dem Verlust des Auftrags gar nicht erst entstehen, die Sicherheit, die keine Verkrampfung, kein Zittern in der Stimme, keine fahrigen Bewegungen zulässt. Wir haben oft mehr Angst zu verlieren als Mut zu gewinnen!

Ihre selbstsichere Haltung bedeutet aber keineswegs, dass Sie von Ihren Kunden positive Kaufentscheidungen verlangen – das wäre vermessen und arrogant. Mit Ihrer selbstsicheren Haltung vermitteln Sie viel eher den Eindruck, den jeder Ihrer Kunden unausgesprochen von Ihnen erwartet: Dass Sie daran glauben, dass Ihr Produkt, Ihre Dienstleistung, Ihr Angebot die beste Lösung für seinen ganz individuellen Bedarf, die richtige Entscheidung für seine Hoffnungen, Ziele und Wünsche ist.

Experten-Tipp: Mit der richtigen Haltung in die Abschlussphase

- Überlegen Sie sich vor dem Verkaufsgespräch, wie Ihr Kunde auf Ihre Frage nach dem Auftrag bzw. auf Ihre Aufforderung zum Abschluss reagieren könnte! Legen Sie sich entsprechende Überzeugungsstrategien zurecht!
- Strahlen Sie Optimismus und Selbstvertrauen aus! Ihr Kunde wird es Ihnen mit einer positiven Einstellung zum Abschluss danken!
- Bleiben Sie locker! Ein Nein bedeutet nicht das Ende der Welt, ganz im Gegenteil: Sie wissen, dass es einen Verlust für Ihren Kunden darstellt, wenn er Ihr Angebot nicht wahrnimmt!
- Konzentrieren Sie sich allein auf Ihren Kunden! In dieser Phase ist er Ihr einziger, Ihr bester Kunde, dem Sie Ihre ganze Aufmerksamkeit schenken! Ihr Kunde spürt sofort, wenn Sie nicht mehr ganz bei der Sache sind und Ihre Gedanken abschweifen – so vermitteln Sie ihm allerdings den Eindruck, dass Sie sich keine Mühe geben und im Grunde genommen kein weitergehendes Interesse am Abschluss haben. Warum sollte dann Ihr Kunde ein Interesse daran haben?
- Bleiben Sie ruhig, beherrscht und entspannt, gleichgültig, ob die Reaktionen Ihres Kunden negativ oder positiv sind. Vermeiden Sie Überreaktionen, selbst wenn er Sie mit unfairen Argumenten aus der Reserve zu locken versucht oder wieder Einwände vorbringt, die Sie schon längst aus dem Weg geräumt geglaubt hatten, aber auch, wenn er deutliche Abschlusssignale aussendet und der Auf-

trag zum Greifen nah ist. Diese Gelassenheit hilft Ihnen, sofort offen und positiv auf die Signale Ihres Kunden einzugehen!

- Zeigen Sie Ausdauer und höfliche Hartnäckigkeit! Auch das beweist Ihrem Kunden, dass Sie von sich selbst, Ihrem Produkt und Ihrem Angebot überzeugt sind.

So führen Sie Ihren Kunden über die Ziellinie

Der Weg zum Abschluss führt beim Kunden immer über Emotionen: Hoffnungen, Träume, Ängste, Wünsche, Erwartungen. Die Macht unserer Gefühle ist größer als die unseres Verstandes, der in der Regel unsere „Bauchentscheidungen" nachträglich logisch begründet und sanktioniert.

Wenn Sie also bisher, insbesondere während Ihrer Präsentation, eher die sachlichen Argumente, die für Ihr Angebot sprechen, betont haben, sollten Sie spätestens jetzt auf die „Gefühlskarte" setzen.

Hypothese

Machen Sie Ihrem Kunden lustbetonte Vorschläge! Führen Sie ihm plastisch die Vorteile Ihres Angebots vor Augen! Malen Sie ihm eine hypothetische Situation aus, in der er schon von Ihrem Produkt profitiert: „Angenommen, Sie erhalten morgen einen Großauftrag, der Ihre jetzigen Kapazitäten sprengt – wie froh werden Sie sein, unsere Maschine schon zu haben ... "

Wie schon für die Einwandbehandlung können Sie den Effekt von Hypothesen – sie sind Annahmen, Denkmodelle, die Ihren Kunden in eine (gewünschte) Vorstellungswelt führen sowie Begründungen und Antworten liefern, warum er etwas tun oder unterlassen sollte – in der Abschlussphase nutzen, um Ihrem Gesprächspartner die Sicherheit zu geben, die richtige Kaufentscheidung zu treffen.

Durch so eine Hypothese führen Sie Ihren Kunden zur Erfüllung seiner Wünsche – Ihrem Angebot. Sie helfen ihm mit den richtigen Fragen zu seiner Situation, seinen Nutzen selbst zu erkennen und selbst zu formulieren. Sie verstärken bei ihm das Gefühl, selbst zu kaufen – das Gefühl, eine eigenen Kaufentscheidung zu fällen:

Beispiel:

„Einmal angenommen, Herr ..., alle Beteiligten stimmen der Anschaffung des Systems zu ... Was glauben Sie – wäre der Zeiteinsatz Ihrer Produktion gleich oder deutlich geringer?"

„Nur ein Planspiel – Sie hätten dieses System im Einsatz ... Was schätzen Sie: Wie hoch wäre die Zeitersparnis Ihrer Produktion im Schnitt pro Monat?"

Mit Formulierungen wie „Angenommen ...", „Setzen wir einmal voraus ...", „Stellen Sie sich einmal vor ...", , „Führen Sie sich einmal vor Augen ...", „Gesetzt den Fall, dass ..." oder „Nehmen Sie einmal an ..." führen Sie einen „Als-ob-Zustand" herbei, der zwar (momentan) nicht der Realität entspricht, Ihrem Kunden aber ein „gutes Gefühl" gibt, weil diese Vorstellung eine Situation beschreibt, die sich Ihr Kunde im Grunde genommen herbeiwünscht. Voraussetzung dafür ist natürlich, dass Sie seine Wünsche und Motive schon in der Phase der Bedarfsermittlung und Motivanalyse genau herausgearbeitet haben, um sie jetzt für den Abschluss zu nutzen.

Mit dieser Technik führen Sie Ihren Gesprächspartner schrittweise in Ihre Richtung – den Abschluss. Wichtig ist dabei, dass Sie diese Schritte klein und nachvollziehbar für Ihren Kunden machen, sonst kann er unter Umständen Ihrer Argumentation nicht mehr folgen und könnte misstrauisch werden.

Gelingt es Ihnen, auf diese Weise eine Verbindung zwischen Ihrem Angebot und den Emotionen Ihres Kunden herzustellen, wird er Ihr Produkt in seiner Vorstellung bereits besitzen und dabei über seine Einsatzmöglichkeiten und die sich daraus ergebenden Vorteile nachdenken – kurz gesagt: Er wird eine positive Einstellung zum Kauf gewinnen.

Den Kunden dezent loben

Sie fördern diese positive Haltung, indem Sie Ihren Kunden aufwerten. Sagen Sie ihm immer wieder, was für ein harter und konsequenter Verhandlungspartner er doch sei, welch genaue Vorstellungen er doch von dem Nutzen habe, den er von Ihrem Produkt erwarte, dass Sie gern mehr solcher kritisch prüfender Kunden hätten etc.

Mit einem Lob – selbstverständlich einem nicht überzogenen Lob, denn das würde Sie in den Augen Ihres Kunden unglaubwürdig machen – lockern Sie die Gesprächsatmosphäre mit „good vibrations" (zusätzlich) positiv auf – das macht die Abschlussphase auch für Sie zu einem Spaziergang!

Sich mit dem Kunden solidarisieren

Sich mit der Person des Kunden zu solidarisieren und seine Ziele zu verstehen, hat eine ähnliche Wirkung wie die Förderung seines positiven Selbstwertes. Eine entsprechende Formulierung könnte folgendermaßen beginnen: „Herr Kunde, an Ihrer Stelle wäre ich auch vorsichtig ... Wenn Sie jetzt an die Vorteile denken ... "

(Körper-)Sprache

Äußern Sie Ihr Verständnis aber nicht allein verbal; das könnte Ihr Kunde schnell als bloßes Lippenbekenntnis auffassen, und es könnte mit einem Schlag das mühsam aufgebaute Vertrauen zwischen Ihnen erschüttern, wenn nicht sogar zerstören.

Signalisieren Sie Ihre Zustimmung also auch durch Mimik (den Kunden interessiert anschauen – Vorsicht: nicht anstarren! – ...), Gestik (... und dabei mit dem Kopf nicken, denn Nicken steckt an!) und generell durch eine offene Körperhaltung. „Sagen" Sie Ihrem Kunden auf diese Weise, dass er und seine Wünsche bei Ihnen gut aufgehoben sind.

Beantworten Sie alle Fragen Ihres Kunden aufrichtig und offen und sprechen Sie dabei ohne Hast, klar und verständlich. Setzen Sie zwischendurch immer wieder Pausen, um zum Beispiel einem Vorteil Ihres Angebots, den Sie noch einmal genannt haben, zusätzlich Wirkung zu verschaffen. Sprechen Sie in Bildern, visualisieren Sie den ganz individuellen Nutzen, den Ihr Produkt für Ihren Kunden hat!

Vorteile zusammenfassen

Als erfolgsorientierter Verkäufer sollten Sie auf jeden Fall alle Vorteile noch einmal in gestraffter Form zusammenfassen, um Ihrem Kunden eine leichte, klare Entscheidung zu ermöglichen. Dabei kann es durchaus sinnvoll sein, dem einen oder anderen Vorteil auch einen (im Vergleich zu diesem Vorteil geringen) Nachteil gegenüberzustellen. Durch eigenes Abwägen wird Ihr Kunde den Nutzen, den er aus der Investition in Ihr Produkt zieht, in den Vordergrund schieben und sich selbst die Entscheidung für Ihr Angebot erleichtern.

Beispiel:

„Herr Kunde, Sie werden sich jetzt sicher denken: ‚Was für eine Investition!' Wenn Sie sehen, welchen Spaß Sie mit dem neuen Auto haben ... "

Achten Sie darauf, den Kunden nicht „niederzureden" oder zum Abschluss zu quatschen. Ihr Credo sollte immer lauten: Den Kunden überzeugen, nicht überreden. Ein überredeter oder besiegter Kunde wird den Auftrag schon im Kopf sofort stornieren, sobald Sie sein Büro verlassen haben. Und nicht nur das: Hier haben Sie verbrannte Erde hinterlassen, denn dieser Kunde wird für Sie zumindest für lange Zeit keiner (mehr) sein.

Eine Erweiterung zur Technik, die Vorteile Ihres Angebots zusammenzufassen, ist die *Plus-Minus-Methode*. Durch die kurze und pointierte Darstellung der Vorteile wägen Sie diese gegenüber den Nachteilen oder Verlusten ab, die Ihrem Kunden entstehen, sollte er Ihr Angebot nicht wahrnehmen. Auf diese Weise verstärken sich Vor- und Nachteile Ihres Angebots gegenseitig: Die Vorteile treten noch deutlicher hervor, sodass sich das Gefühl des Verlustes bei Ihrem Kunden bei einer Ablehnung Ihres Angebots ebenfalls intensiviert. Elegant und überzeugend schildern Sie so ein Szenario, dass sich Ihr Kunde mit Sicherheit nicht wünscht – ohne dass Sie offensichtlich Druck auf ihn ausüben.

Weich formulieren

Seien Sie sich gerade in der Abschlussphase des Gewichts Ihrer Worte bewusst. Wer selbst überzeugt ist, überzeugt am besten. Machen Sie Ihrem Kunden an dieser Stelle noch einmal klar, dass er eine gute Entscheidung trifft. Formulierungen wie

- „Gerade Sie profitieren durch den Einsatz ..." oder
- „Gerade Kunden in Ihrer Situation schätzen meist die Vorteile ..." oder
- „Wenn das System bei Ihnen installiert ist, werden Sie sehen ..."

geben Ihrem Kunden den entscheidenden Impuls und machen ihm die Kaufentscheidung leichter. Er fühlt sich in dieser Entscheidung nicht isoliert, sondern bestätigt und sicher – eine unabdingbare Voraussetzung für einen erfolgreichen Abschluss, den der Kunde eben auch als partnerschaftliche Situation begreift.

Referenzen

Zögert Ihr Kunde immer noch, obwohl alles geklärt scheint, stellen Sie weitere Detailfragen, um eventuelle Vorbehalte auszuräumen. Präsentieren Sie ihm Sicherheiten zum Beispiel in Form von überzeugenden Referenzen langjähriger Kunden. Andere Motive, die Ihren Kunden – mal abgesehen von Ihrem Angebot – zu einer positiven Kaufentscheidung bewegen, sind darüber hinaus Ihr sicheres und sympathisches Auftreten, das Vertrauen Ihres Kunden in den guten Ruf Ihres Unternehmens sowie Empfehlungen von Dritten, die bereits erfolgreich mit Ihrem Unternehmen zusammengearbeitet haben. Ziehen Sie in Ihrer Vorbereitung des Verkaufsgesprächs alle möglichen Beweggründe, die beim Abschluss eine Rolle für Ihren Kunden spielen könnten, ins Kalkül, um für kritische Situationen weitere Trumpfkarten in der Hinterhand zu halten.

Kontrollfragen

Stellen Sie zwischendurch immer wieder Kontrollfragen, um möglichst nahe an den Kunden – und den Abschluss! – heranzurücken: „Wenn wir auch diesen Punkt zu Ihrer Zufriedenheit lösen, haben wir Sie dann hier und heute als Kunden gewonnen?" Diese Frage hat zwei Vorteile: Zum einen können Sie einen noch ungeklärten Aspekt, bei dem „den Kunden der Schuh drückt", aus dem Zusammenhang Ihres gesamten Angebots herauslösen und so die ganze Aufmerksamkeit Ihres Kunden auf die gemeinsame Lösung lenken. Zum anderen bringen Sie Ihr Gegenüber sanft in Zugzwang – er muss langsam Farbe bekennen: Hat er überhaupt ein echtes Kaufinteresse, ist er (weiterhin) unsicher, was Ihr Angebot betrifft, oder will er einfach nur Ihre Geduld und Hartnäckigkeit auf den Prüfstand stellen?

Vertrauensfrage

Wenn Ihr Kunde trotzdem immer wieder neue Einwände ins Gespräch bringt, die auf Sie eher den Eindruck fadenscheiniger Vorwände machen, dann nutzen Sie eine der ältesten und wirkungsvollsten Abschlusstechniken. Mit Hilfe der Vertrauensfrage üben Sie zusätzlich sanften Druck aus: „Herr Kunde, ich vertraue Ihnen – habe ich auch Ihr Vertrauen?" Sie unterstützen die Wirkung Ihrer Worte mit einer offenen Gestik, das heißt, Ihre Handinnenflächen öffnen sich zu Ihrem Gesprächspartner hin. Schauen Sie Ihrem Kunden dabei gleichzeitig in die Augen – er wird Ihrem Blick nicht ausweichen und muss sich jetzt entscheiden. Krönen können Sie diese Abschlusstechnik dadurch, dass Sie Ihrem Kunden die Hand reichen!

Alternativfrage

Seien Sie vorsichtig bei Alternativfragen. Erfahrene Einkäufer erkennen sofort diese Vorgehensweise und haben sich längst darauf eingestellt; aber auch Endkunden lassen sich nicht mehr auf diese Fährte locken. Vor allem in der Abschlussphase ist also Ihr Fingerspitzengefühl und Timing gefragt, wenn Sie auf diese Taktik zurückgreifen wollen, um Ihren Kunden zum Auftrag zu bewegen. Zu früh gestellte oder gar banale Fragen („Meinen Sie nicht, dass Sie bei diesem Angebot besser heute als morgen zugreifen sollten?") wecken beim Kunden Misstrauen, dass es Ihnen letztlich doch nur um den Auftrag geht – und nicht etwa um einen zufriedenen Kunden, der langfristige partnerschaftliche Geschäftsbeziehungen mit Ihrem Unternehmen aufbaut.

Angebotsverknappung

Geschickter ist es allemal, „künstliche" Rahmenbedingungen zu schaffen, die einen Auftrag beschleunigen – zum Beispiel durch ein zeitlich befristetes Angebot oder mit Hilfe limitierter Auflagen. Diese Art der Angebotsverknappung löst beim Kunden unwillkürlich das Gefühl aus, eine günstige – soll heißen: preisgünstige – Gelegenheit zu verpassen, sollte er jetzt nicht zugreifen. Überlegen Sie sich – bevor Sie in das Verkaufsgespräch gehen –, welche zusätzlichen Anreize Ihr Produkt in der Abschlussphase für Ihren Kunden noch attraktiver machen!

Schweigen

Ausdrucksvolles Schweigen ist eine Abschlusstechnik, die schon eine gehörige Portion Selbstvertrauen voraussetzt. Aber als erfolgsorientierter Verkäufer werden Sie – bei ein wenig Übung – die Wirkung dieser Methode zu schätzen wissen.

Die Macht des Schweigens

Das bewusste Schweigen ist uralt, aber immer noch eine Geheimstrategie. Die meisten Menschen sind sich der Macht des Schweigens nicht bewusst und nutzen sie daher nicht. Wenn der Gesprächspartner schweigt, so macht uns das kribbelig; wir empfinden ein Unbehagen, aber nur solange, wie wir uns selbst noch nicht an den Gebrauch dieser Strategie gewöhnt haben. Wenn wir einmal wissen, worum es beim Schweigen geht, so fällt es uns überhaupt nicht mehr schwer, notfalls länger zu schweigen als unser Gesprächspartner.

In der Praxis kann – je nach Situation – der Abschluss folgendermaßen herbeigeführt werden: Sie legen das Auftragsformular bereits zu Beginn des Verkaufsgesprächs oder nach Ihrer Produktpräsentation auf den Tisch; damit signalisieren Sie, dass Sie der festen Überzeugung sind, dass nach Ihrer Beratung und Präsentation Ihr Kunde kaufen *will*. Als Verkäufer haben Sie ja nichts zu verbergen – ganz im Gegenteil: Sie spielen mit offenen Karten, Ihr Kunde akzeptiert, dass Sie als selbstbewusster Verkäufer zu Ihrem Beruf stehen, und der heißt: Verkaufen. Während des weiteren Verkaufsgesprächs tragen Sie alle bereits geklärten Details gleich in das Formular ein, sodass es immer im Blickfeld Ihres Kunden bleibt. Schließlich schieben Sie ihm das fertig ausgefüllte Formular samt Kugelschreiber lesegerecht hin. Ihr Kunde ist am Zug – und Ihr ausdrucksvolles Schweigen entfaltet in diesem Moment noch zusätzlich seine ganze Wirkung. Hier trennt sich die Spreu vom Weizen – die Top-Verkäufer von den Durchschnittsverkäufern. Es entsteht ein Sog, dem sich nur wenige Kunden entziehen können, wenn Sie alle Details abgeklärt und den Nutzen Ihres Angebots noch einmal präsentiert haben. Probieren Sie's aus – das funktioniert auch heute noch!

Abschlusssignale erkennen

Lassen Sie sich nichts vormachen: Die Ansicht, der Verkäufer könne den Kunden gar nicht früh genug zum Kauf auffordern, setzt stillschweigend voraus, dass der Kunde schon über die für ihn wichtigen Produktinformationen verfügt, die sich daraus für ihn ergebenden Vorteile detailliert kennt und auf dieser Grundlage eine Kaufentscheidung ohne den geringsten Zweifel fällt. Falsch! Als Verkäufer müssen Sie Ihren Kunden ganz bewusst auf den Abschluss hinlenken und ihn „programmieren": Füttern Sie ihn während der Präsentation mit Produktinformationen, regen Sie seine Fantasie an und sprechen Sie seine Emotionen an, verdeutlichen Sie ihm seine Vorteile und machen Sie ihm so den Mund wässrig!

Aber was hilft schon die cleverste Gesprächsstrategie, wenn der Verkäufer nicht erkennt, wann sein Kunde „reif" für die Abschlussfrage ist?

Abschlusssignale: Ihr Kunde ist bereit für den Auftrag

- Ihr Kunde sucht und spricht die Vorteile einer Zusammenarbeit und Ihres konkreten Angebots selbst aus.
- Ihr Kunde denkt laut darüber nach, wie er den Auftrag in seinem Haus am besten „verkaufen" kann, und fragt Sie möglicherweise nach entsprechenden Argumenten.
- Ihr Kunde stellt Ihnen Fragen zur Technik und zur Abwicklung des Auftrags, nach Lieferzeiten und Serviceleistungen – er sieht sich selbst schon als Nutzer Ihres Produkts.
- Ihr Kunde stellt Fragen zu Punkten, die schon geklärt sind.
- Ihr Kunde äußert Sätze wie „Das kann ich mir gut vorstellen" – er malt sich die Vorteile aus, die er aus Ihrem Angebot zieht.

Mindestens ebenso wichtig sind die Signale, die der Körper Ihres Kunden aussendet. Verlieren Sie Ihren Kunden daher nie aus den Augen, beobachten Sie seine gesamte Körperhaltung, seine Handbewegungen, seine Augen, sein Mienenspiel. Generell gilt: Alle Gesten, die vom Körper wegführen, signalisieren Offenheit, alle Gesten, die nach innen führen, deuten auf Hemmungen und Abwehr hin. Hier ein paar Beispiele, die Ihnen zeigen, dass Sie auf dem richtigen Weg sind:

- Kopfnicken – Ihr Kunde bestätigt Ihre Ausführungen und sein Interesse an Ihrem Angebot.
- Gelöster, freudiger Gesichtsausdruck – Ihr Kunde verrät Vorfreude auf Besitz des Produkts.
- Strahlender Blick, Funkeln in den Augen – Ihr Kunde stellt sich vor, wie Ihr Produkt in seinem Unternehmen zum Einsatz kommt.
- Ihr Kunde beugt sich vor und öffnet dabei die Arme und Hände – er hört Ihnen ganz genau zu, will alle Details „aufsaugen" und zeigt so sein starkes Interesse.
- Ihr Kunde lehnt sich entspannt zurück und verschränkt die Hände hinter seinem Kopf – er hat für sich schon eine positive Kaufentscheidung getroffen; wäre es eine negative, würde er beispielsweise die Arme vor der Brust verschränken und somit eine Abwehrhaltung einnehmen, weil er Ihnen gleich mitteilen müsste, dass er Ihr Angebot ablehnt.

Fehler, die den Auftrag kosten

Es gibt eine ganze Reihe von Fallen und Fettnäpfchen, in die Sie auf dem Weg zum Abschluss treten können – wenn Sie Ihre Hausaufgaben machen und konzentriert in das Verkaufsgespräch gehen, stellen die folgenden kleinen, großen und Super-GAUs jedoch keine Gefahr für Sie dar.

Sollten Sie in der Abschlussphase feststellen, dass Ihr Gesprächspartner gar nicht die Entscheidungsbefugnis besitzt, Ihnen den Auftrag zu geben, ärgern Sie sich zu Recht – die Klärung der Kompetenzen Ihres Kunden steht ganz am Beginn der Akquise, denn Ihr Ziel muss lauten: Termine nur mit dem Decision Maker!

Ist Ihr Angebot nicht passgerecht, haben Sie die Motive Ihres Kunden nicht (vollständig) erkannt und entsprechend seine Wünsche nicht berücksichtigt. Wenn Sie verhindern wollen, dass Ihnen Ihr Kunde völlig abspringt, müssen Sie wieder ein paar Schritte zurück tun und noch einmal versuchen, seine Erwartungen und Vorstellungen auszuloten – vorausgesetzt, Ihr Kunde hat nicht schon längst die Geduld verloren oder den Eindruck gewonnen, dass Sie ihm ja eigentlich gar nicht richtig zugehört haben ...

Seien Sie nicht zu ungeduldig, auch wenn der Auftrag zum Greifen nah scheint. Setzen Sie Ihren Kunden zu sehr unter Druck, lösen Sie Urinstinkte in ihm aus: Flucht oder Angriff. Dann rafft er schnell seine Sachen zusammen, und Sie hören nie mehr was von ihm, oder er feuert Ihnen ein Salve mit Einwänden entgegen, die Sie weder rational noch emotional bearbeiten und entkräften können.

Machen Sie Ihrem Kunden nichts vor. Er spürt schnell, dass Sie nur so tun, als würden Sie ihn verstehen. Außerdem besteht die Gefahr von Missverständnissen, die das schnelle Aus für den Abschluss bedeuten. Sollten Sie sich also nicht ganz sicher sein, was Ihr Kunde meint – zum Beispiel, wenn er einen Einwand äußert –, dann fragen Sie höflich nach. Ihr Kunde wird Ihre Aufrichtigkeit zu schätzen wissen und Vertrauen fassen, weil Sie ihm das Gefühl vermitteln, dass Sie seine Fragen und Einwände respektieren und berücksichtigen.

Steht der Abschluss kurz bevor, sollten Sie Ihren Kunden keinesfalls an Ihren Innendienst verweisen. Ganz abgesehen davon, dass Sie ihm damit nur wieder Zeit geben, seinen Entschluss noch einmal zu überdenken und möglicherweise andere Angebote einzuholen, möchte er Ihre Dankbarkeit spüren bzw. hören. Es streichelt sein Ego, bestätigt zu bekommen, dass er Ihnen „etwas Gutes getan" hat.

Kleinigkeiten mit großer Wirkung – so gefährden Sie den Abschluss

- Unzuverlässigkeit und Unpünktlichkeit zeigen dem Kunden, dass er dem Verkäufer nicht wichtig ist.
- Den Wettbewerb schlecht zu machen, zeugt von mangelnder Souveränität – der Kunde fragt sich: „Warum hat es der Verkäufer nötig, den/die Wettbewerber abzuwerten, wenn doch sein eigenes Produkt so gut ist?"
- Eine Präsentation in Fachchinesisch, die den Kunden überfordert und ihm seinen individuellen Nutzen nicht verständlich macht, verärgert ihn – er verabschiedet sich gedanklich schon aus dem Verkaufsgespräch und damit vom Auftrag.
- Stellt der Verkäufer kaum Fragen, fühlt sich der Kunde zu wenig in die Lösung für seinen individuellen Bedarf einbezogen. Keine Monologe! Gerade in der Abschlussphase ist der Dialog mit dem Kunden wichtig, damit er selbst positive Argumente und Bestätigungen für seine Entscheidung formuliert. Zudem bieten viele Worte ebenso viel Angriffsflächen für weitere Einwände. Fallen Sie Ihrem Gegenüber nicht ins Wort und überrollen Sie ihn nicht mit Produktdetails und Technoquatsch, behalten Sie lieber ein paar Argumente als Joker in der Hinterhand!
- Der Kunde spürt früher oder später, ob der Verkäufer wirklich aktiv hinhört. Machen Sie sich Notizen, wenn Ihr Kunde spricht, selbst wenn Sie der Ansicht sind, seine Argumente und Hinweise abzuspeichern. Die Wirkung spricht für sich: Ihr Kunde fühlt sich in seinem Anliegen ernst genommen, denn Sie wollen ja mit ihm gemeinsam die optimale Lösung für seinen Bedarf und sein Wohl erarbeiten!
- Mangelnden Blickkontakt, insbesondere wenn er selbst spricht, legt der Kunde dem Verkäufer als fehlende Konzentration oder schlicht als Desinteresse aus. Suchen Sie immer wieder den Blick Ihres Kunden, nicken Sie dabei, um Ihr Verständnis und Ihre Zustimmung zu signalisieren, aber fixieren Sie Ihren Kunden nicht – Sie wissen aus eigener Erfahrung, wie unangenehm es sich anfühlt, pausenlos angestarrt zu werden.

Oftmals sind es aber auch nur Kleinigkeiten, die den Kunden an Ihnen, Ihrem Unternehmen oder an der Richtigkeit des Abschlusses zweifeln lassen.

Nach dem Abschluss ist vor dem Abschluss

Nachdem Ihr Kunde das Auftragsformular unterzeichnet hat, müssen Sie ihn mit ebenso viel Freundlichkeit, Höflichkeit und Respekt behandeln, wie Sie es seit der ersten Kontaktaufnahme getan haben. Danken Sie Ihrem Kunden nach der Auftragserteilung aufrichtig für sein Vertrauen und versichern Sie ihm, bei Fragen und zusätzlichen Wünschen jederzeit für ihn da zu sein. Der Kunde braucht jetzt Ihre Partnerschaft und die Sicherheit, die nur Sie ihm geben können, sonst bekommt er kalte Füße („Vielleicht war die Kaufentscheidung doch eine schlechte Idee?") und die Kaufreue setzt ein.

Wenn trotz aller Bemühungen und wegen einiger weniger Kleinigkeiten der Abschluss nicht zustande kommt: Bleiben Sie gelassen – und trotzdem hartnäckig! Versorgen Sie diesen Kunden weiterhin mit (Produkt-) Informationen, rufen Sie ihn gelegentlich an, laden Sie ihn zu Veranstaltungen Ihres Unternehmens ein. Halten Sie die Tür zu ihm weit offen, lassen Sie ihn spüren, dass Sie es bedauern, dass der Auftrag geplatzt ist, und dass Sie Kontakt zu ihm halten wollen. Der Kunde wird einverstanden sein – denn wenn Sie einen guten Eindruck hinterlassen haben, haben Sie die Chance, beim nächsten Mal Sieger zu sein!

Der Motivationskick für Ihren Abschluss!

Wer sich ohne Auftrag vom Kunden verabschiedet, arbeitet automatisch für den Wettbewerb!

Achter Trainingstag

Preise selbstbewusst durchsetzen

Die smarte Preisargumentation

Erich-Norbert Detroy

Herr Detroy, was raten Sie einem Berufseinsteiger im Verkäuferberuf, um ihm die Angst vor den Preisverhandlungen mit einem erfahrenen Einkäufer zu nehmen?

Erich-Norbert Detroy: Meine Empfehlung: Seien Sie exzellent auf das Preisgespräch vorbereitet! Das heißt: Lassen Sie sich nicht verbluffen, bringen Sie Sitzfleisch – Geduld und Hartnäckigkeit – mit, geben Sie keinesfalls vorschnell Preisnachlässe, denn ein allzu schneller Sieg enttäuscht Ihren Kunden – schließlich möchte er mit Ihnen in den „Preisring" steigen!

Sind Preisgespräche heute härter als noch vor 10 oder 20 Jahren? Sind Kunden tatsächlich mehr denn je auf den Preis fixiert?

Detroy: Ja, eindeutig. Der (Preis-)Wettbewerb ist heute einfach gnadenlos. Auch die „billige" Ware aus Fernost ist mittlerweile qualitativ hochwertig und damit absolut konkurrenzfähig. Andererseits stehen auch unsere Kunden im Hyperwettbewerb und müssen mehr denn je nach dem Prinzip handeln, dass im Einkauf der Gewinn liegt.

Sind erfolgreiche Preisgespräche eine Frage der inneren Einstellung oder spielen eher Verhandlungsstrategien und -techniken eine größere Rolle?

Detroy: Beides ist unerlässlich: Ihr Kunde merkt sofort, ob Sie von Ihren Preisen überzeugt sind und an Ihren Erfolg glauben – doch auch die allerbeste, positivste und professionellste Einstellung nützt Ihnen wenig, wenn Sie nichts von Verhandlungsstrategien und -techniken verstehen und diese nicht bravourös beherrschen!

Preise selbstbewusst durchsetzen

Die smarte Preisargumentation

Ist der Preis wirklich so heiß?

Billigkaufen ist Kult, „Geiz ist geil", Schnäppchenjagd ist chic, und „blöd bin doch auch nicht" und „verarschen lass' ich mich schon gar nicht!" – scheinbar sind alle vom Sparwahn befallen ... Viele Verkäufer kommen ja nicht von ungefähr zu dem Schluss, sie könnten heute nur noch über den Preis verkaufen.

Das ist eine fatale Einschätzung: Verkäufer, die zu sehr auf den Preis fixiert sind, werden blind für die Vorteile anderer Verkaufsinstrumente. Wer nur mit dem Preis argumentiert, kann auch nur über den Preis verkaufen – und damit in der Regel nur über Preisnachlässe.

Dabei scheinen der Trend zu Billigangeboten, Me-too-Produkten und der ruinöse Preiskampf insbesondere im Handel den „Preisaktivisten" Recht zu gehen: Viele Unternehmen haben ihre Ladenausstattungen auf das Notwendigste beschränkt, die Angebotsvielfalt radikal verkleinert, die Sortimentstiefe konsequent reduziert und ihren Service nahezu eliminiert.

Sieht's im B2B-Bereich besser aus? Nicht unbedingt: Kunden springen von einem Lieferanten zum nächsten, suchen stets den billigsten Anbieter, der dann aber die Qualität des teuersten bieten muss. Treue zum Lieferanten ist heute ein Fremdwort – und gerade über Tiefstpreise nicht (wieder) herzustellen.

Auch Kundenbindungsprogramme über Kundenkarten und Bonushefte, die Kunden und Lieferanten finanziell verpflichten, sind kein probates Mittel für Verkaufsstrategien, die auf langfristige Partnerschaften setzen.

Aber das ist alles nur die eine Seite der Medaille: Parallel zur Entwicklung von Märkten für ausgesprochene Low-Budget-Angebote gibt es insbesondere im Konsumgütermarkt immer mehr Menschen, die hochpreisige Produkte kaufen – deren Zahl steigt wie die der Schnäppchenjäger von Jahr zu Jahr.

Das heißt: Auch Anbieter von Luxuswaren finden zunehmend ihre Klientel, wie die Produktpolitik der Automobilunternehmen zeigt: Diese bedienen neben dem preisbewussten Kunden zunehmend auch den, der Wert auf noble und zum Teil luxuriöse Modelle legt. Verkaufen tun sich diese teuren Schlitten, weil die Hersteller entsprechenden Service bieten – Mehrwert und Zusatznutzen.

Zusatznutzen bedeutet für Ihren Kunden nicht nur das nackte Produkt mit seinem Grundnutzen, sondern Gewinn, Vorteile für das eigene Unternehmen, Prestige, Spaß etc. Wer seinem nackten Produkt nicht durch einen Zusatznutzen eine Marktnische sichert, wird gnadenlos von Wettbewerbern, die günstigere Preise und/oder Ersatzprodukte anbieten, vom Markt gefegt.

Ein individuell abgestimmter Service über das „reine" Angebot hinaus nimmt daher einen besonders wichtigen Stellenwert ein, für den Kunden auch bereit sind, „Luxuspreise" zu zahlen. Ein Wert-volles Produkt benötigt professionelle Wartung, Pflege und Inspektion – entsprechend muss sich die hochwertige Qualität dieses Produkts in einem zuverlässigen, komfortablen und somit konsequent kundenorientierten Service niederschlagen.

Indem Sie Ihrem Kunden das Gefühl geben, ein besonderer, ein wichtiger Kunde zu sein, dessen Vertrauen Sie entsprechend „belohnen", machen Sie die Preisverhandlung in Ihrem Verkaufsgespräch zu einem Nebenschauplatz.

Mit Vorfreude und Selbstbewusstsein ins Preisgespräch

Für Ihren Kunden ist das Preisgespräch eine willkommene Gelegenheit, seine Muskeln spielen zu lassen. Er sitzt – scheinbar – am längeren Hebel und kann mit Behauptungen aufwarten, die Sie in der Gesprächssituation nicht nachprüfen können.

Mit der richtigen eigenen Einstellung zum Preis haben Sie allerdings einen dicken Panzer, an dem sämtliche Preisattacken Ihres Kunden ohne Wirkung abprallen. Wenn Sie Ihren Preis für angemessen halten, dann verschwindet der „Preiskloß" in Ihrem Hals. Je überzeugter Sie von Ihrem Preis sind, desto leichter geht er Ihnen auch über die Lippen – umgekehrt gilt: je größer Ihr Preis-Zweifel, desto größer Ihr Preiskloß!

Mit Ihrer Vorfreude auf das Preisgespräch bestehen Sie dieses locker und souverän. Bleiben Sie in Ihrer Preissouveränität natürlich und tragen Sie nicht zu dick auf, dann ist der Preis nur ein Thema unter vielen anderen in Ihrem Verkaufsgespräch. Sie werden sehen: Ihr Kunde wird in der Regel erstaunt sein, einen Moment lang verunsichert, wird letztlich aber Ihre Selbstsicherheit honorieren!

Verdeutlichen Sie Ihrem Kunden, was er versäumt, wenn er sich allein auf den Preis konzentriert und nicht die Vorteile des Angebots sieht. Ihre Kunde braucht den individuellen Nutzen Ihres Produkts: Er will damit seinen Gewinn erhöhen, Kosten einsparen, Probleme im Betrieb lösen, von Ihrem Service profitieren und und und ...

Sehen Sie es also als Herausforderung an, Ihrem Kunden seine individuellen Vorteile so zu vermitteln, dass er durch Kauf Ihres Produkts mehr Vorteile sieht als durch Sparen seines Geldes (an der falschen Stelle), denn: Nicht auf den Preis, auf den Wert kommt es an! Ihr Kunde darf ruhig weiter daran glauben, dass er über den Preis verhandelt, während Sie dabei sind, ihm ein Preis-Wertgefühl zu geben ...

Ihr Kunde orientiert sich nicht allein am Preis – selbst wenn er selbst felsenfest davon überzeugt ist! –, insbesondere, wenn er eine Affinität zum Image und/oder zur Marke besitzt, wenn es Ihrem Unternehmen und damit auch Ihnen gelingt, bei ihm ein Wertbewusstsein für Ihr Produkt zu schaffen und zu fördern. Daher gilt: Je perfekter das Produktumfeld und die Verkaufsatmosphäre den Kundenwünschen entsprechen, desto eher ist er bereit, mehr/viel Geld auszugeben, da er mit Ihrem Produkt wesentlich umfassendere, „ganzheitliche" Assoziationen verbindet.

Bei einem „noblen" Preis erwartet Ihr Kunde verständlicherweise auch ein Mehr an Wert: Image, Beratung, Service, die Überzeugung, etwas Besonderes zu bekommen, die Sicherheit, herausragende Qualität zu erwerben. Das ist die hohe Schule der Verkaufskunst: den Mehrwert überzeugend im Kopf den Kunden zu verankern!

Dazu können Sie durch Ihr Auftreten erheblich beitragen: Ihre Ausstrahlung ist mindestens genauso wichtig wie der kommunizierte Wert Ihres Produkts. Verkaufen Sie ein „nobles" Produkt zu einem stolzen Preis, erwartet Ihr Kunde auch einen „noblen" Verkäufer mit Preis-(Selbst-)Bewusstsein: Diese Einheit von Image, Auftreten und Preis ist die Basis für den Verkauf wertvoller und hochpreisiger Produkte. Die Werterwartung Ihres Kunden, die von einem hohen Preis (mit) ausgelöst wird, können Sie somit für Verkaufsargumente nutzen – sie ist aber auch eine Leistungsverpflichtung, denn der wahre Wert des Produkts (also der Vorteil für den Kunden) muss den hohen Preis auch tatsächlich rechtfertigen können.

Preisangst überwinden

Die Angst vor dem „Nein“ des Kunden, die Angst vor großen Zahlen, Angst vor dem Versagen – jeder Verkäufer kennt sie. Entscheidend ist, dass Sie nicht vor dem Preis kapitulieren. Er ist nicht das Problem, er ist vielmehr eine Selbstverständlichkeit, gehört er doch zu Ihrem Angebot wie das Dach zum Haus.

Warum also zögern, verkrampfen, sich für den Preis entschuldigen? Der sichere Umgang mit ihm vermittelt Ihrem Kunden Stabilität, denn er empfindet einen solchermaßen genannten Preis ebenso als Selbstverständlichkeit wie Sie.

Grenzen Sie sich von Ihrem Kunden ab, vermeiden Sie es, sich in der Preisfrage mit ihm zu identifizieren: Sie leben vom Verkauf Ihres Produkts, und Ihr Kunde zahlt für den Nutzen, den er von Ihrer Beratung und von Ihrem Produkt hat. Lassen Sie sich also nicht von Ihrem Kunden in ein Preisgespräch hineinziehen!

Experten-Tipp: Mit der richtigen Haltung ins Preisgespräch

- Betrachten Sie den Preis als selbstverständlichen Bestandteil Ihres gesamten Angebots und gehen Sie auch so mit ihm um!
- Bauen Sie Ihr Verkaufsgespräch auf den wirklichen Bedarf und die „wahren“ Kaufmotive Ihres Kunden auf, dann ist der Preis allenfalls ein Kaufargument unter anderen.
- Unterstützen Sie Ihren Kunden dabei, die individuellen Vorteile Ihres Angebots zu erkennen: Lassen Sie Ihren Kunden gewinnen – aber zu Ihrem eigenen Preis!
- Gehen Sie sehr vorsichtig mit dem Preis um – er ist das gefährlichste Verkaufsinstrument, aber zumeist durch andere ersetzbar!

Mehr Wert statt Preis runter

Was meinen Sie? Sind Preisnächlasse oder eher Wertsteigerungen durch Zusatzleistungen interessanter für Ihren Kunden?

- Wird Ihr Produkt in den Augen Ihres Kunden durch einen Preisnachlass besser oder wertvoller? Oder eher durch einen Nachlass in Form einer Zusatzleistung/eines Mehrwertes?
- Schätzt Sie Ihr Kunde bei einem Preisnachlass als kompetenten Partner und Berater? Oder steigt Ihr Ansehen als Verkäufer eher durch Zusatzleistungen?
- Ist Nachlass wirklich ein gutes Verhandlungsergebnis für Kunden? Oder ist eher ein indirekter Nachlass als konkret fassbarer Mehrwert besser für Ihren Kunden?

Sie wissen die Antwort: Ein Preisnachlass weckt eher das Misstrauen Ihres Kunden. Man könnte sogar behaupten, dass ihm gerade wegen des Preisnachlasses nicht so wohl ist, weil ihn der Gedanke quält, dass er vielleicht noch mehr hätte rausholen können – insbesondere, wenn er nach dem Kauf einen Produktmangel reklamiert, hat sich sein bereits virulentes Misstrauen aufgrund Ihres Preisnachlasses in ein restlos zerstörtes Vertrauen verwandelt.

Wenn Sie keine konkrete Zusatzleistung in der Hinterhand haben, müssen Sie Wertbewusstsein bei Ihrem Kunden schaffen bzw. steigern: Erst wenn Ihr Kunde ein solche Bewusstsein für den Wert der erbrachten Leistungen entwickelt, kann er das Preis-Leistungs-Verhältnis Ihres Produkts – und Ihres Service – richtig einschätzen. Ihr persönlicher Einsatz für Ihren Kunden als Form der Zusatzleistung zahlt sich aus – vorausgesetzt, Sie vermitteln auch den Wert Ihres Einsatzes, statt ihn als Selbstverständlichkeit abzutun: „Das ist doch nicht der Rede wert!“ Die richtige Antwort lautet in dieser Situation: „Ich freue mich, dass es Ihnen gefällt. Es ist zwar viel Aufwand, aber für Sie, lieber Kunde, mache ich das sehr gern!“

Mit einseitigen Preiszugeständnissen von Ihrer Seite schaffen Sie sich langfristig Probleme: Mal abgesehen davon, dass Sie in der Regel das Misstrauen Ihres Kunden hervorrufen, wird er auf Dauer zum Nörgler und immer wieder versuchen, den Preis zu drücken – schließlich hat es einmal geklappt, warum sollte er es deshalb nicht immer wieder probieren?

Preise geschickt kommunizieren

Verkrampfen Sie nicht, wenn Ihr Kunde Sie nach dem Preis fragt, sondern *bewahren Sie Ruhe* – nach innen und nach außen. Vermeiden Sie künstliche Pausen, wenn Sie den Preis nennen, sonst geben Sie ihm den Stellenwert, den er gar nicht verdient! Betten Sie den Preis stattdessen ganz natürlich in den Satz ein, der wie aus einem Guss sein muss. Sprechen Sie klar und mit fester Stimme, ohne Hast und Stottern, nuscheln Sie nicht, betonen Sie den Satz und den Preis nicht unnötig, heben oder senken Sie Ihre Stimme nicht, sonst türmen Sie ihn zu einem monströsem Gebirge auf!

Mit der *Sandwichmethode* bauen Sie den Preis in die Wertvorstellungen Ihres Kunden und Ihre Nutzenargumente ein: Wecken Sie zunächst den Kaufwunsch des Kunden, indem Sie ganz gezielt seine Bedürfnisse ansprechen und die individuellen Vorteile Ihres Angebots aufzählen. Nennen Sie jetzt Ihren Preis mit fester Stimme. Durch Ihre Nutzenargumente, mit denen Ihr Kunde übereinstimmt, werten Sie ihn auf – nutzen Sie diesen Moment und gehen Sie sofort, aber ruhig und sachlich, zur Abschlussfrage über. Dieses Vorgehen macht Ihren Preis zu einem (notwendigen) Bestandteil der Produktvorteile, wodurch er an relativer Bedeutung verliert und für Ihren Kunden zur Nebensache wird.

Vorteile in konkreten Zahlen darstellen: Eine andere Möglichkeit ist, den Mehrpreis Ihres Angebots gegenüber einem vergleichbaren, aber billigeren Produkt mit Hilfe logischer Preisargumente wie Alleinstellungsmerkmale, Auf-/Mehrpreis-Staffelungen, Zeit-, Kosten-, Wert-/Nutzen-Relation etc. in wirtschaftliche Vorteile umzurechnen. So könnten Sie zum Beispiel niedrigere laufende Kosten anführen, die Ihren zunächst höheren Anschaffungspreis langfristig wieder wettmachen. Lassen Sie dabei Ihren Kunden unbedingt selbst die Wirtschaftlichkeitsberechnungen ausführen, da Ihr Kunde die entsprechenden Ergebnisse eher bereit ist zu akzeptieren, als wenn Sie ihm fertige Berechnungen vorlegen.

Kombi-Angebote: Kunden kaufen gerne im Paket, unabhängig davon, ob die Produkte gleichartig oder völlig verschieden sind. Nutzen Sie diese Neigung Ihrer Kunden und schnüren Sie fleißig Pakete!

Schwellenpreise: 999 Euro erscheinen Ihnen doch auch deutlich weniger, als der eine Euro ausdrückt, der die 1 000 komplettiert, oder?

Preise „weich" aussprechen: Sagen Sie „Sechszehnhundert" oder „Einssechs" statt „Eintausendsechshundert" – wählen Sie bei der Nennung des

Preises kleine Einheiten, die Ihr Kunde besser verkraftet, denn große Preise lösen erst einmal einen entsprechend großen Schreck aus. Lassen Sie Ihre sprachliche Kreativität spielen, um den psychologischen Vorteil der kleiner ausgesprochenen Zahlen zu nutzen!

Komplettpreise: Geben Sie Ihrem Kunden das gute Gefühl, den Preis mitgestalten zu können. Schnüren Sie ein Paket, aus dem Ihr Kunde wieder Details herausnehmen kann, ohne dass es Ihnen weh tut – Hauptsache, Ihr Kunde kauft den Kern Ihres Pakets zu Ihrem Preis! Indem er – für Sie weniger wichtige – Details streicht, erschwert sich Ihr Kunde die Möglichkeit, das eigentliche Produkt nicht mehr zu kaufen. Erfahrungsgemäß kauft er bei Komplettpreisangeboten ohnehin mehr, als er es tun würde, würden Sie ihm nur das „nackte" Produkt zum „nackten" Preis anbieten.

Todsünden in der Preisverhandlung

Ein „Nein" sollten Sie unbedingt vermeiden, wenn Ihr Kunde – voraussehbar – nach einem Preisnachlass fragt. Jede Form des *direkten Widerspruchs* löst bei ihm eine Trotzreaktion aus, die Sie anschließend, wenn überhaupt, nur mehr mit sehr viel Mühe wieder „besänftigen" können. Selbst wenn ein Nachlass aus sachlichen Gründen – wie der Qualität Ihres Produkts, des dazugehörigen Service, des Mehrwerts Ihres Angebots – nachvollziehbar nicht gerechtfertigt ist, und Ihr Kunde Ihr „Nein" zunächst auch akzeptiert, bringt Ihnen eine Konfrontation nichts, denn letztlich wird er Ihr Angebot wider besseres Wissen, aber aus Ärger über Ihre Gegenwehr, ablehnen.

Das Gleiche gilt auch für *Bagatellisierungen* („Die Frage nach einem Preisnachlass höre ich jeden Tag zehnmal"), jegliche Form der *Ironie, Beleidigungen* des Kunden, oder wenn Sie die Frage nach einem Preisnachlass schlicht *ignorieren*. Wenn Ihr Kunde nach einem solche Aussetzer das Verkaufsgespräch abbricht, dann dürfen Sie sich nicht wundern ... Auch ein schlechter Tag zählt dann nicht als Ausrede!

Bedeutungsschwangere Pausen geben Ihrer Antwort auf die Preisfrage Ihres Kunden zu viel Gewicht – der Preis wächst und wächst, wird auf ein rhetorisches Podest gehoben, von dem herab alle Vorteile und Nutzenargumente für Ihr Angebot bis zur Unkenntlichkeit verblassen. Außerdem geben Sie Ihrem Kunden mit einer Pause die Zeit, weitere Argumente und Einwände gegen Ihren Preis zu sammeln und bei Gelegenheit auf Sie abzufeuern!

Vernebelungsgequassel signalisiert Ihr schlechtes Gewissen gegenüber Ihrem Kunden – entschuldigen Sie sich nicht mit irgendwelchen vorgeschobenen Gründen für Ihren Preis, denn: „Wer sich entschuldigt, klagt sich selbst an!" Vernebeln Sie Ihrem Kunden zudem mit Fachchinesisch das Gehirn, wenn er Sie ganz konkret nach dem Preis fragt, oder fangen Sie sogar an zu flüstern, sobald Sie den Preis nennen, erkennt Ihr Kunde, dass Ihre Einstellung zum Preis von großer Unsicherheit geprägt ist – und dann wird er Sie in die „Preisecke" drängen, aus der Sie nur sehr schwer wieder herauskommen!

Scheinbare Überraschung: Mit hektischem Suchen nach dem Preis in Ihren Unterlagen tun Sie so, als wäre die Frage nach dem Preis die größte Ausnahme im ganzen Verkaufsgespräch, mit der Sie ja so gar nicht gerechnet haben. Ihr Kunde spürt, dass Ihnen die Preisfrage richtig unangenehm ist, mal ganz abgesehen davon, dass es einen unprofessionellen Eindruck macht, die Produktpreise nicht im Kopf zu haben – zumindest sollten Sie Ihre Preislisten sofort griffbereit haben.

Motive für Preisdemontage

Die Suche nach verborgenen Motiven für Preisdrückerei lohnt sich nur in den Fällen, in denen der Kunde zwar zum Kauf bereit ist, aber aus diversen Gründen auf dem Preis herumhackt. Der Preis ist die am leichtesten zu treffende Zielscheibe, selbst wenn sein eigentliches Motiv gar nicht der angeblich zu hohe Preis ist.

Emotionale Motive sind in der Regel schwerer aufzudecken: Achten Sie daher auf Körpersprache, Gestik, Mimik, die Blickrichtung der Augen, Versprecher etc. Ihres Kunden, um zumindest Hinweise auf seine Stimmung zu bekommen. Emotionalen Motiven können Sie auch nicht mit den besten rationalen Preisargumenten beikommen, deswegen sollte Ihre Devise in dieser Situation sein: Gesprächsatmosphäre entspannen, in persönliche, sachfremde, humorvolle Gesprächsbereiche ausweichen, um dem Verkaufsgespräch, Ihrem Kunden und sich selbst eine Lockerungspause zu gönnen.

Mit der „versteckten Abschlussfrage" können Sie herausfinden, ob bei Ihrem Kunden tatsächlich Kaufbereitschaft vorhanden ist: „... das heißt, wenn ich Sie richtig verstehe, dass Sie das Produkt eigentlich kaufen wollen?" Ein „Ja" ist für ihn unproblematisch, weil er ja nur scheinbar einräumt, dass er den zur Diskussion stehenden Preis als Hindernis für den

Sachliche Motive	Emotionale Motive
• Anforderungen der Vorgesetzten, Kollegen etc. • Betriebswirtschaftliche Kennzahlen wie Liquidität, Kaufkraft • Angebote von Wettbewerbern • Erfahrungen aus der Vergangenheit, auch mit dem Wettbewerb • Urteile Dritter über das Unternehmen des Verkäufers	• Geltungs- und Machtbedürfnis • Profilierungswunsch • bewusste Taktik, um den Verkäufer zu verunsichern • Angst davor, übervorteilt zu werden – Preisdrückerei als Prophylaxe gegen die eigene Unsicherheit dem Angebot gegenüber • Ur-Misstrauen gegen Verkäufer allgemein • Karrierestreben: Der Einkäufer will seine Qualifikation für höhere Aufgabe belegen • Antipathie gegen Verkäufer, die sich hinter Preis verstecken • Selbstbestätigung, es dem Verkäufer gezeigt zu haben

Kauf betrachtet, aber nicht, welchen Preis er vielleicht akzeptieren würde. Allerdings hat er sich dann darauf festgelegt, zum Kauf bereit zu sein – ein Zurück ist nun nicht mehr möglich, weil er sonst sein Gesicht verlieren würde. Reißen Sie aber auf keinen Fall Ihrem Kunden die Maske herunter, weil er sonst derart entblößt bei Ihrem Wettbewerber kauft, der die unausgesprochenen Spielregeln des zwischenmenschlichen Miteinanders beachtet. Versuchen Sie stattdessen, „zwischen den Zeilen" mit Ihrem Kunden zu einer Einigung zu gelangen.

„Zu teuer" – Was steckt dahinter?

Das bekannte Totschlagargument ist oft genug ein Vorwand, ein Sündenbock oder ein Blitzableiter für Ihren Kunden – nicht immer sind es sachliche Gründe, wenn er den Preis als zu hoch ablehnt. Ihre Aufgabe ist es nun, die „wahren" Motive für die Ablehnung herausfinden, um darauf reagieren zu können.

Checkliste für die Vorwandidentifizierung
❑ Benötigt er überhaupt Ihr Produkt?
❑ Ist er kompetent/zuständig?
❑ (Miss-)Braucht er Sie, um die Preise anderer Lieferanten zu drücken?
❑ Muss sich Ihr Kunde profilieren? Zum Beispiel bei seinem Einkäufer?
❑ Will er sich an Ihnen oder jemand anderem „rächen"?
❑ Hegt er Antipathie Ihnen gegenüber?

Versuchen Sie herauszufinden, was Ihr Kunde wirklich will! Ein Preisnachlass wäre nur eine Reaktion auf die Symptome – den Vorwand –, aber keine Lösung des eigentlichen Problems.

Konterstrategien

Geraten Sie nicht in Panik, wenn Ihr Kunde Ihnen ein „Zu teuer!" entgegenballert, freuen Sie sich vielmehr – auch wenn es Ihnen paradox erscheint – über diesen Vorwand, denn letztlich bedeutet er: Das Gespräch geht weiter! Viel schlimmer wäre es doch, wenn Ihr Kunde das Verkaufsgespräch in dieser Phase mit dem einem vernichtenden „Ich kaufe nichts" eiskalt abbrechen würde. Bewahren Sie Ruhe, ergänzen Sie sein „Argument" für sich selbst um das kleine Wörtchen „noch": „Das Produkt ist ihm noch zu teuer ..."

„Zu teuer" heißt in der Regel nicht, dass Ihr Kunde beim Wettbewerb billiger kaufen kann – resignieren Sie also nicht, überzeugen Sie ihn von den positiven Seiten eines Auftrags: Bedarfsdeckung, Vorteile, Nutzen, Probleme vom Hals etc.

Nochmal: Ein Nachlass ist die falsche Antwort auf ein „Zu teuer!": Begründen Sie Ihren Preis, machen Sie ihn nicht kaputt!

Aus „teuer" mach „wertvoll"

Interpretieren Sie das „zu teuer" Ihres Kunden mit „Stimmt, das Produkt ist teuer und wertvoll, wertvoll weil ..." und verknüpfen Sie Ihre Antwort mit einem plausiblen Argument, damit Ihr Kunde den Mehrwert (Vorteil) letztlich als Tatsache akzeptiert. Aus „zu teuer" wird so zunächst ein „teuer" und daraus ein „wertvoll" – unterstützen Sie dieses ritualisierte Argumentieren durch eine entsprechende Gestik und Mimik, um den Wert Ihres Angebots hervorzuheben.

Billig gleich minderwertig

„Ja, Sie haben Recht, das Produkt ist nicht billig. Ich habe nicht gewagt, Ihnen etwas Billiges anzubieten." Mit dieser Entgegnung schlagen Sie gleich mehrere Fliegen mit einer Klappe: Zum einen drehen Sie den Spieß um – billig ist jetzt nicht mehr positiv besetzt, sondern bekommt einen deutlichen Beigeschmack von „minderwertig". Zum anderen werten Sie mögliche Konkurrenzprodukte ab, ohne diese direkt anzugreifen und damit gegen Wettbewerbsrecht zu verstoßen. Schließlich setzen Sie Ihren Kunden unter Zugzwang: Wer will schon was Billiges kaufen?

Gegenfrage: Warum?

Diese nur scheinbar naive Frage wirkt entwaffnend auf Ihren Kunden, denn sie bringt ihn in Begründungszwang: Er muss nun von sich aus in eine Diskussion über das Preis-Leistungs-Verhältnis einsteigen, was Ihnen wiederum die Möglichkeit gibt, seine Argumente zu entkräften bzw. zu widerlegen, um dann mit überzeugenden Argumenten seine Zustimmung zu erringen. Auch hier gilt: nicht mit einem Nachlass antworten, sondern den Preis begründen – mit einer Erklärung, die ins Herz der Kaufwiderstände des Kunden trifft!

Stolz auf das Produkt

Ein deutlich zum Ausdruck gebrachter Stolz auf das Produkt irritiert gerade den kritischen Kunden, denn Stolz kündet von Selbstbewusstsein, lässt kaum Zweifel am Preis und macht es dem Kunden damit schwer, „zu teuer" als negatives Argument einzusetzen. Da gibt's einen Verkäufer, der ganz selbstbewusst sagt: „Mein xyz ist sauteuer, aber es wirkt!"

Schlagfertigkeit

Mit griffigen, schlagfertigen Antworten wie „Es war schon immer etwas teurer, einen guten Geschmack zu haben" oder „Dieses Produkt ist nicht billig, aber was Sie dadurch gewinnen, ist unbezahlbar ..." verblüffen Sie Ihren Kunden und schaffen es zumindest, die Verhandlungsatmosphäre wieder etwas aufzulockern – Ihr Kunde öffnet sich leichter für Ihre Argumente, die Sie für Ihren Preis ins Feld führen.

Fazit: Lassen Sie sich Ihren Preis nicht madig machen, nicht in Frage stellen, denn ein hoher Preis ist bei einem hochwertigem Produkt eine Selbstverständlichkeit, ein Indiz für hohe Qualität, ein Gewinnbringer nicht nur Sie, sondern auch und vor allem Ihren Kunden!

Typische Preisdrückerstrategien – und wie Sie ihnen clever begegnen

Klar: Kein erfolgreicher Abschluss ohne die dazugehörigen Preisverhandlungen. Natürlich: Mit Selbstbewusstsein für den Wert meines Angebots und einem selbstverständlichen Umgang mit meinem Preis erarbeite ich mir von Anfang an eine gute Verhandlungsposition im Preisgespräch. Ohne Frage: Pauschale „zu teuer"-Vorwände kann ich mit Geschick als solche entlarven und mich dann den eigentlichen Problemen meines Kunden zuwenden. Aber was tun, wenn mich mein Kunde trotzdem in einen Preiskampf hineinziehen und um Nachlässe feilschen will?

Kennen Sie Verbal-Judo? Das bedeutet nichts anderes, als Attacken Ihres Kunden ins Leere laufen zu lassen und sie so umzulenken, dass sich seine ganze Angriffswucht letztlich wieder gegen ihn selbst richtet. Auf das Preisgespräch bezogen heißt das für Sie, dass Sie bei einer Preisattacke Ihres Kunden nicht gleich in Abwehrhaltung gehen, den Preis verteidigen und so die Gesprächssituation eskalieren lassen, sondern dass Sie Ihren Kunden bestätigen, ihn aufwerten, um dann auf den Mehr-Wert und den Nutzen Ihres Angebots speziell für ihn zu verweisen: Ein auf diese Weise besänftigter und anerkannter Kunde muss nicht mehr im Kampf sein Gesicht wahren, sondern ist offen für Ihre Überzeugungsarbeit!

Aus dem schier unerschöpflichen Vorrat an Preisdrückerstrategien ausgefuchster Einkäufer, „kreativer" Verbraucher und anderer mehr oder weniger cleverer Kunden lassen sich eine Reihe sich stets wiederholender Praktiken herausarbeiten, die ganz typisch sind für den Versuch, Sie in Preis(nachlass)kämpfe hineinzuziehen:

Drohung mit Entzug oder Reduzierung des Auftrags

Mit diesem Vorgehen, oft am Beginn des Verkaufsgesprächs, will Ihr Kunde zunächst einmal sein Revier abstecken, deutlich Position beziehen, um zu eruieren, unter welchem Auftragsdruck Sie stehen.

Beobachten Sie Ihren Kunden dabei ganz genau: Schaut er verlegen zur Seite? Zeigen seine Hände Druckspuren? Presst er die Lippen zusammen? Stellen Sie alle diese mimischen und gestischen Verhaltensweisen bei ihm fest, können Sie mit ziemlicher Sicherheit davon ausgehen, dass Ihr Kunde blufft – schaut er Ihnen hingegen fest und ruhig in die Augen, müssen Sie all Ihr diplomatisches Geschick zusammennehmen!

Selbst wenn Sie einen Bluff Ihres Kunden feststellen, dürfen Sie ihn nicht etwa als schlechten Schauspieler entlarven – denn sonst antwortet Ihr peinlich berührter Kunde mit einem diesmal ganz ernst gemeinten Gesprächsabbruch!

Ob leere oder „wahre" Drohung – vermitteln Sie Ihrem Kunden, dass es in seinem eigenen Interesse ist, nicht zum Konkurrenten zu wechseln, indem Sie (wieder) auf die Vorteile hinweisen, die insbesondere/nur Ihr Angebot für seinen spezifischen Bedarf bereithält, greifen Sie auf Ihre individuelle Nutzenargumentation zurück!

Verunsicherung des Verkäufers

Sie kennen diese Sprüche zwischen (gespielter oder echter) Empörung, (scheinbar) lässiger Ironie und gezielter Provokation?

- „Ihr Preis ist Diebstahl!"
- „Ich will doch nicht Ihr ganzes Unternehmen kaufen!"
- „Den Stückpreis bitte, nicht Tausenderpreis ..." etc.

Lassen Sie sich nicht darauf ein. Reagieren Sie – wie auch immer – auf solch unqualifizierte Angriffe, werten Sie diese nur unnötig auf: Wer sich verteidigt, hat ein schlechtes Gewissen oder ist zumindest verunsichert – denkt zumindest Ihr Kunde ... Allerdings dürfen Sie seine Bemerkung nur einmal ignorieren, denn sonst fühlt er sich nicht ernst genommen, selbst wenn seine eigene Provokation paradoxerweise keine ernsthafte Grundlage haben sollte. Emotionalisieren Sie die Gesprächssituation nicht (zusätzlich), indem Sie einfach wieder zur „Tagesordnung" übergehen.

Schauen Sie also Ihren Kunden zweifelnd an, schweigen Sie und beobachten Sie ihn genau, um herauszufinden, ob es sich um einen Versuchsballon handelt oder ob es ihm vielleicht doch ernst ist. Reagiert er unwillig, dann müssen Sie ihn auf seine eigene Erfahrungen, seine Produkt- und Marktkenntnisse zurückführen, um die „Rechtmäßigkeit" Ihres Preises zu untermauern. Aber verteidigen Sie Ihren Preis nicht – bauen Sie vielmehr den Verdacht Ihres Kunden ab, Sie wollten ihn „über den Tisch ziehen", ohne dass er sein Gesicht verliert.

Drohen mit der Konkurrenz

Führt Ihr Kunde den Wettbewerb ins Feld, will er die Marktlage sondieren. Als Verkäufer, der seinem Kunden als erster die entsprechenden Informationen – Vergleichsangebote der Konkurrenz – liefert, der also kein Problem hat, sein Produkt mit dem Wettbewerb zu vergleichen, machen Sie einen selbstsicheren, von Ihrem Produkt so überzeugten Eindruck, dass Sie keine Angst haben, Ihr Kunde könnte zur Konkurrenz überlaufen. Sie werten mit dieser Gelassenheit Ihr Produkt so auf, dass er zu dem Schluss kommt: „An dem Angebot muss was dran sein, wenn mich der Verkäufer dazu auffordert, mich bei der Konkurrenz umzuschauen!"

Drohen mit niedrigeren Preisen

Hier gilt: Je pauschaler die Behauptung Ihres Kunden, er sei schon auf günstigere Angebote als das Ihre gestoßen, desto geringer ist die Wahrscheinlichkeit, dass sie einen konkreten Hintergrund hat.

Konkretisieren Sie deshalb durch Nachfragen („Günstiger als was?") das „Argument" Ihres Kunden. Bringen Sie ihn in Beweisnot, indem Sie ihn – freundlich! – nach detaillierten Zahlen und/oder Namen fragen. Seien Sie auch hier wieder sehr zurückhaltend, um Ihren Kunden nicht als Lügner zu entlarven – stellen Sie also fest, dass er einen günstigeren Preis vortäuscht, dann übergehen Sie sein missglücktes Manöver gentlemanlike!

Liegt Ihrem Kunden aber tatsächlich ein günstigerer Preis vor, dann ist das ein unschätzbarer Vorteil für Sie, denn Sie sehen schwarz auf weiß, wie Ihr Wettbewerber Ihren Preis kalkuliert! Schlagen Sie Ihrem Kunden eine gemeinsame Prüfung dieses Konkurrenzangebotes vor – weigert er sich, Ihnen dieses zu zeigen, bringen Sie Ihren Kunden ganz in Zugzwang, indem Sie ihn ganz höflich danach fragen: Entweder er hat keins, oder es ist entgegen seiner Behauptung nicht mit Ihrem vergleichbar!

Verantwortung auf den Verkäufer abwälzen

„Harte Hunde" unter Einkäufern verfahren gern mit der folgenden unfairen Scheinalternative: Entweder Sie geben zu, dass Sie die Kompetenz nicht haben, den Auftrag zu den Bedingungen Ihres Kunden auszuführen, und müssen daher Ihren Verkaufsleiter kontaktieren, oder Sie müssen diese Kompetenz nachweisen, indem Sie selbst den Preis entsprechend den Vorgaben Ihres Kunden senken: „Es liegt ganz allein in Ihrer Hand, Herr Verkäufer, ob Sie den Auftrag wollen." Durch diese verkehrte Scheinargumentation sollen Sie unter Druck gesetzt werden – nicht Ihr Kunde verweigert den Auftrag, sondern Sie, wenn Sie seinem „Vorschlag" nicht folgen ...

Lassen Sie sich nicht in diese Falle locken und drehen Sie den Spieß einfach wieder um: Sagen Sie ihm, dass Sie vollstes Vertrauen in seine fachliche Kompetenz haben, den großen Nutzen Ihres Angebost wahrzunehmen ... Mit dieser Reaktion geben Sie nicht nur die Entscheidung wieder dahin zurück, wo sie hingehört, sondern Sie werten darüber hinaus Ihren Kunden (zusätzlich) auf.

Übertriebene Zukunftsaussichten

Das haben Sie sicher auch schon erlebt: Ihr Kunde will Sie mit wolkigen Versprechungen wenig greifbarer Großaufträge in der Zukunft locken, wenn Sie den Preis für den Auftrag, über den Sie just im Moment verhandeln, senken.

Nehmen Sie Ihren Kunden in so einer Situation einfach beim Wort und nageln Sie ihn auf konkrete Aufträge in der Zukunft fest oder verpflichten Sie ihn auf kurzfristige Gegenleistungen für den anstehenden Auftrag. Jetzt ist Ihr Kunde in der Zwickmühle: Sind die zukünftigen Großaufträge nur leere Versprechungen, oder ist er bereit, sich auf konkrete Annahmen festzulegen, um jetzt einen günstigeren Preis zu erhalten?

Möchten Sie allerdings den anstehenden Auftrag nicht durch weiteres Taktieren gefährden, dann bleibt Ihnen noch die Möglichkeit, rückwirkende Preisnachlässe anzubieten, also Vergünstigungen, die zum Tragen kommen, wenn der Auftrag tatsächlich zustande kommt.

Scheinkündigung der Geschäftsbeziehungen

Auf die Scheinkündigung der Geschäftsbeziehungen, um Sie und Ihr Unternehmen zu einem Preisnachlass zu zwingen, sollten Sie wie auch bei den anderen Preisdrückerstrategien nicht mit Panik reagieren. Prüfen Sie stattdessen, welche Ziele Ihr Kunde verfolgt: Analysieren Sie zunächst die Hintergründe seiner Preisattacke, um dann Ihr Angebot durch die Hervorhebung des Kundennutzens aufzuwerten und sich so eine argumentative Basis zu schaffen, von der aus Sie Ihrem Kunden den Preis (nochmals) erklären. Sollten Sie mit dieser Strategie keinen Erfolg haben, können Sie immer versuchen, Ihren Kunden im Falle eines Preisnachlasses zu einer Gegenleistung zu bringen.

Konterstrategien gegen Preisdrücker

- Prüfen Sie, ob Ihr Produkt tatsächlich eine Alleinstellung am Markt hat: Existieren überhaupt ernsthafte Alternativen, auf die Ihr Kunde ausweichen könnte?
- Überraschen Sie Ihren Kunden: Zeigen Sie ihm nicht die Reaktionen, die er erwartet – zum Beispiel Enttäuschung und Resignation, und verunsichern Sie ihn so in seiner Taktik.
- Behalten Sie stets die Initiative, lassen Sie sich auf keinen Fall in die Defensive drängen!
- Werten Sie Ihren Kunden auf, indem Sie seine Fachkenntnis bestätigen und seine Freiheit, sich über die Marktsituation zu informieren.
- Formulieren Sie Ihrem Kunden gegenüber klare Alternativen: Verzicht auf Nutzen oder Preis akzeptieren!
- Räumen Sie Ihrem Kunden nie rückwirkende Rabatte bei zeitlich fixierten Mengenversprechen ein, bestenfalls Boni für künftig zu erreichende Umsätze.
- Gewähren Sie keine Preisnachlässe im Voraus aus Ihrer Gutgläubigkeit heraus.
- Wehren Sie sich gegen pure Preisdrückerei: Bestehen Sie bei Preisnachlässen auf Gegenleistungen Ihres Kunden wie Mengenerhöhungen oder höhere Anzahlungen!

Gute Preise auch bei genormten Produkten

Auch bei genormten Produkten haben Sie gute Argumente, um Ihren Kunden zu motivieren, nicht allein auf den niedrigsten Preis zu schauen. Auch bei weitgehend standardisierten Angeboten gibt es klar erkenn- und vorzeigbare Unterschiede, die entsprechende Preisdifferenzen legitimieren. Diese Unterschiede liegen zwar meist nicht beim Produkt selbst, aber bei Ihnen und Ihrem Unternehmen, und geben Ihnen deshalb auch die Möglichkeit, scheinbar „teure" Angebote zu begründen:

objektive, sachliche Qualitätsunterschiede	„psychologische" Qualitätsunterschiede
• Beratungsqualität • Breite oder Tiefe des Sortiments • Lagerumfang • Lieferschnelligkeit • Konditionen • Bestellservice • Anwendungs-, technische Beratung • Dienstleistungen • Zuverlässigkeit • Kulanz bei Reklamationen • Abverkaufsunterstützung	• Freundlichkeit des Verkäufers (Anerkennung, Aufwertung) • Image des Lieferanten • Freundlichkeit des Telefondienstes • Gewohnheit, Bequemlichkeit • Einfluss Dritter • langjährige Vertrauensbasis • echte Geschäftsfreundschaft • positive Erlebnisse in der Zusammenarbeit • Verkäufer mit starkem Charakter

Diese Plusfaktoren müssen selbstredend auch durch tatsächliche Mehrleistungen erfüllt sein, um den höheren Preis zu rechtfertigen. Leere Phrasen und Versprechungen sind die sichersten „Auftragskiller", denn: „Einmal enttäuscht, nie wieder gekauft!"

Checkliste: Höhere Preise bei genormten Produkten

- ❑ *Prüfung:* Gibt's an Ihrem Produkt auch Elemente, die nicht der Normung unterliegen und einen höheren Preis rechtfertigen?
- ❑ *Erforschung:* Welche sachlichen und psychologischen Faktoren Ihres Gesamtangebots könnten eine Präferenz Ihres Kunden begründen?
- ❑ *Vorteilsprofil:* Wie sieht das Vorteilsprofil aus, das Sie auf die Produktnorm aufsetzen können? Erstellen Sie sachliche und „psychologische" Vorteilsfaktoren Ihres Angebots!
- ❑ *Relativierung:* Wie können Sie die Normung Ihres Produkts relativieren, um Ihr Qualitätsplus zusätzlich herauszustellen?
- ❑ *Markenimage aufbauen:* Wie können Sie die Produktbezeichnung konsequent mit dem Namen Ihres Unternehmens verbinden?
- ❑ *Transfer:* Wie können Sie durch Ihre Gesprächsführung und Argumentation die sachlichen und „psychologischen Plusfaktoren" direkt auf Ihr genormtes Produkt übertragen?

Vom richtigen Umgang mit Preisnachlässen

Einmal gewährte Preisnachlässe – ohne entsprechende Gegenleistungen Ihres Kunden – öffnen seiner Begehrlichkeit Tür und Tor, denn mit diesem Kunden gibt es für Sie in Zukunft kein Verkaufsgespräch mehr ohne Preisdemontage.

Nicht durchdachte Preisnachlässe mögen ein probates Mittel sein, um einfach und schnell Aufträge an Land zu ziehen – aber dieses Vorgehen ist sehr kurzsichtig, denn langfristig sägen Sie sich damit den Ast ab, auf dem Sie sitzen. Sorgen Sie daher auch dann für ein klares Preiskonzept, wenn Nachlässe für Ihren Kunden unumgänglich sind!

Grundsätzlich sollten Sie Preisnachlässe nur nach dem Prinzip „Zugeständnis gegen Zugeständnis" einräumen. Zugeständnisse seitens Ihres Kunden sollten grundsätzlich darin bestehen, den bestehenden Auftrag auszubauen, ihn indirekt zu verbessern oder Ihr abgespecktes Angebot zu akzeptieren, damit für ihn (scheinbar) günstigere Konditionen geschaffen werden können.

Skonto für Barzahlung, Mengenrabatte für Auftragserweiterung, Rabatte für Selbstabholung, Treueprämien, Vergütungen für Referenzen etc. sind geldwerte Vorteile für Ihr Unternehmen, für die Ihr Kunde mit Nachlässen „honoriert" wird, die aber nicht wirklich welche sind.

Andere Formen von *Preiszugeständnissen* im fairen Geben und Nehmen zusammen mit Ihrem Kunden sind beispielsweise ein höheres Auftragsvolumen, feste Jahreskontingente, Selbstabholung, Selbstmontage, längere Lieferzeiten, größere Serviceintervalle, kürzere Garantieansprüche. Je nach Branche und spezifischem Angebot sind Ihrer verkäuferischen Fantasie keine Grenzen gesetzt, wenn Sie sich mit Hilfe einer Liste von Gegenangeboten sorgfältig auf Ihr Verkaufsgespräch vorbereiten – mögliche Gegenleistungen, mit denen Sie sich das Preiszugeständnis von Ihrem Kunden abkaufen lassen. Mit dieser Liste sind Sie gut gewappnet für das Preisgespräch und behalten entsprechend die Initiative in der Hand.

Bei Verhandlungen über konkrete Preiszugeständnisse sollten Sie zunächst auf keinen Fall einseitig eine sichere Zusage machen, sondern Ihrem Kunden nur Chancen auf einen Nachlass einräumen. Appellieren Sie an seine Hilfsbereitschaft, stellen Sie sich auf eine Stufe mit ihm, um ihm Ihren Vorschlag für eine Gegenleistung von seiner Seite leichter als seinen Vorteil darstellen zu können, um den Nutzen herauszuarbeiten, den auch er von einem Entgegenkommen hat. Halten Sie die Zustimmung und Zusage Ihres Kunden fest, bevor Sie Ihr eigenes Preiszugeständnis daran binden!

Über das *Schmälern des Leistungsangebots,* das *Abspecken* können Sie auch Ihren Preis abmagern – Ihr Kunde ist zufrieden, und auch für Sie rechnet sich das Geschäft nach wie vor. Von Preisdemontage kann hier keine Rede sein, denn Sie haben ja einen „neuen" Preis für „neues" Produkt ausgehandelt! Auch hier ist eine systematische Vorbereitung sinnvoll, um für Ihren Kunden vernachlässigbare Produktpolster aus Ihrem Angebot herausschneiden zu können.

Durch die Aufwertung Ihres Kunden und Ihres Angebots können Sie Preisabstürzen vorbeugen, weil der solcherart gelobte und geschätzte Kunde nicht blind auf Sie und Ihr Produkt einprügelt. Als smarter Verkäufer verschmelzen Sie diese Aufwertungstaktik mit Nutzenargumenten: „Herr Kunde, so konsequent, wie Sie verhandeln, daran lässt sich sehen, dass Sie fest davon überzeugt sind, hier ein Produkt mit hervorragenden Eigenschaften zu bekommen. Sonst würden Sie ja nicht mehr mit mir sprechen!" Mit diesem Lob signalisieren Sie Ihrem Kunden: Wir sind beide am Abschluss interessiert, denn jeder bekommt dadurch einen Vorteil!

Eine weitere kluge Taktik, mit der Sie einseitige Preiszugeständnisse verhindern, ist, Ihrem Kunden einen Nachlass für den Fall in Aussicht zu, dass er vorher zusichert, den Auftrag verbindlich zu erteilen:

> *Beispiel:*
>
> *Verkäufer:* „Herr Kunde, wenn mein Unternehmen Ihnen diese drei Prozent einräumen würde, wäre dann der Auftrag sicher?"
>
> *Kunde:* „Ja, Sie haben mein Wort."
>
> *Verkäufer:* „Also gut: Dann kann ich die drei Prozent zusagen."
>
> (Der Verkäufer streckt dem Kunden die Hand entgegen und nickt dabei, worauf der Kunde erfreut einschlägt.)

Je nach Ihrem Entscheidungsspielraum ist unter Umständen noch ein Zusatz wie „... vorbehaltlich der Zustimmung meiner Geschäftsleitung" angebracht.

Auf diese Weise spielen Sie Ihren Nachlasstrumpf erst aus, wenn im Gegenzug gesichert ist, dass Ihr Kunde den Auftrag ohne weitere Diskussion unterschreibt. Sie signalisieren Ihrem Kunden mit der Möglichkeitszusage, dass Sie am Preis leider nichts ändern können. Das verführt Ihren Kunden zur leichtfertigen Zusage, und Sie können ihn jetzt auf den Auftrag festnageln, unterstützt durch Ihr Kopfnicken und Ihre ausgestreckte Hand, in die Ihr Kunde instinktiv einschlägt.

So verhindern Sie Preisabstürze

- Räumen Sie Nachlässe nur im Tauschgeschäft mit Gegenleistungen Ihres Kunden ein!
- Überlegen Sie sich genau, wo Sie an Ihrem Angebot abspecken können: Wo lassen sich Produktelemente, Service etc. einsparen, um so Preisvariationen zu ermöglichen?
- Werten Sie Ihren Kunden auf, indem Sie seine konsequente Verhandlungsführung loben!
- Magern Sie Ihr Produkt ab, wenn Ihr Kunde (allein) auf den Preis fixiert ist!
- Halten Sie sich fern von der Preisabwärtsspirale – lassen Sie sich nicht von Ihrem Kunden gegen Wettbewerber ausspielen!
- Lassen Sie sich von Ihrem Kunden zuerst den Auftrag sichern, ehe Sie selbst Preiszugeständnisse machen!

Machen Sie sich unentbehrlich!

Viele Funktionen im Verkauf wie die reine Bestellaufnahme, die früher der Verkäufer selbst oder seine Kollegen im Innendienst wahrgenommen haben, wurden durch die Entwicklungen in der Informations- und Kommunikationstechnologie wegrationalisiert.

Was aber langfristig die Aufgabe des Verkäufers bleiben wird, ist die eigentliche (Preis-)Verhandlung – schließlich kann der Computer (noch) nicht selbstständig denken ...

Beschäftigen Sie sich deshalb intensiv mit Verhandlungstechniken und bringen Sie sich hierbei zu wahrer Meisterschaft – und Sie werden für Ihr Unternehmen (fast) unbezahlbar!

Der Motivationskick für Ihre Preisgespräche!

- Lassen Sie sich nicht ins Bockshorn jagen – nirgendwo sonst wird im Wirtschaftsleben mehr geblufft als im Preisgespräch!
- Beschäftigen Sie sich intensiv mit Hochpreisbeispielen, zumindest mit Verhandlungen, in denen es gelang, Gewinn bringende Preise durchzusetzen!
- Seien Sie sich stets bewusst: Ihr Unternehmen lebt nicht vom Umsatz, sondern vom Gewinn!
- Kämpfen Sie um daher um jeden Euro, um jeden Cent!

Neunter Trainingstag

Den Kunden langfristig binden

Erfolgreiche After-Sales-Strategien

Erich-Norbert Detroy

Herr Detroy, aus Ihrer Seminarerfahrung heraus: Welchen Stellenwert nehmen Strategien und Maßnahmen der Nach-Kaufbetreuung tatsächlich in der täglichen Arbeit ein?

Erich-Norbert Detroy: Leider einen zu geringen Stellenwert. Von der Nach-Kauf-Betreuung hängen ganz entschieden die Zufriedenheit und Begeisterung unserer Kunden ab, ihre Dankbarkeit und Treue – und damit auch ihre Bereitschaft zur Weiterempfehlung!

Nehmen heutige Verkäufer die Gelegenheit wahr, nach Besuchsterminen die eigene Gesprächsführung zu reflektieren und sich so stetig zu verbessern?

Detroy: Leider nehmen heutige Verkäufer diese Gelegenheit zu wenig wahr: Sie sind – auch wegen harter Leistungsvorgaben – in ständiger Hektik und stehen unter großem Termindruck. Dabei hängt von der Reflektion, dem kritischen Analysieren des Verkaufsgespräches, unsere stetige Leistungsverbesserung als Verkäufer ab.

Was raten Sie einem Berufseinsteiger als Verkäufer, wenn er Sie fragt, wie er seinen (zukünftigen) Kunden schnell für sich begeistern kann?

Detroy: Meine Empfehlung: Ihr Kunde muss einfach Freude an Ihnen haben: Wie Sie sich benehmen, verhalten, bewegen, sich freuen können – auch über die kleinen Dinge des Lebens! Ihr Kunde möchte Ihren Spaß an Ihrem Beruf, Ihren Produkten, am Gespräch mit ihm spüren. Aber: Alles muss „echt" sein, authentisch, von Herzen kommen – gespielte Freude und Herzlichkeit lassen sich nicht lange aufrecht erhalten!

Den Kunden langfristig binden

Erfolgreiche After-Sales-Strategien

Nach dem Abschluss ist vor dem Abschluss

Kommt Ihnen das bekannt vor? Sie verlassen ganz elektrisiert das Büro eines Kunden – das Verkaufsgespräch lief außerordentlich harmonisch: Sie und Ihr Kunde „surften auf der gleichen Welle", er hatte sich „geöffnet" und Ihnen alle Fragen zu seinem Bedarf beantwortet, Sie konnten ihn mit Ihrer Präsentation bei seinen Motiven und Wünschen „packen" und so seine letzten Bedenken und Einwände souverän aus dem Weg räumen. Der Abschluss? Erledigte sich wie von selbst! Sie sagen Ihrem Kunden eine prompte Erledigung seines Auftrags zu und sind zu Recht stolz auf sich.

Doch dann passiert Folgendes: Die Nachbereitung des Besuches in Ihrem Unternehmen ist unzureichend, die Kundeninformationen werden nicht die Datenbank eingepflegt, zugesagte Liefer- und Mitarbeiterschulungstermine können nicht eingehalten werden, die Kommunikation zwischen Ihnen und dem Innendienst funktioniert nicht hundertprozentig, Reklamationen des Kunden werden nicht weitergeleitet. Und vor lauter Schadensbegrenzung finden Sie nicht eine ruhige Minute, um das Verkaufsgespräch noch einmal Revue passieren zu lassen, um sich individuelle Servicemaßnahmen für Ihren Kunden zu überlegen.

Fazit: Glaubwürdigkeit verspielt, Auftrag storniert, Kunde verloren.

Servicequalität bestimmt Beziehungsqualität

Kundenbegeisterung entsteht durch positive Erlebnisse während des Verkaufsprozesses – auch und vor allem nach dem Abschluss: bei der Lieferung, bei der Montage, bei Schulungen, bei der Rechnungsstellung, bei der Wartung, im Kundendienst, bei Reklamationen, durch die Hotline für Kunden, bei Kundenevents und und und ... also die gesamte Nach-Kauf-Betreung: After Sales eben!

Die Eignung, die Qualität, der Grundnutzen Ihres Produkts, das sind heute alles Mindestvoraussetzungen für die Zufriedenheit Ihres Kunden – für ihn zählt bei seiner Kaufentscheidung entweder der Preis oder nichtmaterielle Kriterien wie eine persönliche, vertrauensvolle Beziehung zu Ihnen als Repräsentant Ihres Unternehmens, Ihre kompetente Beratung, Lieferschnelligkeit, Liefersicherheit, Flexibilität gegenüber seinen Sonderwünschen und Schnelligkeit oder Kulanz, wenn er auf Ihre Hilfe angewiesen ist. Kurz: Ihr Kunde will von Ihnen umsorgt werden, Ihnen „blind" vertrauen können, sich bei Ihnen gut aufgehoben fühlen. Auf Ihrer Servicequalität beruht die dauerhafte emotionale Bindung zwischen Ihnen und Ihrem Kunden – sie bestimmt, ob Ihr Kunde positiv über Sie und Ihr Unternehmen denkt und vor allem, ob er anderen davon erzählt und Sie weiterempfiehlt!

Fragt man 100 Verkäufer danach, welche von ihnen ihre Kunden um Empfehlungen bitten, gehen 200 Hände hoch. Alle fragen nach Empfehlungen, so meinen sie. Doch die Praxis sieht anders aus: Kaum ein Verkäufer betreibt konsequent Empfehlungsmarketing.

Beispiel:

Zu welchem Erfolg eine professionelle Empfehlungs-Strategie führen kann, demonstriert ein Autohaus, das in den neuen Bundesländern vier Autohäuser betreibt: Zwei Damen rufen acht bis 14 Tage nach Inspektion oder Reparatur an, um sich nach der Zufriedenheit des Kunden zu erkundigen. So ganz nebenbei fragen sie: „Steht in Ihrer Familie demnächst ein Fahrzeugkauf an?" Wird diese Frage mit „Nein" beantwortet, haken sie freundlich nach: „Vielleicht in Ihrem Freundeskreis oder in Ihrer Nachbarschaft?" Wundert es Sie etwa, dass hier zehn Verkäufer über 1 000 Autos an den Mann/an die Frau bringen?

Der eherne Grundsatz der Kundenbetreuung lautet:
Danach ist immer davor!
Nach dem Abschluss ist immer vor dem Abschluss!

Ihr Kunde wird und bleibt Stammkunde, wenn er zu Ihrem „Fan" wird: Begeisterung entsteht, wenn Sie Ihrem Kunden ein wenig mehr geben, als er von Ihnen erwartet oder auch erwarten kann. Nur begeisterte Kunden sind wirklich treue Kunden, dagegen wechseln zufriedene Kunden schnell zur Konkurrenz. Zufriedenheit ist rational, Begeisterung ist emotional!

Das verändert das Kompetenzprofil des erfolgreichen Verkäufers grundlegend: Nicht mehr betriebswirtschaftliches sowie branchen- und produktbezogenes Know-how sind die wichtigsten Erfolgsfaktoren, sondern die Fähigkeit, auf Menschen zuzugehen, sie zu verstehen und sie für sich zu gewinnen. Ihre Kunden wollen nicht nur Ihre Produkte, nicht nur Ihre individuellen Problemlösungen, sondern vor allem „gute Gefühle"!

Auch wenn Sie Ihren Kunden für sich und Ihr Angebot gewonnen haben, darf das Verkaufen nicht aufhören! Ihre optimale Nachbereitung von Verkaufsgesprächen und Ihre After-Sales-Strategien sind entscheidend im Kundenbindungsprozess und somit auch für Ihren eigenen dauerhaften Erfolg: Sie stärken nicht nur das Vertrauensverhältnis zwischen Ihnen und Ihrem Kunden, der Sie als kompetenten Partner und Berater schätzen lernt, auch Ihre Kommunikation mit dem Innendienst wird sich stetig verbessern. Die Freude an Ihrer Arbeit wächst, weil sie insgesamt professioneller und damit erfolgreicher abläuft – Ihr Erfolg ist vorprogrammiert!

Was machen Sie eigentlich direkt nach dem Abschluss?

Sicherlich bedanken Sie sich wie viele andere Verkäufer bei Ihrem Kunden brav für den Auftrag. Warum gehen Sie nicht einen Schritt weiter und bestätigen ihn in seiner Kaufentscheidung, zum Beispiel indem Sie ihm eine schnelle Abwicklung seines Kaufvertrages versprechen, ihm glaubhaft zusichern, ihn auch nach dem Abschluss in jeder Hinsicht zu unterstützen und bei Fragen und Problemen jederzeit mit Rat und Tat zur Seite zu stehen?

Oder bedanken Sie sich bei Ihrem Kunden für die Zeit, die er sich für Sie genommen hat. Klar: Er profitiert auch vom Auftrag, schließlich haben Sie ihm seinen Nutzen deutlich vor Augen geführt – sonst hätte er ja auch nicht unterschrieben. Aber darum geht's nicht, sondern vielmehr um die Wertschätzung, die Sie ihm entgegenbringen: Damit geben Sie Ihrem Kunden nämlich gleichzeitig zu verstehen, dass Sie sich durchaus bewusst sind, wie wertvoll und knapp seine Zeit ist.

Warum nutzen Sie nicht die positive Stimmung nach dem Abschluss und „setzen noch eins drauf", indem Sie Ihren Kunden mit einer Einladung zu einer Messe oder auch zur Besichtigung Ihrer Firma überraschen?

Was Sie auch tun: Der „Abschluss nach dem Abschluss" bleibt Ihrem Kunden im Gedächtnis haften! Verkaufsgespräch und Abschluss können –

nicht nur für Sie – optimal verlaufen sein, das hilft alles nichts, wenn Sie in den ersten Sekunden und Minuten Ihren Kunden nicht weiter „bei der Stange halten".

Denn das erleben Sie sicher selbst oft genug: Sie werden in Modegeschäften, Autohäusern etc. strahlend begrüßt, bedient und gar bewirtet. Die herzliche Stimmung scheint kein Ende zu finden – bis zum abrupten Abschied, wenn sich der Verkäufer/die Verkäuferin sofort dem neuen Kunden zuwendet. Sie verlassen konsterniert das Geschäft, begossen wie der berühmte Pudel, denn der Verkäufer, der Sie gerade aufmerksam wie einen Freund behandelt hat, zeigt Ihnen nun die kalte Schulter. „Das war's, dieses Geschäft betrete ich nicht mehr!", ärgern Sie sich. Auf Nimmerwiedersehen!

Die Nachbereitung des Verkaufsgesprächs

Die Nachbereitung eines Verkaufsgesprächs ist für eine dauerhafte Kundenbindung genauso wichtig – wenn nicht wichtiger – wie eine gute Besuchsvorbereitung, die optimale Gesprächsführung und der erfolgreiche Abschluss. Beachten Sie daher folgende Punkte, wenn Sie mit der Abwicklung eines Auftrags loslegen:

- Führen Sie den Auftrag zügig und kundengerecht aus, zum Beispiel, indem Sie der Auftragsbestätigung ein persönliches (Dankeschön-)Anschreiben beilegen.
- Berichten Sie allen Kollegen, die über den Auftrag informiert werden müssen/wollen, kurz von den Gesprächsergebnissen, zum Beispiel durch eine kurze Notiz per E-Mail.
- Berücksichtigen Sie eventuelle Sonderwünsche Ihres Kunden, soweit das in Ihrem Ermessen liegt, und informieren Sie Ihre zuständigen Kollegen darüber.
- Veranlassen Sie, dass Ihr Kunde in diverse Verteiler aufgenommen wird, beispielsweise für die Firmenzeitung, den (Online-)Newsletter oder für andere Unternehmenspublikationen, für (Haus-)Messen, Tage der offenen Tür, andere (Info-)Veranstaltungen oder für den Glückwunschservice (Geburtstage, Weihnachten, Jubiläen).
- Geben Sie Ihrem Kunden auf jeden Fall einen Zwischenbescheid, falls der Liefertermin – egal aus welchen Gründen! – nicht eingehalten werden kann.

- Prüfen Sie, ob Sie Ihrem Kunden schon Termine für Mitarbeiterschulungen zum neuen Produkt vorschlagen können und ob die Zeit schon reif ist, um einen neuen Termin für ein Zusatzgeschäft zu vereinbaren.

Und wie haben Sie das Verkaufsgespräch erlebt?

Nachdem Sie also die Details des Auftrags gewissenhaft ausgeführt haben, nehmen Sie sich doch kurz Zeit, um das Verkaufsgespräch noch einmal vor Ihrem geistigen Auge durchzuspielen und Ihre Gesprächsführung einer selbstkritischen Prüfung zu unterziehen.

Vorbereitung: Haben Sie sich ausreichend vorbereitet? Oder wäre nicht doch die eine oder andere zusätzliche Information hilfreich gewesen? Hat sich etwas ergeben, das Sie neu in Ihre Checkliste für Erstbesuche aufnehmen sollten?

Zeitmanagement: Hat Ihnen die Zeit gereicht, die Sie (unter Umständen mit Ihrem Kunden zusammen) veranschlagt hatten? Gab es Themen und Gesprächsphasen, die unverhältnismäßig viel Zeit gekostet haben?

Kommunikation: Wie war die Begrüßungsphase und der Gesprächseinstieg? Haben Sie sich mit Ihrem Kunden auf Anhieb gut verstanden oder spürten Sie eine deutliche Distanz von seiner Seite? Woran könnte es gelegen haben? Konnten Sie Ihrem Kunden den Nutzen Ihres Angebots, seine Vorteile, den Mehrwert, wirklich überzeugend vermitteln?

Einwandbehandlung: Haben Sie alle Argumente und Einwände Ihres Kunden überzeugend entkräftet? Konnten Sie seine Bedenken und Restzweifel zerstreuen? Ist Ihr Angebot wirklich zu hundert Prozent deckungsgleich mit dem Bedarf Ihres Kunden?

After Sales: Wie können Sie als erfolgreicher Berater weiterhin für Ihren Kunden tätig werden, damit er seine Ziele, Träume und Wünsche realisiert? Wie können Sie ihn positiv überraschen bzw. verblüffen?

Fazit: Haben Sie Ihre ursprünglichen Gesprächsziele erreicht? Was ist Ihnen gut gelungen, wo sind Ihnen Fehler unterlaufen? Und welche Erkenntnisse aus diesem Verkaufsgespräch können Sie für weitere Kundenkontakte nutzen?

Ohne Kundendaten kein Kundenservice

Ein individueller Kundenservice mit dem kleinen bisschen „Mehr" an Betreuung ist ohne entsprechend umfangreiche Kundendaten nicht denk- und machbar. Solche Daten professionell zu sammeln, zu verwalten und im Kundenkontakt im wahrsten Sinne des Wortes Gewinn bringend umzusetzen, ist heute unabdingbar für den langfristigen Verkaufserfolg.

Der schnelle Zugriff auf Kundendaten unterstützt Sie in Ihrer intensiven Vorbereitung auf Ihre Besuchstermine: Lassen Sie Hintergrundinformationen zu Ihrem Kunden geschickt im Gespräch einfließen, werten Sie Ihren Kunden auf – von da aus ist der Weg zur Begeisterung nicht mehr weit!

Zudem helfen Ihnen diese Informationen auch, in festgefahrenen Verkaufsgesprächen, insbesondere Preisverhandlungen, die Stimmung aufzulockern, indem Sie einen kleinen „Schlenker" weg von den harten Verhandlungsfakten machen. Solche Kundendaten können zum Beispiel sein:

- Datum des ersten und des letzten Auftrags
- Auftragsvolumen im vergangenen Jahr
- bisher gekaufte Produkte
- eingeräumte Konditionen
- Aufzeichnungen über Angebote, Aktionen und Events
- noch zu akquirierendes Umsatzpotenzial
- Sonderwünsche
- Hinweise zu Mitentscheidern im Hintergrund
- Bemerkungen des Kunden über Wettbewerb
- Reklamationen und ihre Regelung
- Aufzeichnungen über private Angaben, über Geburtstage und andere „Feiertage"

Ergänzen Sie diese Liste entscheidender Informationen um Ihre eigenen ganz branchen-, unternehmens-, produkt-/dienstleistungs- und vor allem kundenspezifischen Daten, die Sie für Ihre effiziente tägliche Arbeit benötigen!

Natürlich sollten Sie und Ihre Kollegen vom Innendienst diese Daten nicht nur sorgfältig verwalten und immer auf den aktuellen Stand bringen, sondern auch entsprechend nutzen und umsetzen!

Beispiel:

Viele Verkäufer erkundigen sich brav acht Tage nach Übergabe des Neuwagens nach der Zufriedenheit ihres Kunden. Sie sind gern auch dabei, wenn er zum ersten Mal zur Inspektion kommt. Schließlich freut sich der Verkäufer, wenn sein Kunde zufrieden oder gar begeistert ist.

Aber wie sieht es nach drei oder vier Jahren aus, oder wenn das Auto noch älter ist? Hält der Verkäufer immer noch Kontakt oder verliert er seinen Kunden – auch aufgrund des zeitlichen Abstands – langsam aus den Augen?

Ein Neukauf steht oft erst nach drei oder vier Jahren an. Wann ein Kunde in der Regel einen neuen Wagen kauft, ist relativ einfach im Anschaffungsjahr zu erfahren. Für den erfolgreichen Verkäufer gilt also: Kontakt halten und rechtzeitig den Kunden ansprechen, um so den Folgeauftrag zu sichern!

Rufen Sie allerdings zu spät an, dann brauchen Sie sich nicht über diese Antwort zu wundern: „Ich habe mich anderweitig entschieden!"

Eine gewissenhaft gepflegte und genutzte Kundendatei erleichtert es Ihnen darüber hinaus, für Ihren Kunden zur „rechten Hand", zu seinem Berater zu werden: So können Sie ihm einen Hinweis geben, wenn sein Bestand aus der letzten Lieferung zu Ende geht. Laufende Anwendungstipps sowie weitere nützliche Hinweise, die als Newsletter verschickt werden können, Kundenschulungen, Seminare für seine eigenen Verkäufer oder für seine Kunden sind andere Beispiele für das Plus an Hilfsbereitschaft, das Ihren Kunden begeistert!

Dienstleistung kommt von Dienste leisten

Service und Servicequalität werden erst dann zur echten Herausforderung für Sie, wenn Ihr Kunde bereits gekauft und/oder schon bezahlt hat. Am Service hängt bei heute weitgehend austauschbaren Produkten mit vergleichbaren Qualitätsstandards der künftige Verkaufserfolg Ihres Unternehmens.

Vor allem Sie als Verkäufer können zu einem „Serviceerlebnis" für Ihren Kunden enorm beitragen, indem Sie auch diesen Service nicht als selbstverständliche Zugabe für Ihren Kunden betrachten, sondern ihn nach dem Motto „Tue Gutes und sprich darüber" ebenso *verkaufen* wie Ihr Produkt:

Warum soll denn Ihr Kunde Ihren im Vergleich zum Wettbewerb höheren Preis akzeptieren, solange er den Zusatznutzen nicht kennt, der ihm dank der „unsichtbaren" hohen Servicequalität Ihres Unternehmens geboten wird?

Versuchen Sie stets, die Situation vom Standpunkt Ihres Kunden aus zu betrachten, um herauszufinden, was er erwartet. Ihr Kunde sucht nach Orientierung durch Ihre Fachkompetenz, also durch Ihre Fähigkeit, Ihre Produkt- und Marktkenntnisse in seine Sprache zu übersetzen. Gelingt es Ihnen, seine Sprache zu sprechen und so mit ihm zu einer gemeinsamen Lösung für seinen Bedarf und seine Wünsche zu kommen, gewinnen Sie sein Vertrauen. Diese Fähigkeit setzt wiederum emotionale und soziale Kompetenz, Empathie und Kommunikationsstärke voraus!

In Ihrem Service zeigt sich letztlich Ihre „Kundendenke": Service, der dem Kunden wirklich Dienste leisten soll, muss aus dessen Sicht heraus konzipiert werden. Versetzen Sie sich also in die Denk- und Wunschwelt Ihres Kunden. Beschäftigen Sie sich mit seinen materiellen und sachlichen, vor allem aber auch mit seinen emotionalen Bedürfnissen!

Schon die Rechnung können Sie dazu nutzen, mit einem Beileger den Kunden darauf aufmerksam zu machen, dass Ihr Service nicht bei der Zahlung endet, sondern weit darüber hinausreicht.

> *Beispiel:*
>
> Bei der Lieferung eines Bettgestells inklusive Matratze liegt der Rechnung eine kleine Broschüre über „Gesundes Schlafen – Fit im Leben" bei. Eine kleine, wirkungsvolle Geste, die dem Kunden verrät, dass uns sein Wohl am Herzen liegt!

Mit Zufriedenheitsbefragungen – Sie melden sich je nach Produkt oder Dienstleistung innerhalb eines bestimmten Zeitraums nach der Lieferung (zum Beispiel acht Tage nach Überreichung des Pkws, beim Anstrich einer Hausfassade nach einem Jahr) bei Ihrem Kunden, um nachzuhaken, ob alles in Ordnung ist – können Sie gleich mehrere Fliegen mit einer Klappe schlagen: Zum einen freut sich Ihr Kunde einfach über Ihre Aufmerksamkeit, zum anderen können Sie so eventueller Negativwerbung Ihres Kunden vorbeugen. Und das Beste: Sie können die Gelegenheit nutzen, um nach einer Empfehlung zu fragen!

Von Stammkunden zu begeisterten Kunden

Die systematische Gewinnung und Pflege von Stammkunden fußt auf der uralten Erkenntnis, dass es um ein Vielfaches kostengünstiger ist, bestehende Kunden zu „pflegen“ und ihr Umsatzpotenzial auszuweiten, als immer wieder neue Kunden hinzugewinnen zu müssen. Ihre begeisterten „Fan-Kunden“ kaufen mehr und von allein, sodass Sie sich zeit- und kostenaufwändige Werbung und Außendienstbesuche sparen!

Die Loyalität treuer Stammkunden wächst allmählich: durch Interesse zum Probekauf, durch Zufriedenheit zum Wiederkauf, durch Überzeugung zum Weiterkauf, durch Faszination zu Zusammenarbeit und Vernetzung, durch Begeisterung zur Empfehlung.

Erfolgreiche Unternehmen entwickeln Strategien mit dem Ziel, ihren Kunden so viel wie möglich zu helfen und ihnen Arbeit abzunehmen. Der Verkäufer wird dabei zum Berater, zum Ideengeber, zum ständigen Betreuer des Kunden in allen Geschäftslagen – Sie helfen ihm als Coach dabei, seinen (technischen) Workflow zu optimieren, effizient erforderliches Know-how zu akquirieren, Geld zu sparen, an neue Aufträge zu kommen und somit erfolgreicher zu verkaufen. Durch Ihre Hilfe und die Ihrer Kollegen in Ihrem Unternehmen im Dienst Ihres Kunden entstehen enge Verflechtungen, ein Netzwerk mit Kunden, Win-win-Geschäftsbeziehungen, deren Vorteile und Gewinne für beide auf der Hand liegen. Ihrer Hilfsbereitschaft sind dabei kaum Grenzen gesetzt!

Experten-Tipp: So begeistern Sie Ihren Kunden!

- Sprechen Sie Ihren Kunden immer individuell und persönlich an, indem Sie intensiv Ihre umfassende und stets aktuelle Kundendatei nutzen!
- Trainieren Sie Ihre soziale und emotionale Intelligenz, Ihre Kundendenke und Kommunikationsfähigkeiten – Ihre Kunden erwarten einen kompetenten Verkäufer, der ihnen zuhört und ihre Sprache spricht!
- Verblüffen Sie Ihren Kunden mit Ihrer Hilfsbereitschaft – bieten Sie ihm das Mehr an Zusatznutzen, an Vertrauen, an Kauferlebnis!
- Gewinnen Sie seine Loyalität durch absolute Fairness, Glaubwürdigkeit und Ehrlichkeit – machen Sie keine Versprechen, die Sie nicht halten können!

- Schaffen Sie Nähe durch personelle Kontinuität im Innendienst/Vertrieb/in der Kundenbetreuung Ihres Unternehmens!
- Helfen Sie Ihrem Kunden, seine Produktionsprozesse zu vereinfachen!
- Helfen Sie Ihrem Kunden dabei, zu den Besten zu gehören, zu den Siegern, indem Sie sich für ihn einsetzen und seine Gewinne steigern!
- Flechten Sie Netzwerke zwischen Ihren Kunden: Initiieren Sie neue Geschäftsbeziehungen, von denen Ihre Kunden profitieren!

Kundenevents

Kundenevents sind eine hervorragende Möglichkeit, nachhaltig positiv besetzte Erlebnisse in den Köpfen Ihrer Kunden zu verankern. Sie bieten ihnen bei Festen, Tagen der offenen Tür, Messen mit Get-Together-Partys, Seminaren, Tagungen, besonderen Incentives für die treuesten Kunden etc. die Gelegenheit zu einem Erlebnisgenuss und zu sozialen Kontakten, vor allem mit Ihren Kollegen, die im Unternehmen „hinter den Kulissen" arbeiten (Telefondienst, Auftragsbearbeitung, Lager, Versand, Marketing, Werbung etc.) – natürlich müssen Sie Ihre Kunden mit diesen internen Mitarbeitern ins Gespräch bringen.

Ausschlaggebend für Kontakt- und Bindungserfolge solcher Events ist demnach nicht die Höhe des organisatorischen und finanziellen Aufwands, viel wichtiger ist die Nähe, die bei solchen Events zwischen der Unternehmensführung und den Mitarbeitern Ihres Unternehmens einerseits und Ihren Kunden andererseits hergestellt wird. So ist der Vorstandsvorsitzende Ihres Unternehmens einmal persönlich für Ihre Kunden zu sprechen, er wird als „Mensch unter Menschen" erlebt.

Events werden als positiv gestaltete Ereignisse für den Kunden zum beeindruckenden Erlebnis. Sie prägen die Erinnerung und die innere Einstellung Ihrer Kunden nachhaltiger als jeder Kontaktanruf oder jede aufwändige Infobroschüre.

Gebührenfreie 0800er-Hotlines

Eine ungeheuer positive Wirkung haben Kundendienst-Telefonnummern, bei denen kompetente Mitarbeiter für Fragen Ihrer Kunden rund um die Uhr zur Verfügung stehen – ganz im Gegensatz zu gebührenpflichtigen 0190er- oder 01805er-Nummern. Oder empfinden Sie es nicht als Zumutung, berechtigterweise einen Produktfehler zu reklamieren und dafür auch noch „blechen" zu müssen?

Personelle Kontinuität

Ständige Wechsel bei Kundenbetreuern und anderen Mitarbeitern im Innendienst und Vertrieb nerven Ihre Kunden, denn sie haben nicht die geringste Lust, bei der Schilderung bestimmter Sachverhalte, Vorgänge oder Probleme immer wieder „bei Adam und Eva" anfangen zu müssen. So eine Mitarbeiterfluktuation kostet langfristig Kunden, denn auf diese Weise kann keine dauerhafte und tragfähige Kundenbeziehung entstehen. Der Aufwand, gute und beim Kunden beliebte Mitarbeiter zu halten, zahlt sich letztlich aus: die Mitarbeiterbindung sorgt langfristig für eine ertragreiche Kundenbindung.

Glaubwürdigkeit

Ihre Kunden verlangen Ehrlichkeit als Basis einer nachhaltigen Vertrauensbeziehung. Machen Sie daher keine Versprechen, die Sie nicht halten können, zum Beispiel Sonderwünsche, die Ihre Produktion nicht realisieren kann, Lieferfristen, die Ihr Vertrieb nicht einhalten kann, Preisnachlässe oder Zahlungsziele, die nicht in Ihrem Ermessen liegen, Schulungen, für die Ihnen keine Mittel zur Verfügung stehen. Halten Sie sich an den Grundsatz, nach dem enttäuschte Kunden verlorene Kunden sind: Kundenvertrauen ist auch bei langjährigen Stammkunden sehr zerbrechlich und schnell verspielt. Ganz abgesehen davon verbreiten sich vorschnelle Zusagen und gebrochene Versprechen wie ein Lauffeuer auch bei potenziellen Neukunden – effizienter können Sie Negativwerbung gar nicht machen!

Experten-Tipp: Kundenspezifische Servicestrategien entwickeln

- Veranlassen Sie, dass alle Kundeninformationen detailliert in das Vertriebsinfosystem bzw. CRM (Customer Relationship Management)-System, in die Kundenkartei/Kundendatenbank Ihres Unternehmens als Basis weiterer kundenspezifischer Serviceaktivitäten aufgenommen werden!
- Schaffen Sie perfekte Kunden-/Mitarbeiterbeziehungen, indem Sie eine persönliche Kundenbetreuung durch ständige Ansprechpartner in Ihrem Innendienst/Vertrieb sichern! Wer muss im Unternehmen besonders auf einen neuen Kunden hingewiesen werden, damit die Kundenbeziehung gerade am Anfang nicht gestört wird?
- Sorgen Sie dafür, dass Ihr Kunde im Rahmen von Telefonaktionen über ergänzende Zusatzangebote und andere wichtige Informationen kontaktiert wird. Überlegen Sie, welche elektronischen Verkaufshilfen wie Online-Newsletter darüber hinaus geeignet sind, um Ihren Kunden regelmäßig zu informieren!
- Überlegen Sie, wie Sie den Bedarf Ihres Kunden decken, seine brennendsten Probleme am besten lösen können. Wie sieht der Mehrwert-Kundennutzen aus, der langfristig Ihre Wettbewerber aus dem Feld schlägt, sodass Ihr Kunde keine „Seitensprünge" macht?
- Fragen Sie sich immer wieder, was Ihrem Kunden mehr Umsatz und bessere Erträge bringt!
- Laden Sie Ihren Kunden zu neuen Produktentwicklungen ein, um ihm schon vorab „den Mund wässrig" zu machen!
- Bewerkstelligen Sie, dass Ihr Kunde in diverse unternehmenseigene Gruppen wie Kundenbeiräte und Kundenclubs (Geselligkeit, Sport, Reisen, Vorzugskonditionen etc.) aufgenommen wird.

Reklamationen – ein leichter Weg zum begeisterten Stammkunden

Für den Aufbau und für die Pflege einer vertrauensvollen Geschäftsverbindung ist Ihr Verhalten und das Ihrer (zuständigen) Mitarbeiter bei Reklamationen von entscheidender Bedeutung.

Viele Verkäufer und Kundenberater im Innendienst betrachten Reklamationen nach wie vor als persönlichen Angriff. Sie reagieren daher fast automatisch mit Rechtfertigungen und bekommen einen „Tunnelblick", weil sie dem Kunden unbedingt beweisen wollen, das er Unrecht hat. Gerade in den Reklamationsabteilungen großer Unternehmen sitzen allzu oft Juristen, die darauf „geeicht" sind, mögliche Kundenansprüche abzuwehren.

Doch Reklamationen sind der größte, aber meist verkannte Schatz eines Unternehmens, denn reklamierende Kunden sagen dem Unternehmen, wie und wo etwas verbessert werden kann. So gesehen sind Reklamationen kostenlose (Unternehmens-)Beratung, denn sie ersparen Ihnen teure Honorare für McKinsey und Kollegen.

Versuchen Sie auch hier, einmal den Standpunkt Ihres Kunden einzunehmen: Solange er reklamiert, liegen Sie und Ihr Unternehmen ihm am Herzen, sonst würde er sich ja den ganzen Aufwand und Ärger ersparen und kommentarlos zu Ihrem Konkurrenten abwandern. Er hat also die Hoffnung, dass Ihnen sozusagen ein Ausrutscher passiert ist, der sich schnell beseitigen lässt. Darum ist es völlig unverständlich, wenn reklamierende Kunden dennoch immer wieder mit abweisender Reklamationsbehandlung endgültig verärgert und damit „verscheucht" werden.

In konsequent kundenorientierten Unternehmen gilt nach wie vor der Grundsatz, dass Reklamationen Chefsache sind. Aber in der Regel wendet sich Ihr Kunde mit seinen Klagen nicht an Ihre Unternehmensführung, sondern an Sie direkt oder zumindest an Ihre Kollegen im Innendienst/Kundenservice. Alle betreffenden Mitarbeiter müssen daher darin geschult sein, Reklamationen kundenfreundlich anzunehmen, diese umgehend selbst zu erledigen oder die Erledigung innerhalb einer bestimmten Frist zuzusagen und sie an die zuständigen Kollegen weiterzuleiten.

Wenn Sie also die Reklamation Ihres Kunden entgegennehmen und ihm deren Erledigung zusagen, dann ist es Ihre Angelegenheit, sich um die Einhaltung der Frist zu kümmern, Ihren Kunden über den Fortgang der Reklamationsbearbeitung zu informieren und sich auch nach der Erledigung beim Kunden über dessen Zufriedenheit zu erkundigen.

Erfolgsorientierte Verkäufer empfehlen sich ihren Kunden ohnehin als „Kummerkasten": „Herr Kunde, wenn Sie zufrieden sind, dann sagen Sie's bitte den anderen. Haben Sie Klagen, sagen Sie's bitte mir." Als Verkäufer kennen Sie Ihre Kunden am besten und haben damit die größten Chancen, im Gespräch die wahren Hintergründe für die Reklamation herauszufinden. Für Ihren Kunden ist es wichtig, einen festen Ansprechpartner zu haben, der Reklamationen sofort annimmt und sich darum kümmert. Nichts ist für ihn ärgerlicher, als ständig wechselnden Ansprechpartnern das jeweilige Problem immer wieder von vorn erklären zu müssen.

Wie bei anderen After-Sales-Maßnahmen sollten Sie das Ziel verfolgen, Ihren Kunden zu verblüffen: Wie schnell und gründlich die Reklamation bearbeitet wird, wie sehr Sie und Ihre Mitarbeiter sich auch menschlich um Ihren Kunden bemühen und dass Sie für vergleichbare Fälle aus seiner Reklamation gelernt haben.

Reklamationen sind hervorragende Gelegenheiten,
aus zufriedenen Kunden begeisterte Stammkunden zu machen!

Reklamationen souverän bearbeiten

Was also tun Sie, wenn einer Ihrer Kunden wütend anruft, um sich über den mangelnden Service oder fehlerhafte Lieferungen zu beschweren?

Phase 1: Streit mit dem Kunden vermeiden – Ruhe bewahren – sachlich bleiben

Lassen Sie zunächst Ihren Kunden seinen Ärger abreagieren, indem Sie ihm gut zuhören. Der reklamierende Kunde hat immer Recht – vielleicht nicht juristisch oder sachlich, auf jeden Fall aber im emotionalen Sinne. Er hat einen Anspruch auf Ihr Verständnis, denn er ist verärgert und gibt Ihnen und Ihrem Unternehmen darüber hinaus die Chance, sich zu verbessern. Lassen Sie ihn Ihr Verständnis spüren, denn so ist er leichter zu besänftigen – was Ihnen ja auch Zeit und Nerven spart! Kunden hingegen, die abgewiesen werden, fangen an zu kämpfen!

Wenn Sie sich in Ihren reklamierenden Kunden hineinversetzen, haben Sie schon den halben Weg raus aus der Reklamation zurückgelegt! Ihr Kunde steckt in seinem Ärger fest – holen Sie ihn da heraus, haben Sie bei ihm schon einen „Stein im Brett":

- „Recht haben Sie, Herr Kunde, dass Sie Ihrem Ärger Luft verschaffen ..."
- „Das ist verständlich, dass Sie sich über solche Probleme ärgern ..."
- „Ich kann gut verstehen, dass Sie jetzt schnelle Abhilfe brauchen ..."

Entschuldigen Sie sich auf jeden Fall bei Ihrem Kunden für die fehlerhafte Lieferung – auch wenn es faktisch nicht Ihr Fehler war! Versichern Sie ihm gleichzeitig, sich um den Mangel zu kümmern. Besänftigen Sie den Kunden mit Ihrer Hilfsbereitschaft, nehmen Sie ihm seinen Ärger ab! Verärgern Sie ihn aber auf keinen Fall mit Widerspruch, Rechtfertigungen oder Vertröstungen:

- „Das hat es noch nie gegeben ..."
- „Da müssen Sie sich aber täuschen ..."
- „Haben Sie denn auch wirklich geprüft, ob ...",
- „Das hätten Sie uns doch viel früher melden müssen ..."
- „Aber das ist doch nun wirklich eine Lappalie."

Mit solchen Formulierungen tragen Sie erheblich dazu bei, dass der Ärger Ihres Kunden eskaliert, weil er sich nicht respektiert, sondern ganz im Gegenteil abgewertet fühlt. Selbst wenn Ihre Entgegnung der Sache nach berechtigt sein sollte, so verlieren Sie bei einem weiteren Beharren darauf, dass Ihr Kunde Unrecht hat, Ihren Kunden – und nicht für dieses eine Mal ...

> Es gibt kaum unberechtigte Reklamationen, denn sie signalisieren, dass Ihr Kunde – aus welchem Grund auch immer – enttäuscht ist. Jede Reklamation ist aus dem Gefühl Ihres Kunden heraus gerechtfertigt!

Phase 2: Ursachenforschung/Faktenprüfung

Vielleicht wird bereits aus den ersten Äußerungen Ihres Kunden klar, wo die Ursache seines Problems liegt: Um was geht es? Was hat den Ärger ausgelöst? Wie sehr brennt es dem Kunden auf den Nägeln? Wer kann womit am besten und am schnellsten helfen?

Mit einer Reklamation teilt der Kunde zunächst einmal ganz schlicht und einfach mit: „Ich bin enttäuscht". Diese Enttäuschung kann viele Ursachen haben: Tatsachenreklamationen wie Produktmängel, eine verzögerte Lieferung oder eine falsche Rechnung. Häufig aber haben Reklamationen tiefer liegende Ursachen wie unfreundliche Verkäufer, eine inkompetente Auskunft oder die nicht eingehaltene Zusage eines telefonischen Rückrufs. Viele Kunden schieben sachliche Argumente vor, weil ihnen die wahren, emotionalen Motive vielleicht unangenehm sind. Beweisen Sie Ihr Fingerspitzengefühl und versuchen Sie, diese Hintergründe mit vorsichtigen Konjunktivformulierungen aus ihrem Kunden „herauszukitzeln":

- „Herr Kunde, könnte es sein, dass ..."
- „Wäre es denn vielleicht möglich, dass .."
- „Erinnern Sie sich denn noch, was dazu damals besprochen wurde ..."

Wenn Sie nicht herausfinden, ob die Reklamation tatsächlich sachbezogen oder doch eher emotionaler Natur ist, haben Sie kaum Chancen, Ihren Kunden zu besänftigen. Bei Reklamationen gegen Verhaltensweisen von Mitarbeitern bleibt Ihnen nur eine aufrichtige Entschuldigung. Äußern Sie aber nicht nur Ihr Bedauern, zum Beispiel, indem Sie Ihrem Kunden einen Blumenstrauß oder eine andere Aufmerksamkeit zukommen lassen, sondern geloben Sie auch und vor allem Besserung für die Zukunft!

Aber selbst wenn die Schuld beispielsweise für eine Fehlfunktion Ihres Produkts nachweisbar bei Ihrem Kunden liegt – was bringt Ihnen dieses Wissen? Ihren Kunden können Sie damit nicht besänftigen, also bleibt Ihnen als Alternative nur: Reklamation anerkennen oder den Kunden verlieren?

Bei Tatsachenreklamationen geht es zunächst darum, den Beratungsgehalt der Reklamation optimal zu nutzen:

- Halten Sie die Fakten unbedingt schriftlich fest. Es reicht nicht, nur die Kundenseite zu hören, denn auch Ihr Kunde kann sich einmal irren.
- Schließen Sie sich beispielsweise bei einer mangelhaften Lieferung mit der Produktion kurz, um die Gründe für die Fehler festzustellen: Hat Ihr Unternehmen vielleicht einen Zulieferer gewechselt?
- Sofern Sie sich nicht selbst um die Bearbeitung der Reklamation kümmern, müssen Sie sie unverzüglich an den zuständigen Kollegen, der Abhilfe schaffen kann, weiterleiten. Die Reklamation muss kompromisslos und so schnell wie möglich bearbeitet werden – sorgen Sie dafür, dass sie nicht auf irgendeinem Stapel landet, sondern sofort erledigt wird!

Phase 3: Lösung vereinbaren

Im weiteren Verlauf heißt es dann, einen guten Kontakt zum Kunden herzustellen und mit ihm gemeinsam eine Lösung für sein Problem zu suchen.

Sobald Ihr Kunde Ihre Bemühungen um eine Lösung erkennt, wird er sich kooperativ verhalten. Dazu gehört, dass Sie gemeinsam mit Ihrem Kunden die voraussichtlichen Kosten besprechen. Manche Verkäufer laufen in dieser Phase Gefahr, vorschnelle Zusagen zu machen, zum Beispiel, weil sie eine Kostenübernahme oder Garantien versprechen. Seien Sie vorsichtig bei solchen Zusicherungen, deren Konsequenzen Sie nicht auf den ersten Blick abschätzen können!

Nutzen-Aufwand-Rechnungen bei Reklamationen zeigen, dass es für Unternehmen in der Regel günstiger ist, die Reklamation mit Kulanz aus der Welt zu schaffen. Die meisten Reklamations-Sachbearbeiter großer Unternehmen haben denn auch einen gewissen Spielraum, innerhalb dessen sie Reklamationen schnell und unkompliziert aus der Welt schaffen. Der Aufwand für ein solch kulantes Verhalten wird in diesen Unternehmen als hoch rentierliche Werbeinvestition verstanden!

Erst bei Reklamationsfällen, die über einer festgelegten Betragsgrenze liegen, sollten Sie den Ursachen genauer auf den Grund gehen – aber beziehen Sie Ihren Kunden dabei immer mit ins „Aufklärungsteam" ein: Er muss erfahren, wie, von wem und bis wann die Klärung der Reklamation erfolgen soll. Sorgen Sie so für absolute Transparenz, damit die letztlich gefundene Lösung auch von ihm akzeptiert wird. Dann ist es nämlich auch möglich, ihm zu sagen, dass er seine Probleme mit seinem Produkt selbst verursacht hat. Wenn Sie jetzt trotzdem anbieten, einen Teil der Beseitigung des Schadens zu übernehmen, dann besteht die große Chance, einen wirklich begeisterten Kunden für lange Zeit gewonnen zu haben!

Bei Sachreklamationen ist letztlich ihr finanzielles Volumen entscheidend: Es lohnt sich nicht, eine Reklamation wegen eines Betrags abzuwehren, der nur einen Bruchteil des aktuellen und potenziellen Ertragswertes Ihres Kunden ausmacht. Stellen Sie also die Frage: Was ist der Kunde wert? Welches Ertragspotenzial steht in den kommenden Jahren hinter ihm? Verspricht letzteres gute Geschäfte, dann ist eine schnelle und kompromisslose Kulanz in der Regel der beste Weg, den Kunden als „Fan" zu gewinnen bzw. zu behalten.

Eine Ausnahme bilden selbstverständlich notorische Nörgler und Nachlassjäger, die immer etwas zu reklamieren haben, um nicht die Rechnung voll bezahlen zu müssen: Großzügige Kulanz droht dann, zum Gewohnheitsrecht zu verkommen, was wiederum Kunden verprellt, die brav die Listenpreise zahlen.

Außerdem dürfen Sie nicht vom (finanziellen) Umfang auf die Intensität der Loyalität Ihres Kunden schließen, nach dem Motto: Je kulanter ich bin, desto treuer ist mein Kunde. Unternehmen jedoch, die ihre Kunden mit zukunftweisender Kulanz begeistern, erfahren immer wieder, dass diese mit Fairness reagieren. Eine kleinkarierte Verweigerung der Kostenübernahme bei Reklamationen ist dagegen ein zu hoher Preis, denn Ihr Kunde zahlt vielleicht den von ihm reklamierten Schaden selbst – für die Zukunft können Sie ihn dann aber mit seinem gesamten langfristigen Ertragspotenzial abschreiben!

Phase 4: Nachbearbeitung

Geben Sie also Ihrem Kunden das Gefühl, bei der gemeinsam beschlossenen Lösung tatkräftig mitzuhelfen: Die Nachbearbeitung ist das Sahnehäubchen im Reklamationsmanagement. Ihr Kunde wird begeistert sein, wenn er nach der bereinigten Reklamation von Ihrem Chef persönlich angerufen wird, der sich noch mal entschuldigt und sich nach seiner Zufriedenheit erkundigt. Spätestens in dieser Phase sind Reklamationen (wieder) Chefsache, um aus einem reklamierenden, verärgerten Kunden letztlich einen dauerhaft begeisterten Stammkunden und Empfehler zu machen.

Nutzen Sie Reklamationen für Verbesserungen in Ihrer eigenen Arbeit bzw. in Ihrem Unternehmen. Der wahre Wert einer Reklamation zeigt sich dann, wenn sie als Anstoß für einen solchen Verbesserungsprozess genutzt wird.

Der Motivationskick für Ihre After-Sales-Maßnahmen!

„Verkofen un dann wechlofen" darf nicht Ihre Devise sein – gerade in der Nachbetreuung, im Service zeigt sich wahre Kunden-Liebe, Freundschaft, die geschätzt wird.

Wenn Ihr Leitmotto stattdessen „Ich mache meine Kunden reich!" ist, sind Sie auf dem besten Weg in die Champions League der Verkaufsprofis.

Denn jetzt leisten Sie das kleine bisschen Mehr, das der Kunde erwartet. Sie sind fest in seinem Gehirn einprogrammiert, und er wird sich im Bedarfsfall automatisch an Sie erinnern!

Zehnter Trainingstag

Stammkunden als Multiplikatoren gewinnen

Mit Empfehlungsmarketing zu neuen Kunden

Klaus-J. Fink

Herr Fink, wird die Bedeutung von Empfehlungen in der verkäuferischen Akquisetätigkeit weiter zunehmen?

Klaus-J. Fink: Ganz klar: Ja. Die klassischen Marketinginstrumente Telefon, Mailingaktionen, Direktansprache, Messen sowie Print- und andere Medien stumpfen in ihrer Funktion als Neukundenakquise-Instrument immer mehr ab, weil unsere Kunden infolge der zunehmenden Reizüberflutung immer weniger bereit sind, sich auf diese Strategien einzulassen. Deshalb – und aus vielen anderen Gründen – wird es zunehmend wichtiger, bereits zufriedene und begeisterte (Stamm-)Kunden als „Sprungbrett" für neue Kontakte zu nutzen.

Sind Kunden heute aufgeschlossener gegenüber Empfehlungsfragen nach dem Verkaufsabschluss?

Fink: Da gibt es keinen Unterschied zu vergangenen Jahren – zufriedene und begeisterte (Stamm-)Kunden haben schon immer positiv auf Empfehlungsfragen reagiert. Die meisten unter ihnen haben ein „Sendungsbewusstsein", gute Leistungen weiterzuempfehlen und bei der Identifikation mit dieser Leistung Freunde, Kollegen, Bekannte ebenfalls in den „Genuss" dieses Angebots kommen zu lassen.

Ist für die erfolgreiche Empfehlungsfrage vor allem die innere Einstellung des Verkäufers entscheidend, oder geht es dabei in erster Linie um die richtige Strategie und Taktik?

Fink: Beides ist gleich wichtig: Zum einen wird ein Verkäufer, der selbst keine Empfehlungen ausspricht, auch nicht nach Empfehlungen fragen. Zum anderen sind der „richtige" Zeitpunkt für die Empfehlungsfrage und das entsprechend geschickte, weil kundenorientierte Vorgehen unerlässlich – frühere Techniken wie die Suggestivfrage haben ausgedient!

Stammkunden als Multiplikatoren gewinnen

Mit Empfehlungsmarketing zu neuen Kunden

Empfehlungsmarketing: eine wirtschaftliche Notwendigkeit

Empfehlungsmarketing wird in den nächsten Jahren an Bedeutung gewinnen, schon allein deshalb, weil es verglichen mit anderen Akquiseinstrumenten betriebswirtschaftlich betrachtet am günstigsten ist. Es ist für Unternehmen eine geradezu wirtschaftliche Notwendigkeit, aus Neukunden begeisterte Stammkunden zu machen, denn bezüglich seiner Effizienz ist Empfehlungsmarketing gegenüber anderen Methoden der Neukundengewinnung nicht zu überbieten.

„Klassische" Akquiseinstrumente wie Telefon, Printmedien, Radiowerbung oder Eventmarketing verlieren zunehmend an Durchschlagskraft, da sich immer mehr Konsumenten gegen die mediale Reizüberflutung abschotten. Darüber hinaus gewinnen Märkte aufgrund der rasanten Entwicklung der Informations- und Kommunikations-Technologien immer mehr an Transparenz – mit der Folge, dass unsere Kunden besser informiert sind und damit auch kritischer gegenüber unseren Versuchen, sie für unser Angebot zu gewinnen.

Aber die Gewinnung neuer Kunden ist und bleibt ein zentrales Thema für alle Unternehmen – selbst bei bester Kundenpflege müssen sie branchenübergreifend einen jährlichen Kundenschwund von 10 bis 15 Prozent hinnehmen, der durch Neukundenakquise zumindest kompensiert werden muss. Das heißt aber, dass die „klassischen" Methoden der Neukundenakquise mit erhöhtem Aufwand immer stärker forciert werden müssen, um diesen voraussehbaren Kundenschwund auszugleichen.

Gleichzeitig wächst das Bedürfnis der Verbraucher und Kunden im B2B-Bereich, bei sensiblen Themen wie Finanzplanung und Immobilienkauf –

ganz allgemein erklärungsbedürftigen Dienstleistungen –, sich Ansprechpartner nicht über wenig aussagekräftige Adressenverzeichnisse zu suchen, sondern im Kreis von Freunden, Bekannten und Kollegen, denen man vertraut, nachzufragen, bei welchem Anbieter diese gute Erfahrungen gemacht haben.

Für uns als Verkäufer bedeuten diese Entwicklungen:

Empfehlungen, die sich auf Kontakte berufen und daher von unserem potenziellen Kunden als positiv assoziiert werden, wirken wie Türöffner!

Was ist Empfehlungsmarketing?

Empfehlungsmarketing bedeutet nicht, Adressen beim Kunden „abzugreifen" und ihn somit zu unserem Erfüllungsgehilfen zu machen, der uns die nächste Provision sichert. Ziel ist es nicht, zehn oder mehr Adressen zu bunkern, sondern:

- Im Sinne von „Klasse statt Masse" zwei, drei hochkarätige Kontakte zu bekommen, die weitere Abschlusschancen versprechen,
- eine kundenorientierte Empfehlungsfrage stellen zu können,
- die zu erwartende Abwehrhaltung beim Kunden von vornherein zu umgehen bzw. souverän zu entkräften und
- durch gezielte Fragen zur empfohlenen Person die Qualität der Neuakquise zu optimieren.

Das professionelle Empfehlungsgespräch wird in den nächsten Jahren zu einem zentralen Faktor der verkäuferischen Aus- und Weiterbildung werden: einen bestehenden Kunden aus dem Status eines Empfehlungsgebers in den eines Multiplikators zu bringen, der den erkannten Nutzen in seinem persönlichen und/oder beruflichen Beziehungsumfeld weiter kommuniziert.

Auf den nächsten Seiten sollen die entscheidenden Fragen rund um das Empfehlungsmarketing – Wie komme ich zu einer Empfehlung? Wie erhalte ich eine genügende Zahl von Empfehlungen? Wenn ich Empfehlungen erhalten habe, wie gehe ich professionell damit um? etc. – ganz praxisnah beantwortet werden.

Die Vorteile von Empfehlungsmarketing

Der *Vertrauensbonus* ist ganz entscheidend für höhere Effizienz gegenüber den „klassischen" Akquise-Instrumenten. Durch eine Empfehlung wird die Unterstellung Ihres Kunden, Sie würden als Verkäufer ohnehin eigennützig nur an Ihre Provision denken, stark relativiert, wenn nicht sogar völlig aufgehoben. Im „Außendienst-Deutsch" gesprochen: Durch den Empfehlungsgeber sind Sie als Verkäufer nahezu vorverkauft, da eben der entsprechende Vertrauensbonus besteht.

Die höhere Effizienz gegenüber anderen Akquise-Instrumenten spiegelt sich insbesondere darin, dass die Zahl der Abschlüsse, die durch Empfehlungen zustande gekommen sind, im Verhältnis zur Anzahl der entsprechenden Termine und Präsentationen höher liegt als bei Telefon, „Kaltbesuchen" etc.

Die Dauer solcher „Empfehlungsgespräche" ist deutlich geringer, denn schon der Einstieg beim ersten telefonischen Kontakt gelingt Ihnen wesentlich leichter, da das zwischenmenschliche Verhältnis zwischen dem Empfehlungsgeber und dem Empfohlenen von Anerkennung und Kompetenz geprägt ist. Letzterer ist grundsätzlich positiv gestimmt, wenn Sie den Namen seines Kollegen, Freundes oder Bekannten nennen – einen größeren Vertrauensvorschuss können Sie selbst mit der größten Erfahrung als Verkäufer und der geschicktesten Gesprächsstrategie nicht erzielen!

Die *betriebswirtschaftlichen Vorteile* können Sie sich ganz einfach vor Augen führen, wenn Sie allein den finanziellem und zeitlichen Aufwand für eine Mailingaktion mit dem eines Kontakts, der sich aus einer Empfehlung ergibt, vergleichen: Die Investitionen für eine solche Mailingaktion können schnell mal mehrere Hundert oder gar Tausend Euro betragen!

Letztlich ist systematisch und konsequent betriebenes Empfehlungsmarketing ein Selbstläufer. Kontinuierliches Fragen nach Empfehlungen führt zu einem ausreichenden (qualifizierten!) Adresspotenzial, das seinerseits Empfehlungsfragen begünstigt, die wiederum zum Ausbau des Adresspotenzials beitragen, das seinerseits ... etc. etc. Auf den Punkt gebracht heißt dieser Prozess: *Empfehlungskreislauf*!

Die Abgrenzung der Empfehlung zur Referenz

Eine *Referenz* kann man als einfache Auskunft über eine bereits vorhandene Geschäftsbeziehung betrachten – in der Regel eine schriftliche Bestätigung eines Ihrer (Stamm-)Kunden, dass er mit Ihrem Produkt/Ihrer Dienstleistung zufrieden ist. So gesehen, ist es ein Verweis auf die Erbringung einer Leistung in der Vergangenheit.

Eine *Empfehlung* hingegen ist auf die Zukunft, auf ein noch zu gewinnendes Umsatzpotenzial ausgerichtet, denn ein Kunde, der bereits mit Ihnen geschäftliche Beziehungen pflegt, vermittelt Ihnen einen neuen Kontakt mit dem entscheidenden Hinweis, dass Sie sich auf ihn berufen können.

Die Empfehlung ist somit ein wesentlicher, wenn nicht gar ein integraler Bestandteil eines kompletten Verkaufsgesprächs: Mit der ausgesprochenen Empfehlung verleiht Ihnen Ihr Kunde eine Auszeichnung über einen erfolgreich ausgehandelten Abschluss, er bestätigt Ihnen damit, dass Sie professionell und zu seiner absoluten Zufriedenheit, wenn nicht sogar zu seiner Begeisterung, gearbeitet haben.

Daher gibt sich ein wahrer Verkaufsprofi auch erst dann zufrieden, wenn die Empfehlungsfrage das Verkaufsgespräch „krönt". Entwickeln Sie den Ehrgeiz, aus jedem Abschluss mindestens eine Empfehlung als Trophäe mitzunehmen!

Wie unterscheidet sich die aktive von der passiven Empfehlung?

Stellen Sie von sich aus ganz *aktiv* die Empfehlungsfrage, bringen Sie sie ganz bewusst als Kommunikationsbaustein ein und steuern so das Verkaufsgespräch.

Bei der *passiven Empfehlungsfrage* hingegen nennt Ihnen Ihr Kunde ohne Nachfrage einen oder mehrere Namen, verbunden mit der Bitte, mit diesen Personen Kontakt aufzunehmen, um sie ebenfalls über Ihr Angebot zu informieren.

Der Nachteil der passiven gegenüber der aktiven Empfehlungsfrage liegt auf der Hand: Wenn Sie sich auf passive Empfehlungen verlassen, sind Sie davon abhängig, dass Ihre Kunden selbst an eine oder mehrere Empfehlungen denken – das dürfte eher die Ausnahme sein nach in der Regel anstrengenden Verkaufsgesprächen. Sie können, wenn überhaupt, nur indirekt Einfluss nehmen. Daher reicht die Zahl passiver Empfehlungen erfahrungsgemäß bei weitem nicht für die Neukundenakquise aus.

Eine Erhöhung der Zahl passiver Empfehlungen ist nur dann möglich, wenn Ihre Kunde nicht nur zufrieden, sondern begeistert ist. Schon allein deshalb hat die intensive Kontaktpflege nach Abschluss und Auslieferung („After Sales") stark an Bedeutung zugenommen, um aus zufriedenen (Neu-)Kunden begeisterte Empfehlungsgeber zu machen.

Intensives Beziehungsmanagement – zum Beispiel mit Hilfe zweckungebundener Servicecalls (also regelmäßiger Anrufe, die nicht das Ziel verfolgen, ein Zusatzgeschäft zu forcieren oder den getätigten Umsatz zu erhöhen, sondern die dazu dienen, bei auftretenden Fragen/Problemen dem Kunden zur Verfügung zu stehen) – ist damit nicht nur eine geeignete Strategie, um die Zahl passiver Empfehlungen zu erhöhen, sondern auch eine Plattform für *aktives* Empfehlungsmarketing! Denn welcher Kunde, der von Ihrer „Fürsorge" begeistert ist, tut Ihnen nicht gern den Gefallen, eine Empfehlung auszusprechen, wenn Sie ihn danach fragen?

Prüfen Sie also kritisch, was Sie bisher über die obligatorischen – und keineswegs ausreichenden – Glückwünsche zum Geburtstag oder zu Weihnachten hinaus getan haben, um aus Ihren zufriedenen Kunden begeisterte Stammkunden zu machen! Geben Sie Ihren Kunden das Gefühl, sie als Individuen wahrzunehmen und für ihre Fragen und Wünsche uneingeschränkt zur Verfügung zu stehen!

Stimmt Ihre Einstellung zum Empfehlungsmarketing?

Bei vielen Verkäufern hat Empfehlungsmarketing nach wie vor ein *schlechtes Image*. Sie halten Empfehlungen für eine Form der Neukundengewinnung, die für Multi-Level-Marketingsysteme und dubiose Strukturvertriebe typisch und für ihre eigene Branche und die eigenen Produkte nicht angemessen ist. Dabei ist der alltägliche Umgang mit Empfehlungen für uns eine Selbstverständlichkeit! Gerade im privaten Bereich sprechen wir oft (unbewusst) Empfehlungen aus: ein neuer Kinofilm, der Italiener um die Ecke, der kompetente und freundliche Arzt, der seriöse Versicherungsvertreter, der kreative und preiswerte Friseur ...

Viele Verkäufer fühlen sich zudem als Bittsteller, nehmen sich selbst in einer untergeordneten Position wahr (der Kunde erweist ihnen einen Dienst, indem er ihnen die Möglichkeit zu neuen Provisionen eröffnet) – andererseits sehen sie ihren Kunden als Erfüllungsgehilfen für die notwendige Neukundengewinnung. Sie geraten damit in eine *Zwickmühle*, die sie so stark empfinden, dass sie sich dieser am liebsten durch die Vermeidung der Empfehlungsfrage völlig entziehen. Wenn Sie selbst diesen emotionalen Widerspruch verspüren, so ändern Sie bitte Ihre Sichtweise: Ist Ihr Kunde zufrieden mit Ihrer Arbeit (oder gar begeistert), wird er Ihre Empfehlungsfrage mit Sicherheit nicht als Belästigung empfinden, ganz im Gegenteil: Er wird die Gelegenheit schätzen, seinen Kollegen, Bekannten oder Freunden durch eine entsprechende Empfehlung davon zu berichten, auf welch gutes Angebot und welch tollen Service er gestoßen ist. So gesehen, profitieren die Empfänger der Empfehlung ebenfalls von Ihrem Angebot und Service!

Die Bittsteller-Haltung macht zudem die Effizienz der Empfehlung zunichte: Sind Sie dagegen der Überzeugung, dass Kollegen oder Bekannte Ihres Kunden ein interessantes Produkt kennen lernen können, artikulieren Sie die Empfehlungsfrage mit ganz anderem Selbstwertgefühl – ein ganz entscheidender Erfolgsfaktor!

Die meisten Verkäufer treibt vor allem die *Angst vor der Kaufreue* ihres Kunden um. Sie fürchten, nach erfolgreichem Abschluss den Kunden durch die Empfehlungsfrage zu verärgern oder zusätzliches kritisches Nachfragen nach dem Produkt zu provozieren. Diese Verkäufer treten daher lieber den schnellen Rückzug an. Sie wollen lieber den momentanen Erfolg genießen, ohne an neue Kunden und weitere Abschlüsse denken zu müssen – obwohl die Situation perfekt ist für eine Empfehlungsfrage!

Andere Verkäufer wiederum wissen nicht, wie sie das (erfolgreiche) Verkaufsgespräch geschickt auf das Thema Empfehlung lenken sollen. Viel zu oft wird die Empfehlungsfrage von der jeweiligen Situation abhängig gemacht, wodurch die entsprechenden *Formulierungen improvisiert* und wenig professionell wirken. Aber nur die zielgerichtete Kommunikation zeitigt Erfolg: Die Frage nach Empfehlungen und die Behandlung entsprechender Vor- und Einwandreaktionen gehört zu Ihrem verkäuferischen Handwerkszeug!

Die *Angst vor dem Nein des Kunden* spielt natürlich auch bei der Empfehlungsfrage eine große Rolle. Ablehnung und Misserfolg gehören zu Ihrem täglich Brot – sie sind ein unabdingbarer Bestandteil Ihres Berufes. Denken Sie immer daran: Ein Kunde, der „Nein" sagt, führt Sie zum nächsten, der „Ja" sagt. Ein Grund mehr, Ihre Standfestigkeit und Ausdauer unter Beweis zu stellen!

Eine unbeholfen formulierte Empfehlungsfrage ist immer noch besser als gar keine Frage, denn, wie weiter oben schon erwähnt, empfinden Ihre (zufriedenen und begeisterten) Kunden die Empfehlungsfrage in der Regel als ausgesprochen positiv: Ihr Kunde „honoriert" Ihre Bemühungen, insbesondere dann, wenn er sich nicht zum Kauf entschlossen hat – die Anbahnung neuer Kontakte stellt dann quasi ein verstecktes Beratungshonorar dar.

Die Frage nach Empfehlungen wird Ihr Kunde durchaus als indirekte Streicheleinheit empfinden, denn in der Frage nach Kontakten steckt eine Aufwertung seiner Person – mit dem Effekt, dass er stolz ist, nach seiner Meinung gefragt zu werden! Sie bedienen das Geltungsbedürfnis Ihres Kunden, denn:

- Sie versetzen ihn in eine stärkere Position, aus der heraus er allein entscheiden kann, ob er Ihrem Anliegen nachkommt;
- Sie trauen ihm offensichtlich einen entsprechenden Bekannten- und Kollegenkreis zu, der für seine Empfehlungen offen ist;
- Sie ordnen ihn einer exklusiven Zielgruppe zu.

Wie Sie die Empfehlungsfrage vorbereiten

Verabschieden Sie sich bitte von der Vorstellung, es gäbe *den* richtigen Zeitpunkt für die Empfehlungsfrage. Vielmehr sind Ihr Fingerspitzengefühl und Ihre emotionale Intelligenz gefragt, um aus dem jeweiligem Gesprächsverlauf und der Motivation Ihres Kunden heraus den für genau dieses individuelle Gespräch optimalen Zeitpunkt zu erkennen und ihn gezielt wahrzunehmen.

Allgemein lässt sich immerhin sagen: Die Empfehlungsfrage ist dann am sinnvollsten, wenn der Kunde unterschrieben hat. Die Nachmotivation des Kunden im Anschluss an die erfolgreiche Abschlussphase wird so zum Ausgangspunkt für Ihre Empfehlungsfrage.

Beugen Sie zunächst dem Kaufkater Ihres Kunden vor, indem Sie den gerade getroffenen Abschluss festigen: Ihre Kunde ist (nicht nur) jetzt für jede Bestätigung von Ihrer Seite dankbar, dass er richtige Entscheidung getroffen hat. Appellieren Sie daher an seine Gefühle und bestärken Sie

Beispiel: Nachmotivation eines Verkäufers von Kapitalanlagen

Phase	Formulierung	Effekt/Ziel
Maßeinheit	„Schon unmittelbar, wenn Sie die nächste Steuererklärung in den Händen halten	Durch die Formulierung „Schon unmittelbar ..." richten Sie die Gedanken Ihres Kunden in die Zukunft. Wichtig: nennen Sie einen Zeitraum oder Zeitpunkt, der selbstverständlich in erreichbarer Zukunft liegt.
Hypothese	und wenn Sie dann schwarz auf weiß sehen, wie viel das Finanzamt auf Ihr Privatkonto überweisen muss, und wenn Sie sich gleichzeitig überlegen, für welchen lang gehegten Wunsch Sie diesen Betrag jetzt nutzen wollen,	Mit „... wenn Sie schwarz auf weiß sehen ..." formulieren Sie eine Hypothese, um ihm noch einmal den Nutzen seiner Entscheidung, ganz auf seine Person und individuelle Situation gemünzt, zu verdeutlichen. Vermeiden Sie auf jeden Fall „Werden Sie ...", da das von Ihrem Kunden als unbewiesene Behauptung oder gar Belehrung verstanden wird und zu einer entsprechenden Abwehrhaltung führt.
Fazit – Folgerung	spätestens dann werden Sie sich sagen: Es war gut, die gesetzlichen Möglichkeiten der Steuerersparnis zu nutzen und von dem Geld, das Sie sich hart erarbeitet haben, den größtmöglichen Teil in Ihren Vermögensaufbau und in Ihre Lebensqualität einfließen zu lassen."	Mit „... spätestens dann ..." ziehen Sie ein Fazit, das Ihren Kunden aus der geschilderten Wunschvorstellung sanft in Realität zurückholt.

ihn in seiner Entscheidung! Gehen Sie aber keinesfalls ohne diesen „Umweg" direkt zur Empfehlungsfrage über – das ist zu plump und führt dazu, dass sich Ihr Kunde überrumpelt fühlt. Bauen Sie Ihrem Kunden mit der Nachmotivation eine Brücke, um elegant zur Empfehlungsfrage überzuleiten.Formulierungsbeispiele finden Sie auf der vorhergehenden Seite.

Formulieren Sie – entsprechend Ihrem Produkt, Ihrer Branche, der Gesprächssituation und Ihrer Individualität als Verkäufer – mit eigenen Worten Beispiele für Ihre tägliche Verkaufspraxis!

Die optimale Empfehlungsfrage

„So wie Sie heute – (hier nennen Sie den spezifischen Nutzen für Ihren Kunden) – so ist da möglicherweise der eine oder andere Bekannte oder Kollege, der davon noch nichts weiß, ja vielleicht noch nicht einmal ahnt, dass es das gibt. Wenn es nun darum geht, jemanden darüber zu informieren, ihm hiermit einen Gefallen zu erweisen, an wen denken Sie dann spontan, an jemanden aus Ihrem Bekanntenkreis oder an jemanden aus Ihrem beruflichen Umfeld?"

Diese Formulierungsbasis, die Sie natürlich wie die Beispielformulierung zur Nachmotivation Ihrem persönlichen Sprachgebrauch, Ihrer Branche und Ihrem Produkt anpassen sollten, hat ein Höchstmaß an Kundenorientierung und stellt auf Bekannte oder Kollegen des Empfehlungsgebers ab.

Die gesamte Formulierung ist durch den Sie-Standpunkt geprägt, sodass Sie Ihren Gesprächspartner durch den weit gehenden Verzicht auf „Ich, mir, meine, mich" in den Mittelpunkt Ihrer Bemühungen stellen. Darüber hinaus umgehen Sie das verhängnisvolle Bittsteller-Syndrom, denn Sie rücken den Gedanken, dass der Kunde etwas Gutes für seinen Bekannten oder Kollegen tut, ins Zentrum Ihrer Formulierung.

Die Motivation für Ihren Kunden, seinem Kollegen oder Bekannten einen Gefallen zu tun, ist sicherlich größer als die, Ihnen einen Gefallen zu tun, da die Bindung zwischen Empfehlungsgeber und Empfohlenem immer größer sein wird, als Sie es mit noch so vielen Terminen beim Empfohlenen je erreichen könnten.

Weitere Vorteile der Formulierungsbasis:

- Zu Beginn der Formulierung wiederholen Sie in Kurzform den Nutzen, den Ihr Kunde durch Ihr Angebot erworben hat. Da Sie ja bereits im Verlauf des Gespräches den Nutzen gezielt definiert haben, erzielen

Sie durch die Doppelung in der Empfehlungsfrage dreifache Wirkung getreu der rhetorischen Regel D = 3 W (Doppelung = dreifache Wirkung).

- Mit „... der davon noch nichts weiß, ja vielleicht noch nicht einmal ahnt, dass es das gibt ..." vermitteln Sie Ihrem Kunden, dass es wohl sehr egoistisch wäre, diesen Nutzen allein für sich in Anspruch zu nehmen.
- Sie benutzen das Wort „Empfehlung" gar nicht, sondern „Gefallen erweisen" oder „einen Tipp weitergeben" oder „eine Information weitergeben": Ihr Kunde erweist also seinen Bekannten oder Kollegen einen Gefallen und nicht Ihnen, dem Verkäufer. Ihr Kunde verschafft Ihnen demnach keine Vorteile – diese Sichtweise erleichtert Ihnen selbst und Ihrem Kunden den Umgang mit der Empfehlungsfrage enorm.
- Die Frage nach Bekannten und Kollegen ist als Alternativfrage formuliert – Vorteil: Sie signalisiert dem Kunden, dass Sie es für selbstverständlich halten, dass er jemanden kennt, für den es interessant ist, Sie als Verkäufer zu kennen. Gleichzeitig hat Ihr Kunde die Möglichkeit zu entscheiden, ob eher jemand aus dem privaten oder aus dem geschäftlichen Umfeld in Frage kommt – dass überhaupt jemand in Frage kommt, bezweifeln Sie überhaupt nicht ...

Empfehlungen qualifizieren und optimieren

Sollte Ihr Kunde nun spontan ein oder zwei Namen nennen, ist – je nach Situation – ein Nachhaken durchaus noch sinnvoll: „Wer fällt Ihnen darüber hinaus/außerdem noch ein?" Zählt er daraufhin weitere Namen auf, können Sie stolz auf sich sein, denn Sie haben Ihr definiertes Ziel – qualitativ hochwertige Empfehlungen zu bekommen – erreicht; denn schließlich wollen Sie nach der Regel „Klasse statt Masse" nicht das komplette Adressbuch Ihres Kunden plündern!

Weitere Hintergrundinformationen über die Empfohlenen können darüber hinaus die Qualität der Empfehlung noch mehr optimieren. Ihr Ziel sollte es daher sein, sich durch Zuatzinformationen ein ungefähres Bild von der/den empfohlenen Person/Personen zu machen, um beurteilen zu können, welchen der Empfehlungen welche Priorität einzuräumen ist:

- „Wie kommen Sie spontan gerade auf ihn/sie?"
  Diese Frage liefert Ihnen die zentrale Begründung Ihres Kunden, warum aus seiner Sicht die von ihm empfohlene Person vom Kontakt mit Ihnen profitieren könnte – oft bringen die Ausführungen Ihres Kunden schon so viele Informationen über den Empfohlenen, dass sich weitere Nachfragen erübrigen.
- „Wie gut/lange kennen Sie ihn/sie?"
  Sollte die erste Frage nicht ausreichend Informationen liefern, sprudeln spätestens jetzt genug aus dem Kunden heraus, damit Sie sich ein gutes Bild vom Empfohlenen machen können.
- „Wann ist der beste Zeitpunkt für den Anruf bei Ihrem Kollegen/Bekannten?"
  Diese Frage beweist Ihre Rücksichtnahme auf die Lebens- und Arbeitsgewohnheiten des Empfohlenen, und das wirkt sich immer positiv auf die Kontaktaufnahme aus, ganz abgesehen davon, dass Ihr Kunde eine weitere positive Eigenschaft an Ihnen schätzen lernt.
- „Was ist wichtig für's erste Kennenlernen?"
  Die Informationen über besondere Angewohnheiten des Empfohlenen sind sehr aufschlussreich, zum Beispiel, um bei diesem nicht in Fettnäpfchen zu treten, die Sie nicht einmal erahnen können. Darüber hinaus können Sie einen Hinweis Ihres Kunden auf ein Hobby oder eine Sammelleidenschaft des Empfohlenen sogar Gewinn bringend nutzen, weil er sich als Aufhänger im Erstgespräch mit dem Empfohlenen besonders positiv auf den weiteren Gesprächsverlauf auswirkt.
- „Wen von den Genannten soll ich Ihrer Meinung nach zuerst anrufen?"
  Diese Frage zielt darauf ab, vom Kunden zu erfahren, welche der empfohlenen Personen in seinen Augen die höchste Priorität besitzt. Sie erleichtert Ihnen die eigene Organisation der Termine und dokumentiert Ihren Stellenwert als viel gefragter Spezialist.

Dieser Fragenkatalog erhebt selbstverständlich keinen Anspruch auf Vollständigkeit – je nach Branche, Produkt, Verkäufertyp kann er sicherlich ergänzt werden. Zudem ist sein Gebrauch als eine Art Checkliste nicht klug, vielmehr soll er eine Hilfestellung bei der Qualifizierung der empfohlenen Personen sein. Es ist aber unbedingt notwendig, diese Fragen situationsabhängig einsetzen, das heißt nicht jede Frage ist in jeder Gesprächsituation angemessen. Auch die Reihenfolge der Fragen sollte flexibel gehandhabt werden, sonst klingen diese wie auswendig gelernt. Filtern Sie also die Fragen heraus, die für Ihre Branche und Ihr Produkt von Bedeutung sind, und passen Sie diese situationsgerecht an!

Experten-Tipp

Stellen Sie bei der Qualifizierung der Empfohlenen nicht mehr als drei Fragen, sonst überfordern Sie Ihren Kunden und er fühlt sich ausgefragt.

Empfehlungs-Stammbaum

Es ist sehr wichtig für Sie zu erkennen, wie viele neue Kontakte Sie aufbauen können, wenn Sie konsequent zwei oder drei Empfehlungen pro Kontakt erhalten.

Empfehlungen werden meist auf gleicher Ebene ausgesprochen – so hat ein Empfehlungsgeber mit einem guten bis sehr guten Einkommen überwiegend einen Bekanntenkreis, der sich auf dem gleichen Einkommensniveau bewegt („Gleich und Gleich gesellt sich gern"). Daher können Sie davon ausgehen, dass der jeweilige Empfehlungsgeber mit etwa 80-prozentiger Wahrscheinlichkeit die Kontaktpersonen der übernächsten Ebene nicht kennt – Befürchtungen, diese Empfehlungsschiene könnte sich irgendwann totlaufen, sind deshalb unbegründet.

Das Notieren und Aufzeichnen der Namen der Empfehlungsgeber und Empfohlenen bietet den Vorteil, die gesamte Dimension des Empfehlungs-Netzwerkes zu überblicken.

Fixieren Sie vom gegenwärtigen Zeitpunkt aus rückwirkend Ihr jetziges Personen-Netzwerk. Notieren Sie sich dafür auf einem großem Bogen Papier fünf oder sechs aktuelle Kundenkontakte, die Sie gerade bearbeiten und die sich nicht durch Kaltakquise oder Mailingaktionen ergeben haben.

Ziel: Finden Sie rückwirkend möglichst viele verschiedene Ebenen, auf denen sich Kontakte ergeben haben. Machen Sie sich dazu bewusst, über welche Kontakte sich weitere Verbindungen ergeben haben und über welche vielfältigen Verzweigungen Ihr Kontaktnetz entstanden ist.

Nehmen Sie sich vor, ab heute den weiteren Aufbau Ihres Empfehlungs-Stammbaums für die Zukunft aktiv zu forcieren und ihn in regelmäßigen Abständen zu aktualisieren! Bei der Anfertigung Ihrer regelmäßigen Verkaufsstatistik und beim Feststellen der konkreten Zahlen zur Terminquote, zum Abschlussverhältnis etc. werden Sie die positiven Auswirkungen des systematischen Empfehlungsmarketings spüren.

Wie mit Kundenwiderständen umgehen?

Es ist wie in anderen Phasen des Verkaufsgespräches auch bei der Empfehlungsfrage für den Verkäufer unabdingbar, die gängigen Vor- und Einwände seiner Kunden zu kennen, um im entscheidenden Dialog mit dem Kunden vorbereitet zu sein und optimal reagieren zu können.

Bitte bleiben Sie auch bei der Einwandbehandlung authentisch und leiern Sie Ihre Formulierungen nicht wie auswendig gelernt herunter!

Die Unterscheidung zwischen Vorwand und Einwand

Ein *Vorwand* ist immer pauschal und wird auch so formuliert: „Ich möchte niemanden nennen“, „Mir fällt niemand ein“, „Ach wissen Sie, wir leben sehr zurückgezogen und haben nur selten Kontakt zu Bekannten“. Im Gegensatz dazu hat Ihr Kunde beim *Einwand* gezielt etwas gegen Ihr Anliegen einzuwenden. Meist ist dieser Einwand mit Argwohn und Skepsis verbunden; auf jeden Fall aber ist immer ein konkreter Ansatzpunkt erkennbar, der sofort behandelt werden kann.

Schlüsseltechnik zur Vorwanddiagnose

Mit dieser Taktik können Sie die Vor-Wand zwischen Ihrem Kunden und Ihnen öffnen und herausfinden, welche Gründe ihn davon abhalten, eine Empfehlung auszusprechen.

Vorsicht bei der Warum-Frage: Dieses offensive Vorgehen („Warum möchten Sie mir keine Empfehlung geben?“) kann je nach Situation auch zum Erfolg führen, aber die Gefahr, dass der Kunde abblockt oder gar mit Aggressionen reagiert, ist recht groß. Benutzen Sie also das Warum nur mit sehr großer Sensibilität und wenn Sie Ihren Kunden so gut kennen, dass Sie davon ausgehen können, dass er sich nicht in eine Abwehrhaltung zurückzieht!

Auch die Schlüsseltechnik hat durch ihre Einstiegsformulierung ein gewisses Druckpotenzial, das aber durch nachfolgenden Nachsatz erheblich abgemildert wird. Machen Sie diese Formulierung zu einem festen Bestandteil Ihrer Vorwanddiagnose, die in ihrer Grundstruktur möglichst nicht verändert werden sollte:

Beispiel: Schlüsseltechnik zur Vorwanddiagnose

Phase	**Formulierung**	**Effekt/Ziel**
Einstieg	„Hier gibt es zwei Möglichkeiten.	Steigen Sie mit Zustimmungslauten wie „Hmm ..." in Ihre Formulierung ein, um Ihrem Kunden ein gewisses Verständnis für seine Abwehr zu signalisieren. Dieses aktive Zuhören führt eine emotionale Annäherung an Ihren Kunden herbei – er fühlt sich mit seinem „Argument" bei Ihnen „aufgehoben".
Dramatisieren und ad absurdum führen	Einmal: Sie wollen nicht, dass andere Bekannte oder Freunde wie Sie ein Angebot auf den Tisch bekommen und so einen Vergleich anstellen können, welcher Partner ihnen die größeren Vorteile bringt. Das kann ich mir bei jemandem wie Ihnen überhaupt nicht vorstellen.	Sie stellen die aus Ihrer Sicht möglichen Gründe für die Ablehnung Ihres Kunden, eine Empfehlung auszusprechen, drastisch heraus, um sie im nächsten Moment sofort selbst ad absurdum zu führen; „Das kann ich mir bei jemandem wie Ihnen überhaupt nicht vorstellen ..."
Umlenken in Alternative	Da ist bestimmt, bestimmt noch irgendein ein kleiner Stein im Schuh, der Sie drückt, irgendetwas, was bisher nicht zu Ihrer vollsten Zufriedenheit beantwortet wurde. Sagen Sie einmal ganz frei von der Leber weg: Was ist es denn genau, was Sie zu dieser Aussage bewegt?"	Beim Umlenken in die Alternative kommt wieder die Formel D = 3 W ins Spiel, indem Sie das Wort „bestimmt" doppeln. Das verschafft Ihnen ein Höchstmaß an Aufmerksamkeit Ihres Kunden für Ihre zweite Möglichkeit. Artikulieren Sie diese mit entsprechender Empathie und einer diese Empathie unterstützenden Gestik (zum Beispiel offenen Handflächen) und Mimik (Blickkontakt halten) – so geben Sie Ihrem Kunden das sichere Gefühl, dass Ihnen wirklich viel daran liegt, seine Zweifel aus dem Weg zu räumen, damit er mit seiner Entscheidung hundertprozentig zufrieden sein kann.

In der Regel wird Ihr Kunde mit einer Wiederholung seines Vorwands oder mit einem konkreten (und damit zu behandelnden!) Einwand reagieren.

Wiederholt Ihr Kunde seine erste Aussage mit Nachdruck, unter Umständen sogar leicht genervt, dann beharren Sie nicht weiter, sonst riskieren Sie „dicke Luft“ und eine unangenehme Atmosphäre! Weit häufiger aber wird Ihr Kunde Folgendes äußern:

- „Ich möchte lieber erst einmal mit meinem Bekannten sprechen, ob ihm das recht ist“, oder
- „Ich habe einmal Namen von Kollegen genannt, die sauer darauf reagiert haben, dass ich ihre Telefonnummer ohne ihre Zustimmung weitergegeben habe“.

Schon haben Sie ein weiteres Etappenziel erreicht: den konkreten Einwand hinter dem ursprünglichen Vorwand identifiziert!

Wahrscheinlich werden Sie immer mal wieder auf Situationen treffen, in denen Ihnen die genannte Basisformulierung unpassend erscheint oder Ihnen schlicht der Mut zu einem entsprechend direkten Vorgehen fehlt. Keine Sorge! Auch dafür gibt es „softere“ Varianten, zum Beispiel:

„Zugegeben, Herr ... diese Frage ist jetzt vielleicht etwas spontan, etwas überraschend. Oft ist es ja so, dass man über solch brisante Themen, wie wir sie jetzt gemeinsam besprochen und erarbeitet haben, auch schon einmal bei entsprechendem Anlass mit Bekannten oder Kollegen spricht, die sich in einer vergleichbaren Situation befinden. Inwiefern gibt es denn aus Ihrem persönlichen Umfeld – zum Beispiel bei Ihren Arbeitskollegen, im Verein, unter Freunden – den einen oder anderen, der auch immer an solchen Informationen interessiert ist, der so wie Sie immer ein offenes Ohr hat und bei diesem Thema gerne auf dem neuesten Stand sein möchte bzw. immer für einen Vergleich dankbar ist. Kommt hier eher jemand aus Ihrem persönlichen Umfeld in Betracht oder vielleicht ein guter Kollege oder Geschäftsfreund?“

In dieser Variante versuchen Sie, vor dem geistigen Auge Ihres Kunden eine bestimmte Situation ins Bewusstsein zu rufen, die natürlich mit ganz bestimmten Personen verbunden ist. Mit der Formulierung „Zugegeben, Herr ..., diese Frage ist jetzt vielleicht etwas spontan, etwas überraschend ...“ nehmen Sie einen möglichen inneren Einwand Ihres Kunden vorweg – und gleichzeitig behalten Sie die Initiative: Höfliche Hartnäckigkeit hilft!

Die vier wichtigsten Kundeneinwände

Die folgenden Einwände sind erfahrungsgemäß diejenigen, die Ihnen in dieser oder ähnlicher Form immer wieder begegnen. Die Kenntnis dieser typischen Einwände erleichtert Ihnen die entsprechenden Reaktionsstrategien und damit die Steuerung des Gesprächs bis zu Ihrem Ziel: der Nennung von Empfehlungen!

- **Einwand: „Ich habe schlechte Erfahrungen mit der Weitergabe von Adressen gemacht."**

Zeigen Sie Verständnis für die Situation Ihres Kunden und federn Sie dessen Skepsis mit „Verbal-Judo" ab:

„Dass Sie aufgrund solcher Erfahrungen vorsichtig mit der Nennung von Namen und Telefonnummern Ihrer Bekannten/Kollegen sind, ist verständlich. Unter diesen Umständen wird es dann wohl das Beste sein, dass Ihr Name außen vor bleibt. Sie können darauf vertrauen, dass dieser Hinweis absolut diskret behandelt wird und Ihr Bekannter/Kollege nicht erfährt, wer ihm in bester Absicht einen solchen Gefallen tun will, dass er auch einmal die Vorteile von X und Y kennen lernen kann. Denken Sie in diesem Zusammenhang mehr an jemanden aus Ihrem privaten Umfeld oder an einen Arbeitskollegen, der für diese Thema ein offenes Ohr hat?"

Ihrem Kunden dürfte es ziemlich schwer fallen, sich gegen diese sehr softe Annäherung abzugrenzen. Damit erreichen Sie zumindest das Teilziel der „blinden Empfehlung", das heißt Sie erfahren zwar den Namen und die Telefonnummer eines qualifizierten Kontakts, können sich aber nicht auf Ihren Kunden berufen.

- **Einwand: „Bitte nennen Sie dem Empfohlenen nicht meinen Namen – lassen Sie mich außen vor."**

Hier sollten Sie dem Wunsch Ihres Kunden nach Anonymität entsprechen:

„OK, einverstanden, wenn Sie Wert darauf legen, dass Ihr Name außen vor bleibt, wird es gerne ausnahmsweise so gehandhabt, dass Ihr Bekannter/Kollege nicht erfährt, wer ihm in bester Absicht einen Gefallen erweisen will. Denken Sie in diesem Zusammenhang mehr an einen guten Bekannten oder an einen Geschäftsfreund?"

Nennt Ihr Kunde Ihnen nun ein oder zwei Namen, erhalten Sie durch weitere Qualifizierungsfragen (insbesondere „Woher/Wie gut kennen Sie ihn/

sie?") zusätzliche Hintergrundinformationen. Diese wiederum veranlassen Sie dann schließlich zu der Nachfrage, ob Ihr Kunde tatsächlich glaubt, dass sein Bekannter/Kollege verärgert sein könnte, wenn er ihm in bester Absicht den Gefallen tut und ihm einen Gewinn bringenden Kontakt verschafft, wenn die beiden sich doch offensichtlich so gut kennen. Sie werden sehen: Ihr Kunde wird in der Regel nachgeben! Unter Umständen bittet er Sie zum Beispiel, dass Sie nur zu einer bestimmten Zeit anrufen.

Sollte Ihr Kunde trotzdem nicht von seinem Wunsch, anonym zu bleiben, abrücken, dann können Sie immerhin ein oder zwei „blinde Empfehlungen" mitnehmen!

▶ **Einwand: „Ich möchte lieber zuerst einmal mit meinem Bekannten/Kollegen sprechen."**

„Das ist eine hervorragende Idee. Was halten Sie davon, wenn Sie gleich anrufen und ihm kurz erklären, dass wir hier gerade zusammensitzen, und dann den Hörer an mich weitergeben? Sagen Sie, haben Sie seine Telefonnummer im Kopf, oder ist es erforderlich, dass Sie im Adressbuch nachschauen?"

Für die Mutigeren unter Ihnen: Wenn Sie mit Ihrem Kunden schon eine längere Geschäftsbeziehung pflegen, Sie ihn schon ganz gut kennen und meinen, eine positive Reaktion prognostizieren zu können, dann führt dieses Vorgehen schnell zum (Empfehlungs-)Erfolg.

Vielleicht ist es Ihnen aber auch einen Tick zu forsch. In der Tat besteht die Gefahr, dass sich Ihr Kunde durch solch einen spontanen Appell überrumpelt fühlt. Darüber hinaus könnte der Vorschlag schon an praktischen Gegebenheiten scheitern, zum Beispiel, dass der Empfohlene gerade nicht an seinem Platz bzw. zuhause ist, oder dass Ihrem Kunden die aktuelle Uhrzeit nicht angemessen für einen Anruf beim Empfohlenen erscheint.

Falls eine Rücksprache mit dem Empfohlenen nicht in Ihrem Beisein möglich ist, sollten Sie folgende Kontrollfrage anhängen: „Wie würden Sie in wenigen Worten antworten, wenn Ihr Bekannter/Kollege nach dem Grund des Anrufs fragen würde?" Die Aussage Ihres Kunden gibt Ihnen Aufschluss darüber, wie er das Verkaufsgespräch mit Ihnen reflektiert (hat) und entsprechend an seinen Kollegen/Bekannten weitergibt.

Zusätzliche Sicherheit schaffen Sie sich, wenn Sie die Frage nachschieben, wann Ihr Kunde mit dem Empfohlenen sprechen will. Den von Ihrem Kunden genannten Zeitpunkt halten Sie als Vereinbarung in Ihrem Terminbuch fest – notieren Sie also für Ihren Kunden sichtbar, dass Sie ein oder zwei Tage nach dem Gespräch zwischen Kunde und Empfohlenem bei letzterem anrufen. Damit nehmen Sie Ihren Kunden in die Pflicht, und er wird sich seinerseits den Termin notieren!

- **Einwand: „Was springt für mich dabei heraus, wenn sich für Sie ein gutes Geschäft ergibt?"**

Die Entscheidung, ob eine Provision an Ihren Kunden überhaupt für Sie in Frage kommt, ist sehr stark davon abhängig, in welcher Branche Sie arbeiten und welchen Standpunkt Sie zur Provisionsfrage einnehmen. Haben Sie sich dafür entschieden, Ihr Honorar nicht mit Ihren Kunden zu teilen, dann teilen Sie dies freundlich, aber bestimmt mit.

Verkäufer, die bereit sind, Empfehlungsgeber als entscheidende Multiplikatoren auch weiterhin zu nutzen und daher offen für eine Aufteilung ihrer Honorare sind, sollten erst einmal Verständnis für den Wunsch des Kunden aufbringen. Allerdings verdeutlichen Sie gleich im Anschluss, dass Sie eine Verhandlung über die Aufteilung des Honorars für verfrüht halten – und zwar solange der Empfohlene die Möglichkeit hat, alle Vorteile Ihres Angebots kennen zu lernen und sich in Ruhe zu entscheiden. Auf die Frage nach der Aufteilung des Honorars möchten Sie also erst zurückkommen, wenn sie tatsächlich virulent wird!

Die Bearbeitung einer Empfehlung

Die Bearbeitung einer Empfehlung betrifft nicht nur den Empfohlenen, sondern auch Ihren Kunden. Ihr Kunde freut sich nicht nur über ein Feedback über den Ausgang des Kontakts, er erwartet diese Rückmeldung geradezu – rufen Sie ihn sofort an! Betrachten Sie Empfehlungen keinesfalls als „stille Reserve" für Zeiten der Flaute; jeder Tag unnützen Wartens lässt den Kontakt erkalten. Haben Sie also nicht innerhalb von 48 Stunden erhaltene Empfehlungen nachgefasst, erschwert das Ihre Arbeit zusätzlich.

Telefonische Terminvereinbarung mit einem Empfohlenen

Bereiten Sie sich gut auf die sechs oder sieben Standardaussagen vor, mit denen Sie bei einem Terminvereinbarungsgespräch rechnen müssen, weil Sie meist nur diesen einen Versuch haben, um den Empfohlenen davon zu überzeugen, dass ein persönlicher Termin für ihn von Vorteil ist.

Ziel der Gesprächseröffnung ist es, dem Empfohlenen zu vermitteln, dass Ihr Anruf ausschließlich auf den ausdrücklichen Wunsch Ihres Kunden geschieht. Die mehrfache Nennung des Namens Ihres Kunden verringert dabei den Widerstand bei Ihrem Gesprächpartner.

Die Erfahrung zeigt, dass bei Nachfasstelefonaten innerhalb der ersten drei Gesprächsminuten die Entscheidung über den Erfolg Ihres Anrufs fällt. Daher darf Ihr einziges Ziel darin bestehen, einen Besuchstermin beim Empfohlenen zu vereinbaren, in dem Sie seine Neugier schon am Telefon wecken. Erörtern Sie daher keinesfalls Details zu Ihrem Produkt/ Ihrer Dienstleistung – gerade für erklärungsbedürftige Angebote reicht die kurze Zeit des Nachfasstelefonats nicht aus, um deren Vorteile auch wirklich eindrucksvoll herausstellen zu können, ganz im Gegenteil: Verzetteln Sie sich in Einzelheiten, geht der Schuss nach hinten los und Sie haben eine wertvollen, weil qualifizierten Kontakt verloren!

Nachfassen einer blinden Empfehlung

Mit der Frage des Empfohlenen nach dem entsprechenden Empfehler müssen Sie selbstverständlich rechnen. Als seriöser Verkäufer geben Sie bei einer blinden Empfehlung nicht den Namen Ihres Kunden preis, sonst verprellen Sie diesen!

Zwei typische Reaktionen folgen in der Regel auf Ihre freundliche Weigerung, den Namen Ihres Kunden zu nennen:

- Der Empfohlene gibt Ihrem Terminwunsch aus Neugier auf den Namen Ihres Kunden nach. Bei diesem Termin begegnen Sie der wahrscheinlich erneuten Nachfrage des Empfohlenen mit dem Hinweis, dass sich Ihr Kunde schon bei entsprechender Gelegenheit selbst offenbaren wird und dass eine Namensnennung ohne Zustimmung Ihres Kunden einem Vertrauensbruch gleichkäme.
- Stimmt der Empfohlene einem Besuchstermin nicht zu, ohne dass Sie den Namen Ihres Kunden nennen, dürfen Sie auf keinen Fall „umfallen"! Bleiben Sie konsequent, denn in dieser Entweder-oder-Situation hat Ihr Stammkunde absoluten Vorrang vor einem potenziellen Neukunden! Beenden Sie daher das Telefonat freundlich, aber ohne Ergebnis, wenn der Empfohlene auf seiner Position beharrt.

Fazit: Auch blinde Empfehlungen haben ihren Wert – eine Abschlussquote zwischen 30 und 50 Prozent zeigt, dass sich ihre konsequente Bearbeitung lohnt!

Rückmeldung gegenüber dem Empfehlungsgeber

Das Feedback über den Erfolg einer Empfehlung ist von entscheidender Bedeutung, wenn Sie aus Ihrem Kunden einen richtigen Multiplikator machen wollen. Verschieben oder vergessen Sie nicht aus mangelnder Sensibilität oder Bequemlichkeit die Rückmeldung an Ihren Kunden, sondern machen Sie sich dieses Feedback ganz im Gegenteil zur Gewohnheit und nehmen Sie es in Ihre tägliche To-do-Liste auf. Der Aufwand für ein solches circa einminütiges Telefonat steht in keinem Verhältnis zur Bindungswirkung, die ein positives Feedback bei Ihrem Kunden hervorruft!

Durch ein kleines Geschenk als Dankeschön für eine erfolgreiche Empfehlung können Sie diese Bindungswirkung noch verstärken. Überlegen Sie sich ein individuelles Präsent, das am besten auch die persönlichen Interessen oder Hobbys Ihres Empfehlungsgebers berücksichtigt. Zudem sollte es nicht zu teuer sein, weil Ihr Kunde sonst befürchten könnte, auf „Kosten" des Bekannten/Kollegen von der Empfehlung zu profitieren, da ja dieser Bonus in den Kaufpreis geflossen sein könnte.

Bleiben Sie authentisch!

Bitte betrachten Sie alle Formulierungshilfen, die Sie auf den letzten Seiten gelesen haben, immer als *Hilfen!* Formen Sie diese immer so, dass sie Ihrer Individualität als Verkäufer entsprechen: Ihrer Verkaufsphilosophie, Ihrem Sprachgebrauch, Ihrer Branche, Ihrem Unternehmen und last but not least: Ihren Kunden!

Wenn Sie die Empfehlungsfrage derart als selbstverständlichen Bestandteil in Ihre Verkaufsgespräche integrieren und alle Empfehlungen sorgfältig behandeln, dann kommen auch Sie zu dem Schluss: Empfehlungsmarketing ist der Königsweg zur Neukundengewinnung!

Der Motivationskick für Ihr Empfehlungsmarketing!

Empfehlungen sind das beste Sprungbrett und die preisgünstigste Form der Neukundengewinnung. Dabei gilt: Qualität vor Quantität – Ihr Ziel sind ein bis zwei qualifizierte Kontakte pro (Stamm-)Kunde!

Erhöhen Sie also die Zahl Ihrer Empfehlungsfragen, nutzen Sie dieses immer noch vernachlässigte Neukundenakquisepotenzial!

Elfter Trainingstag

VertriebsIntelligenz 24/7®

Verkaufen Sie noch oder potenzieren Sie schon?

Andreas Buhr

Herr Buhr, ändern sich die Zeiten im Verkauf und Vertrieb – oder was meinen Sie mit VertriebsIntelligenz 24/7?

Allerdings haben sich die Zeiten geändert! Denn die Käufer haben sich entscheidend geändert! Der neue Kunde, der „iKunde", wie ich ihn nenne, ist erstens ich-bezogen bestrebt, alle Waren customized genau auf seine Bedürfnisse zu erhalten, ist zweitens von Werbung genervt und dafür drittens gewieft im „Selber-Suchen" von produktrelevanten Informationen. Er ist äußerst preissensibel – weil er Vergleichsmöglichkeiten hat wie noch nie zuvor. VertriebsIntelligenz 24/7 zeigt, wie der Vertrieb heute diesen anspruchsvollen Kunden gerecht wird. Wie er Marketingüberdruss, Werbewiderwillen und Kaufwiderstand überwindet – wie er den iKunden clever, vorbereitet und über alle Absatzkanäle erreicht.

Wie also kann der Vertrieb heute den „iKunden" erreichen und zufriedenstellen?

Hören Sie auf zu verkaufen – beginnen Sie zu potenzieren! Potenzieren können Sie überall da, wo von Ihrem Unternehmen und Ihren Produkten überzeugte Multiplikatoren Markt- und Meinungsmacht haben – und wo Sie neue Marktsegmente mit frischen Ideen besetzen können. Begegnen Sie dem „neuen Kunden" mit unwiderstehlichen Angeboten in seiner Verständnis- und Bedürfniswelt.

Wo lassen sich denn noch neue Marktsegmente finden?

Orientieren Sie sich an den sozio-ökonomischen Megatrends, die jetzt bereits erkennbar sind. Etwa: Feminisierung der Macht, Nachhaltigkeit – mit der Herauskristallisierung neuer Zielgruppen wie der LOHAS, demografische Entwicklung, zunehmende Virtualisierung, Shifts in den Vertriebswegen und Social Economics. Werden Sie zum Chancen-Denker: Jeder dieser Megatrends birgt eine Menge an neuen Marktchancen für Sie!

VertriebsIntelligenz 24/7®

Verkaufen Sie noch oder potenzieren Sie schon?

Seit Eva die verbotene Frucht für Adam „unwiderstehlich präsentierte", seit der erste Hominide um die behaarte Dame seines Herzens warb und der erste Neandertaler einen Tigerzahn gegen einen fetten Fisch eintauschte, seither verkauft der Mensch.

Zur Herausforderung wurde der Verkauf in dem Moment, als es sich um mehr als die Dinge des täglichen (Über-)Lebens drehte. Mehr und mehr ging es darum, in der wachsenden Vielfalt der Angebote einen Mehrwert zu bieten, der entscheidungsrelevant für den Nachfrager war. Wer schon alles hatte, das er dringend brauchte, bei dem mussten Wünsche nach Dingen geweckt werden, die nicht notwendig, aber begehrenswert waren. Da nahm der Meister seinen Lehrling auf die Seite und brachte ihm echtes Verkaufen bei.

Mehr Vertriebsdruck erzeugt ... Kaufwiderstand!

Wie überschaubar waren noch die regionalen Märkte: Eine kleine Auswahl handgefertigter Güter wurde von Händlern und Kaufleuten wenigen, meist ortsansässigen Kunden angeboten. Wie frühzeitliche Funde beweisen, trieb es aber stets einige Händler weit in die Ferne, wo die heimischen – dort exotischen – Waren reißenden Absatz fanden. Mit der aufkommenden Massenproduktion wurden immer neue Vertriebs- und Absatzwege entwickelt, um immer mehr vom Gleichen an Käufer zu bringen, die sich auf der ganzen Welt befinden konnten. Je mehr Produzenten und Händler vergleichbare Güter auf den Markt brachten, desto mehr entwickelte sich das Verkaufen vom bloßen Feilbieten zum pfeilgenauen Treffen vorhandener oder zuvor geweckter Kundenwünsche: Verkauf ohne Marketing ist heute unvorstellbar. Und in Zeiten der Globalisierung findet Ware aus der ganzen Welt in immer größerer Vielfalt und Stückzahl mit immer mehr Marketingaufwand und immer mehr Vertriebsdruck ihren

Weg noch in die abgelegenste Hütte. Und was entsteht dort? Marketingüberdruss. Werbewiderwillen. Kaufwiderstand!

Kunden entwickeln immer bessere Strategien, um der Werbung zu entkommen, werden blind und taub für Marketing, suchen sich lieber selbst Informationen im Internet, über Empfehlungen und auf Bewertungsplattformen zusammen, als den Versprechungen von Verkauf und Vertrieb zu trauen.

Neben dem Bedarf der Kunden änderte sich im Laufe der Zeit vor allem also die Kauf-Cleverness: So begegnen wir heute informierten Kunden mit sehr ausgeprägtem Hintergrundwissen um Produkte, Marken und Märkte.

VertriebsIntelligenz 24/7: den neuen Kunden clever begegnen

Die beschriebenen Entwicklungen im Verkauf machen vor allem eines deutlich: Neue Zeiten erfordern immer neue Strategien, um vertriebsintelligent zu „handeln".

Hören Sie auf zu verkaufen – beginnen Sie zu potenzieren! Indem Sie die neuen Kunden da finden und begeistern, wo sie sich heute aufhalten und sich austauschen. Indem Sie Kunden zu Botschaftern und zu Multiplikatoren machen, indem Kunden aktiv Kunden empfehlen. Potenzieren können Sie überall da, wo (von Ihrem Unternehmen und Ihren Produkten überzeugte) Multiplikatoren Markt- und Meinungsmacht haben – und wo Sie neue Marktsegmente mit frischen Ideen besetzen können.

In einer Zeit der hochindustrialisierten, durch Übersättigung gekennzeichneten Märkte stellt dies hohe Ansprüche an Unternehmen. Hier setzt die unternehmerische Strategie *VertriebsIntelligenz 24/7* an: Vertrieb und Verkauf müssen 24 Stunden am Tag und sieben Tage die Woche vertriebsintelligent handeln, um sich dauerhaft erfolgreich am Markt zu positionieren.

Experten-Tipp: Chancen-Denken

Vertriebsintelligent Handeln heißt, dem Kunden zu jeder Zeit und über jeden zielgruppenrelevanten Vertriebsweg den für ihn bestmöglichen Service zu bieten. Sie kennen doch das alte Hase- und Igel-Spiel: Wo der Kunde hinkommt, sollten Sie bereits sein. Und wo Sie sind, da ziehen Sie den Kunden hin. Üben Sie keinen Verkaufsdruck auf den Kunden aus – begegnen Sie ihm überall da, wo „der neue Kunde" sich gerne aufhält, und kommen Sie ihm mit unwiderstehlichen Angeboten in seiner Verständnis- und Bedürfniswelt entgehen. Kaum jemand muss heute noch kaufen und schon gar nicht (nur) bei Ihnen – er will kaufen, weil er Sie mag, weil Sie ihn begeistern, weil Sie sein Leben schöner und angenehmer gestalten. Und weil eben Sie es sind!

Nutzen Sie die Chancen der Megatrends

Wie können Sie potenzieren, statt nur zu verkaufen? Indem Sie entweder neue Marktsegmente und Zielgruppen erkennen und adressieren, wo Sie noch Pionierleistung erzielen. Oder indem Sie die Meinungsmacher in diesen Märkten für sich begeistern, die in ihren Netzwerken positiv über Ihr Unternehmen und Ihre Angebote berichten und damit das glaubwürdigste und effektivste Marketing aller Zeiten betreiben. Analysieren und nutzen Sie daher die kommenden gesellschaftlichen Megatrends, wie etwa:

1) **Feminisierung der Macht:** Auch der monetäre Einfluss und die Marktmacht liegen zunehmend in den Händen der Frauen. Frauen sind in aller Regel die wahren Kaufentscheider. Im privaten Bereich fast immer, im Geschäftsbereich zunehmend. Um es etwas pointiert zuzuspitzen: *Die* Geldbörse regiert, *der* Geldbeutel reagiert ... – auf die Wünsche und Entscheidungen der Frau, die in vielen Familien mit gutem Grund den Titel „Finanzminister" trägt.

2) **Nachhaltigkeit/Sustainability:** Interessante neue Kundenzielgruppen mit klaren Bedürfnissen und Wünschen bei hohem Marktpotenzial gewinnen an Bedeutung, zum Beispiel im Bereich „Green Living".

3) **Demografischer Wandel:** Der Markt der Zukunft wird vor allem durch die Generation 50plus bestimmt – das ist nichts Neues. Und doch reagieren die wenigsten Unternehmen in den Bereichen Forschung und Entwicklung, Produktion, Vermarktung und Verkauf angemessen und intelligent auf diesen Trend.

4) **Zunehmende Virtualisierung:** Dieser Metatrend wird in Verkauf und Vertrieb vor allem in neuen Angebotsmodellen deutlich. Ein gutes Beispiel sind so genannte *Augmented-Reality-Möglichkeiten:* Systeme, bei denen in Echtzeit zusätzliche Informationen wie beispielsweise Farb- oder Größenvarianten in das reale Abbild einer Ware eingespielt werden. Hierunter fallen auch neue Erkenntnisse aus der Konsumentenforschung, besonders im Rahmen des Neuro-Marketings, die in virtuelle Verkaufsszenarien übersetzt werden: Denken wir nur an die Werbung und all die Kaufangebote, die durch unzählige virtuelle Spiele und E-Games über PCs, MACs, Smartphones und Spiele-Konsolen unsere Gedanken und Gefühle erreichen, prägen und beeinflussen!

5) **Shift in den Vertriebswegen:** Die zunehmende Virtualisierung verändert Konsumgewohnheiten. Wenn wir unseren Kunden 24/7 unwiderstehliche Angebote machen wollen, müssen wir sie dort „treffen", wo sie als Kunde unterwegs sind.

6) **Socionomics/Social Economics:** Auf Kunden- wie auf Anbieterseite zeigt sich der Trend zur Bildung von (virtuellen) Netzwerken, in denen Wissen, Erfahrungsberichte, marktrelevante Daten, aber auch Feedbacks, Bewertungen von Waren und Dienstleistungen, Preisinformationen und Markttipps ausgetauscht werden. Dieser Trend wird durch die wachsende Bedeutung der Social-Media-Plattformen entscheidend befördert.

Experten-Tipp: Chancen-Denken

- Fokussieren Sie gezielt auf Wünsche und Bedürfnisse der weiblichen Kundschaft, wenn Sie vom Megatrend „Feminisierung" profitieren wollen. Und hier müssen Sie wirklich genau hinterfragen, worauf es ihr ankommt. Geht es beispielsweise um die Geheimnisse des „weiblichen Designs" bei der Produkt- und Markengestaltung, sind die Erkenntnisse des Neuromarketings rsp. der Neuroökonomie auf Basis der funktionellen Magnetresonanztomographie (fMRT) am genauesten – oft wird es Ihnen also weiterhelfen, wenn Sie sich die neusten Studien und die aktuellste Literatur dazu besorgen: Hier erhalten Sie wertvolle Hinweise auf die wahren Entscheidungsmotive und -emotionen!
- Wenn Sie nicht mehr nur verkaufen, sondern potenzieren wollen, richten Sie Ihr Portfolio auf neue, veränderte Zielgruppen und gemäß erkennbaren Zukunftstrends aus.

- Analysieren Sie Ihr Umsatzpotenzial innerhalb der Generation 50plus und fokussieren Sie Ihre Aktivitäten entsprechend. Nehmen Sie Querdenker aus dieser Generation mit in einen Entwicklungs-Beraterstab im Unternehmen: Welche Produkte, welche Erweiterungen, Ergänzungen, Modifikationen fallen ihnen ein, wie wollen sie in Marketing und Vertrieb für ein Produkt angesprochen werden, welche Nutzenargumentation zieht wirklich?!
- Nutzen Sie die Angebotsmodelle virtueller Systeme und neue Vertriebswege: Führen Sie Kunden bewusst dorthin, wo Sie mittels automatisierter Interfaces jederzeit für sie erreichbar sind.
- Bewegen Sie sich aktiv in Social-Media-Plattformen und bauen Sie virtuelle Netzwerke auf – wenn sich relevante Teile Ihrer Zielkundschaft dort befinden.

Verstehen Sie Trends als Wegweiser, und denken Sie in Chancen!

Anregungen für „Chancen-Denker"

Chance 1: Neue Vertriebswege ermöglichen 24/7-Service

Die Zahl der Online-Shopper ist innerhalb von zwei Jahren um 28 Prozent gestiegen: Fast jeder Internetnutzer kauft auch online ein, 97,4 Prozent der aktiven Internetnutzer haben in 2008 mindestens ein Mal den virtuellen Warenkorb bestückt. Ungeachtet der Wirtschaftskrise wurden die Online-Einkaufswagen reichhaltiger beladen als in den Vorjahren. Die Tendenz ist deutlich: Immer mehr Geld fließt über die virtuellen Vertriebskanäle, oft richtig als „Distanzhandel" bezeichnet.

Auf der anderen Seite haben in 2008 gerade einmal 12 Prozent aller Unternehmen in Deutschland ihre Waren oder Dienstleistungen auch über das Internet oder andere elektronische Netzwerke verkauft. Verschenktes Potenzial angesichts der enorm wachsenden Käuferzahl und Kauflust im Internet. Als gute Beispiele seien hier Vente Privee oder auch brands-4friends genannt. Beide Unternehmen verzeichnen sehr hohe Wachstumsraten an Mitgliedern und Umsatzzahlen!

„Virtualisierte" Vertriebswege rechnen sich vor allem da, wo es feste Kunden-Lieferanten-Beziehungen gibt. So hat man herausgefunden, dass elektronische Netze besonders oft im Fahrzeugbau als Vertriebsweg genutzt werden. 35 Prozent der Unternehmen haben angegeben, im Jahr 2008 Verkäufe über diesen Weg getätigt zu haben. Das bedeutet einen Anteil von 52 Prozent am Gesamtumsatz der Branche. 93 Prozent des Online-Umsatzes im Fahrzeugbau wurde über automatisierten Datenaustausch generiert.

Experten-Tipp: Chancen-Denken

1. Kundenbindung und -entwicklung ist besser, günstiger und effektiver als Neukundengewinnung! Doch allzu oft vernachlässigen wir unsere Stammkunden, gewähren nur Neukunden Rabatte und Begrüßungsgeschenke, während wir eigentlich die A- und B-Kunden ständig mit Aufmerksamkeit überraschen sollten! Tiefe und Qualität Ihrer Kundenbeziehungen sind direkter Unternehmenswert!
2. Nutzen Sie die „Kniffe" und Möglichkeiten der elektronischen Vertriebswege. Ziel muss es sein, Ihren Kunden so viel Sicherheit, Zusatznutzen, Bequemlichkeit und „Kleber" zu bieten, dass ihnen die Wechselkosten zu anderen Vertriebswegen und anderen Anbietern schlicht als zu hoch erscheinen.
3. Ergreifen Sie Maßnahmen zur effektiven Kundensteuerung: Leiten Sie Ihre Kunden in den Vertriebskanal, in dem Sie sie am besten 24/7 mit einem umfassenden Rund-um-die-Uhr-Service erreichen. Wählen Sie den Weg zum Kunden, der Ihnen am effektivsten und kostengünstigsten erscheint.

Im Schnitt nutzt jeder Kunde heutzutage drei oder mehr Vertriebswege. Das heißt: Auf unterschiedlichen Wegen kommt er zum selben Produkt. Für Sie kann es effizienter sein, ihm auf nur einem 24/7-Kanal zu begegnen. Angenommen, Sie wollen sich vertriebsintelligent auf den Online-Weg fokussieren: Dann braucht es die Kombination von vier gezielten Maßnahmen.

1. **Imagepflege.** Positiv eingestellte Kunden sehen im Vorschlag eines vorrangig zu nutzenden Vertriebsweges eine Entscheidungshilfe, negativ eingestellte eine Bevormundung. Sorgen Sie aktiv dafür, dass Ihre Kunden Sie als Entscheidungshelfer akzeptieren.
2. **Support.** Jeder forcierte Wechsel eines Vertriebskanals bedeutet für den Kunden Aufwand. Aufwand wiederum ist eine Aufforderung zum Abwandern. Bieten Sie dem Kunden jedwede Information und Unter-

stützung, um den neuen Vertriebskanal zu seinem Vorteil zu nutzen. Halten Sie Wechselkosten möglichst gering.

3. **Added Value im Zielkanal.** Bauen Sie das Leistungsangebot aus, und schaffen Sie exklusiven Zusatznutzen für die Kunden, die das Angebot zum Wechsel wahrnehmen.
4. **Less Value im Stammkanal:** Nach und nach kann das Leistungsangebot in den anderen Vertriebskanälen abgebaut oder mit zusätzlichen Kosten für den Kunden verbunden werden. Das gilt sinnvollerweise vor allem für jene mit der geringsten Effizienz oder den höchsten Kosten. Steigern Sie die Attraktivität des Zielkanals: Schaffen Sie eine klassische „Weg-von-Hin-zu"-Situation!

Vertriebsintelligent wird dieser „mit sanfter Gewalt erzwungene" (komplette) Wechsel zum Online- Kanal dann, wenn Sie zusätzlich die Möglichkeiten des Social-Media-Marketings anbieten. So wird Ihr Unternehmen, Ihr Online-Vertriebskanal, zur virtuellen Austauschplattform, über die Kunden untereinander, aber auch Sie mit Ihren Kunden kommunizieren.

> *Beispiel:*
>
> *Die Vertriebsplattform Amazon – lange schon kein bloßer Buchversender mehr – hat sehr früh begonnen, alle möglichen Features des „Mitmach-Internets", des Web 2.0, in ihren Vertriebskanal zu integrieren. Der Erfolg ist offensichtlich: Neben der hohen Verbleibtreue (Stickyness) der Kunden hat Amazon ein immenses Empfehlungs- und Up-Selling-Geschäft auf- und ausgebaut.*

Machen Sie die Kunden zu Verbündeten – denn: Niemand gewinnt allein!

Chance 2: Croud Sourcing: Wissen und Kompetenz vernetzen

Niemand gewinnt allein – das wissen auch herausragende Führungskräfte, ©lean leader. Sie setzen deshalb in Zukunft noch stärker auf die Weisheit der Vielen, und vernetzen aktiv Wissen und Kompetenz.

▶ Vernetzte Strukturen

©lean leader arbeiten und denken in vernetzten Strukturen. Dank moderner Technologien und persönlicher sozialer Kompetenz fällt es ihnen leicht, sich in diesen zu positionieren. Außerdem profitieren sie in ihrer persönlichen Entwicklung von Mentoren und der Erfahrung erfolgreicher

Menschen. Zentrales Thema ist die Reduktion von Komplexität: Klar sein. Einfach sein. Den Punkt treffen. Genau hier profitieren sie von der Erfahrung, der Distanz, der Weitsicht und den gelebten Beispielen von Mentoren und Vorbildern. Für sie geht es immer darum, Produktlösungen auf relevante Kernvorteile zu reduzieren, gute Fragen als Entscheidungshilfe zu entwickeln, genauso versiert zu argumentieren und am Ende zu wissen, dass nicht jeder Mensch ein Kunde werden muss und wird!

▶ Epidemischer Erfolg

©lean leader setzen Feedback aus dem Markt, Wünsche und Ideen von Kunden und Lieferanten ein, um „epidemischen" Erfolg zu erzielen. *Epidemisch* bedeutet nach Malcom Gladwell („Tipping Point"), dass aus der Idee einiger Weniger in kurzer Zeit eine Bewegung wird, die einen ganzen Markt beeinflussen und nachhaltig verändern kann.

> *Beispiel:*
>
> *Bestes Beispiel für den Auslöser einer wahren Epidemie ist das kleine „i": iPod, iPhone, iBook und aktuell iPad, ursprünglich Must-Haves der Kreativbranche, haben es innerhalb kürzester Zeit geschafft, sich auf dem gesamten Markt zu etablieren und epidemisch zu verbreiten – der iMac setzt da noch einen drauf. Den damaligen Marktführer bei den Mobiles haben sie erfolgreich von der Pole-Position verdrängt. Mit immer neuen Applikationen über iTunes reagiert Apple auf die Wünsche, die Kunden äußern – und macht Kunden zu Entwicklern, was mittlerweile rund 200 000 größtenteils fremdproduzierte Apps belegen.*

Dabei ist es nicht etwa so, dass ©lean leader einzig und allein auf Kundenwünsche, also die Stimmen aus dem Markt reagieren. Das wäre keine echte Innovation. Schließlich ist es nicht Aufgabe der Kunden, fantastische Produkt- oder Dienstleistungsideen zu entwickeln und sie am Ende auch noch „kostenfrei" an Unternehmen zu liefern. Herausragende Führungskräfte erkennen „die Weisheit des Marktes", sie haben „das Ohr auf der Schiene". Die gewonnenen Erkenntnisse übersetzen sie in Zukunftstrends, die sie für ihre Arbeit nutzen, um zum Beispiel durch neue Produktlösungen Umsätze nachhaltig zu steigern und die wirtschaftliche Zukunft zu sichern.

▶ Expertenwissen

©lean leader nutzen die modernen medialen Möglichkeiten der Vernetzung mit dem Wissen Vieler. Sie beherrschen die Technologien und Strategien, um stets zum richtigen Zeitpunkt das richtige Wissen und Können anzuzapfen. Sie verstehen das Netzwerken als Chefsache! Es reicht eben nicht, auf ein simples Konzept der Schwarmintelligenz zu setzen nach dem Motto: Die Mehrheit kann nicht irren. Denn – weit gefehlt – sie kann: Wenn Millionen Menschen etwas Dummes sagen, bleibt es trotzdem eine Dummheit. Nichtsdestotrotz: Die „Weisheit vieler Experten", ihr Wissen und ihre Überzeugungen zusammengenommen, ermöglichen neue, effektive Lösungswege.

Crowd Sourcing ist ein neues Schlagwort, das in diese Richtung weist: Viele vernetzen sich untereinander, um einander zu helfen, ihr Wissen und Können zu teilen, voneinander zu profitieren. Die Energie von Mitarbeitern, Kunden, Mentoren und Experten-Communities wird auf diesem Weg zusammengebracht. Das ist ökonomisch. Inspirierend. Das sprüht Funken!

Experten-Tipp: Chancen-Denken

- Profitieren Sie von der Erfahrung anderer. Große Menschen geben ihr Wissen gerne weiter! Suchen Sie sich die Besten aus!
- Orientieren Sie sich an den Zeichen des Marktes: Beziehen Sie die Wünsche von Kunden und Lieferanten ein, um epidemischen Erfolg zu erzielen!
- Vernetzen Sie sich mit Mitarbeitern, Kunden, Mentoren und Experten.

So erreichen Sie die Kunden mit der höchsten Aktivität und Meinungsbildung: Die wachsende Zahl an Menschen weltweit, die sich über virtuelle Netze und Social-Media-Plattformen austauschen – über Unternehmen und Marken diskutieren, Produkte bewerten, Preisinformationen austauschen und nicht zuletzt Empfehlungen aussprechen. Übrigens beschäftigen sich neuerdings Scheidungsanwälte intensiv mit Nachrichten, die über Facebook veröffentlicht wurden ...

Chance 3: Vermarktungswege in Zeiten der Socionomics

Alle 20 Sekunden werden 1,4 Millionen Videos auf YouTube angesehen. Alle 20 Sekunden werden 210 Blogposts geschrieben – zeitgleich ein Mehrfaches davon gelesen. Alle 20 Sekunden registrieren sich 140 neue

Facebook-Member, 720 Flickr-Fotos werden hochgeladen, 26 000 Messages in Second Life™ gesendet, 40 Videos auf YouTube eingestellt, 470 000 Google-Anfragen abgeschickt, 1 200 iPhone-Applikationen heruntergeladen und wahrhaft unzählige Tweets über Twitter versendet. Über 20 Prozent der Tweets beschäftigen sich mit Unternehmen, ihren Leistungen und ihren Angeboten – die meisten davon positiv. Wertschöpfung in Zeiten der Social Economy, der Socionomics.

Drei Viertel aller DAX-30-Unternehmen twittern – ebenso zwei Drittel aller Fortune-100-Unternehmen. Dell beziffert den zusätzlichen Umsatz, der im Unternehmen allein über den Vertriebskanal Twitter in zwei Jahren erzielt wurde, mit drei Millionen US-Dollar. Und der Otto Versand in Hamburg beschäftigt mittlerweile vier Mitarbeiter, die ausschließlich das Bearbeiten der über Twitter eingehenden Anfragen übernehmen.

Immer mehr Unternehmen nutzen erfolgreich das virale Marketing: Eine schier unwiderstehliche Story über die eigenen Leistungen wird entwickelt – eine Story, die sich von Netzwerk zu Netzwerk verbreitet.

Beispiel:

Ein sehr erfolgreiches Beispiel für virales Marketing ist die „Spaßtheorie" von VW, die sich mit verschiedenen Filmen über YouTube viral im Internet verbreitete und dem Konzern einen großen Sympathiebonus einbrachte: z.B. http://www.youtube.com/watch?v=2lXh2n0aPyw und http://www.youtube.com/watch?v=cbEKAwCoCKw.

Das Beispiel von VW führt einen weiteren vertriebsintelligenten Aspekt vor: Eine entscheidende Frage ist, wie Sie Produkte und Dienstleistungen emotional „aufladen" müssen, um Begehrlichkeiten bei den Kunden zu wecken. Es genügt eben nicht, über die verschiedenen neuen Wege des Social-Media-Marketings eine Story um das Produkt zu entwickeln und es zu promoten. Das Produkt muss letztlich auch in hohem Maße der Erwartungshaltung der Kunden entsprechen. Mehr noch: Es muss sie übertreffen, es muss überraschen, verblüffen, begeistern.

Im Heer der vergleichbaren Funktionalität aber können sich Produkte fast nur noch über ihre emotionale Aufladung unterscheiden und den potenziellen Käufer unmittelbar – das heißt, auf seiner neuronalen Ebene – ansprechen. Auf dieser Ebene bieten sie ihm, was er eigentlich, was er wirklich braucht und sucht. Wir wissen das aus der umfassenden Forschung des Neuromarketings, für die beispielhaft Martin Lindstrom, Prof. Georg Häusel und die Gruppe Nymphenburg – neben einigen anderen – stehen.

Folgt man Häusel, so sind im limbischen System, der emotionalen Schaltzentrale im Hirn jedes Menschen, drei Systeme repräsentiert:

- das nach Sicherheit strebende Balancesystem,
- das nach Macht strebende Dominanzsystem und
- das nach Erregung strebende Stimulanzsystem.

Produkte, die gerne gekauft werden, müssen mindestens eines dieser Systeme bei den potenziellen Kunden ansprechen, um erfolgreich zu sein.

Gleichzeitig müssen vertriebsintelligente Verkäufer darauf trainiert sein, die dominanten Systeme bei den Kunden zu erkennen und in ihrer Argumentation entsprechend zu bedienen.

Emotionssysteme

Es gibt weitere Emotionssysteme, die teilweise den Hauptsystemen zugeordnet sind und teilweise eine Zwischenstellung einnehmen.

- *Bindungs- und Fürsorgemodul:* Der Mensch braucht zum Überleben eine soziale Gruppe, der er angehört und die ihm Sicherheit gibt. In diesem System sind all jene Produkte erfolgreich, die eine Vernetzung mit anderen Kunden oder wenigstens das Zugehörigkeitsgefühl zu einer als positiv empfundenen Gemeinschaft ermöglichen.
- Das *Spiel-Modul* ist nicht nur bei Kindern sehr ausgeprägt. Bei Erwachsenen zeigt es sich in der Begeisterung für (Glücks-)Spiele und für technische Spielereien.
- Das *„Rauf-Modul"* weckt aktives und passives Interesse für Wettkampfsport und macht alle Produkte erfolgreich, die dem Vergleich im Wettbewerb und dem Sieg dienen.
- Ist das *Jagd-und-Beute-Modul* sehr aktiv, das evolutionär vom Jagen und Töten einer Beute stammt, werden wir zu Schnäppchenjägern. Dies ist vermutlich das einzige System, in dem der Preis(nachlass) emotional entscheidend für den Kauf sein kann.

Die Auswahl mag genügen, um sinnvolle Ableitungen für das vertriebsintelligente Handeln zu gewinnen: Wenn Sie Ihre Zielgruppen kennen, können Sie ihnen Produkte und Dienstleistungen anbieten, die ihren wahren Bedürfnissen und damit den eigentlichen Kauf-Motiven entsprechen. Genau dann, so zeigt es wiederum die Hirnforschung im Rahmen des Neuromarketings, wird über den „Wohlfühl-Kern", den Nucleus Accumbens (Nucleus = Kern, lat. accumbere = sich legen) das Belohnungszentrum im Hirn unserer Kunden aktiv: Dopamin und Opioide werden ausgeschüttet. Das heißt: Sie machen Ihre Kunden glücklich!

Wenn Ihre Kunden glücklich sind, dann sind gewöhnlich auch Sie und Ihr Unternehmen glücklich. Denn glückliche Kunden sind treue Kunden und mehr noch: Sie empfehlen weiter. Das ist bekannt. Weniger bekannt ist die Antwort auf die Frage, warum sie dies tun: Ganz einfach aus dem Grund, weil – das zeigt ein letzter Blick in die Hirnforschung – auch eine ernstgemeinte Empfehlung eine Aktivität im Nucleus Accumbens, und damit im Belohnungszentrum auslöst. Auch die Empfehlung macht glücklich! Vertriebsintelligentes Handeln ist also immer auch sinn-orientiertes Handeln. Dieses wiederum führt zu „Umsatz mit Sinn und Verstand".

Experten-Tipp: Chancen-Denken

- Hinterfragen Sie kritisch: Inwieweit setzen Sie die Möglichkeiten des Social-Media-Marketings für Ihren Vertrieb ein?
- Wie smart bewerben Sie Ihre Produkte und Leistungen über die vielen großen und zielgruppenrelevanten Social-Media-Plattformen?
- Wie intelligent ist Ihr virales Marketing?
- Machen Sie die Socionomics für Ihr Unternehmen nutzbar.
- Haben Sie die richtigen Storys, mit denen Sie Ihre Produkte und Dienstleistungen emotional aufladen können?

Chance 4: Neue Zielgruppen mit Nachhaltigkeit

Auf der anderen Seite, der Kundenseite, findet auch eine Ausrichtung auf „Sinn und Verstand" statt: Auf den Konsum mit Sinn und Verstand. Dieser gewinnt immer mehr an Bedeutung. In den Industriestaaten wollen immer mehr Menschen nicht einfach nur *mehr* konsumieren, sie wollen *besser* konsumieren. Das heißt: Sie legen Wert auf Qualität, Reinheit und Güte der Produkte, auf Umweltfreundlichkeit, auf nachhaltige Produktion, ethische Standards der Unternehmen, auf den Wert, den diese Produkte für ihre Gesundheit, ihr Wohlbefinden und ja, auch ihre Freude am Leben bringen.

Da gibt es beispielsweise die LOHAS, die konsumfreudige und wohlhabende, aber kritische und hinterfragende Zielgruppe, die den „Lifestyle of Health and Sustainability" pflegt. Diese Gruppe umfasst momentan allein in Deutschland rund vier Millionen Menschen. Europaweit ist das Green Living einer der Megatrends, die ganz neue, sinnvolle Vertriebs- und Umsatzchancen bieten.

Vertreter des „grünen Lifestyles" sind Träger vieler interessanter Attribute: Sie sind technologieaffin, häufig online und mit den neuesten Gadgets und Medien ausgerüstet. Gleichzeitig sind sie naturverbunden, achten auf ihre Ökobilanz und ihren CO_2-Fußabdruck, auf die ökologische Herkunft ihrer Nahrungsmittel und auf alles, was ihrer Gesundheit dienlich ist, auf nachhaltige Produktion und ethisches Handeln. Und doch hält es sie nicht davon ab, weite Reisen zu unternehmen und teure Autos zu kaufen: Sofern Qualität, Wert und Genuss mit gutem Gewissen zusammenkommen. 60 Prozent der LOHAS sind Frauen. Sie verfügen über eine überdurchschnittlich hohe Schul- und Berufsausbildung und ein ebenso überdurchschnittlich hohes Haushaltsnettoeinkommen: Fast die Hälfte dieser Gruppe hat nach Steuern und Abzügen mehr als 2 500 EUR monatlich zur freien Verfügung.

Aber: Wer von uns fokussiert auf diese neue, wachsende Zielgruppe? Wer von uns hat sein Portfolio schon entsprechend ausgerichtet?

Experten-Tipp: Chancen-Denken

Lernen Sie rechtzeitig die für Ihr Geschäft interessanten Zielgruppen kennen. Denn: Der Kunde von morgen ist nicht wie der Kunde von heute; ebenso wenig wie der Kunde von heute – ein Sprung zum Anfang – wie der Kunde der Geschichte ist. Menschliche Bedürfnisse und menschliche Kauf-Entscheidungsmotive ändern sich stetig mit den großen Trends, die sich in der Gesellschaft abbilden.

Vertriebsintelligentes Handeln heute und morgen kennt keine Grenzen: Es ist eine 24/7-Unternehmensstrategie. Seien Sie ein Chancen-Denker, und generieren Sie Umsatz mit Sinn und Verstand!

Der Motivationskick für mehr VertriebsIntelligenz 24/7

Vermeiden Sie Kaufwiderstand als Folge von wachsendem Verkaufsdruck, indem Sie den Kunden da begegnen, wo diese aufgesucht werden wollen! Potenzieren Sie Ihr Wissen, Ihre Kompetenz und Ihre Verkaufskraft. Nutzen Sie die Chancen der neuen Märkte und Zielgruppen! Potenzieren Sie Absatz und Umsatz, indem Sie entweder als einer der ersten neue Marktfelder erschließen, Kundenzielgruppen leiten lernen oder die Stärke und den Einfluss als Meinungsmacher großer Netzwerke nutzen.

Weiterführende und verwendete Quellen

Zu Quellen von Andreas Buhr siehe das Literaturverzeichnis auf Seite 261.

Chapman, Cameron: The History of Social Media; dok. auf webdesignerdepot.com

Gierke, Christiane / Müller, Ralph: Unternehmen in Second Life: Wie Sie virtuelle Welten für Ihr reales Geschäft nutzen können. Offenbach 2008

Gierke, Christiane / Nölke, Stephan: 1 x 1 des multisensorischen Marketings. Edition comevis, September 2010

Gladwell, Malcolm: Tipping Point. Wie kleine Dinge Großes bewirken können; München, 4. Auflage 2002

Greenstyle Report. Die Zielgruppe der LOHAS verstehen; Hubert Burda Media Research & Development, o.J.

Haasis, Klaus / Buchholz, Andrea (Hg.): Digitale Wege zu neuen Märkten. IT- und Medientrends erkennen und nutzen; Fazit Forschung; Stiftung Baden-Württemberg u.a., o.J.

Häusel, Hans-Georg: Neuromarketing. Erkenntnisse der Hirnforschung für Markenführung, Werbung und Verkauf. Würzburg 2006

Lindstrom, Martin: Buy-ology: Warum wir kaufen, was wir kaufen. Frankfurt 2009

Otto-Trendstudie Konsum-Ethik; Trendbüro GmbH 2007

Quelle E-Commerce Trendstudie, durchgeführt vom Markforschungsinstitut INNOFACT AG 2009

Schulten, M. et al: Kunden erfolgreich dirigieren; in: Harvard Business Manager, 9/2009

Websites: www.lohas.de, www.lohas.com, www.nachhaltigkeitsrat.de, www.personalizemedia.com, www.nymphenburg.de, www.dell.com;

Spaßtheorie von VW: http://www.youtube.com/watch?v=2lXh2n0aPyw und http://www.youtube.com/watch?v=cbEKAwCoCKw

Vorsorglich wird darauf hingewiesen, dass verwendete Bezeichnungen, die einem marken- oder urheberrechtlichen Schutz unterliegen, hier nur zu informatorischen Zwecken genannt werden.

Zwölfter Trainingstag

Umsatzbremse Angst

Wie Sie Ihre Ängste erkennen, überwinden und Gas geben

Dr. Stefan Frädrich

Herr Doktor Frädrich, ist Angst wirklich ein Thema im Verkauf?

Und ob! Gerade in Berufen und Tätigkeiten mit viel zwischenmenschlichem Kontakt geht es ja im Kern auch um Beziehungen – und damit um ziemlich viele Angstauslöser: Zurückweisung, Fehler, Einsamkeit. Doch, es gibt schon eine ganze Menge, vor dem sich Verkäufer fürchten können und tatsächlich auch oft fürchten!

Dabei sind Verkäufer doch eher die straighten Typen, die furchtlosen Macher!

Das ist vielleicht ein Wunschbild vieler. Doch in der Praxis sieht es viel bunter aus – vor allem bei den Einzelunternehmern oder in kleinen und mittelgroßen Betrieben: Da muss ein Fachspezialist oft selbst zum Telefon greifen, am Messestand stehen, mit Kunden E-Mails austauschen und das Produkt der Firma präsentieren. Meist ohne jegliches professionelles Sales-Training. Klar, dass das vielen Unbehagen bereitet: die typische Angst vor dem Unbekannten. Wie auch bei Berufsanfängern. Oder genauso bei alten Hasen, die plötzlich Schwellenangst entwickeln, wenn sie in ihrer Verkaufsroutine mal etwas Neues machen sollen. Ängste gibt es überall!

Aber ist man nicht im falschen Job, wenn man zu viel Angst hat?

Nein, im Gegenteil: Oft bedeutet Angst ja auch, dass man eine sensible Seite hat, die wiederum anziehend wirkt und dabei helfen kann, sich in die Bedürfnisse von Kunden einzudenken – und dann in der Betreuung von Kunden möglicherweise umso besser zu sein. Wichtig ist eben, sich zu reflektieren und mit Verstand gegenzusteuern. Dann kann man nicht nur etwas über sich selbst lernen, sondern auch über andere – und versteht andere Menschen besser. Keine schlechte Voraussetzung für gute Verkäufer, nicht wahr?

Umsatzbremse Angst

Wie Sie Ihre Ängste erkennen, überwinden und Gas geben

Vorsicht, Angst!

Kann es sein, dass Angst auch in Ihrem Leben eine große Bremse ist? Gerade beim wichtigen Thema Verkauf und Umsatz. Hand aufs Herz: Sind Sie da schon mal an einer der folgenden Autosuggestionen gescheitert? „Viel zu anstrengend, das lohnt sich nicht!", „Jetzt bloß keinen Fehler machen!" oder „Besser den XY nicht stören, sonst nervst du nur!" – und dann haben Sie etwas bleiben lassen, das Sie eigentlich hätten tun sollten? Wie etwa sich beim Verkaufen besondere Mühe geben, mal vom gewohnten Weg abzuweichen oder einen richtig coolen Neukunden zu akquirieren? Willkommen im Club! Denn: Die häufigsten Vermeidungsziele innerer Schweinehunde sind Anstrengung, Fehler oder zwischenmenschliche Zurückweisung. Warum? Weil wir davor eine Riesenangst haben!

Im Griff der drei Urängste?

Wieso denn Angst? Gehen wir ein paar tausend Jahre zurück in die Steinzeit: Damals hat uns Angst das Überleben gesichert. Vor allem drei Urängste wiesen uns den richtigen Weg.

- Nummer eins: die Angst vor Überanstrengung. Nahrung war knapp oder zumindest nur unter hohem Energieaufwand zu beschaffen. Besser also: Überanstrengung vermeiden! Wann immer möglich: Kräfte schonen!
- Urangst Nummer zwei: die Angst vor Misserfolg. Stellen Sie sich vor, Sie kämpften erfolglos mit einem Säbelzahntiger. Eher schlecht für Sie ... Besser also: Alles richtig machen! Fehler verboten!
- Und Urangst Nummer drei: die Angst vor sozialer Zurückweisung. Sie haben es sich mit der Gruppe verscherzt und stehen nun ganz alleine

da mit dem Säbelzahntiger. Auch nicht so gut ... Also: Besser lieb sein zu den anderen und brav nach den Regeln spielen!

Tja, Überraschung: Auch heute noch scheinen uns dieselben Urängste im Griff zu haben!

- Wir scheuen so manchen Extraaufwand, auch wenn er vielversprechend scheint. Stattdessen geht es lieber pünktlich in den Feierabend – sonst riskieren wir noch das gefürchtete Burnout-Syndrom ...
- Wir machen lieber alles nach Schema F, so wie es alle tun. Bloß keine Experimente! Besser also, etwas möglichst richtig machen, anstatt „nur" das Richtige zu tun – so brauchen wir für eventuelle Risiken keine Verantwortung zu übernehmen. Denn: Unternehmerisch denken sollen andere.
- Und schließlich: Bloß nicht auffallen durch unangepasste Ideen oder Handlungen, oder durch mutige zwischenmenschliche Experimente! Was würden dazu nur die anderen (Schafe) sagen? Immerhin wissen wir, was die Herde von uns erwartet: Schön brav sein. Und mähen wie der Durchschnitt.

Ängste beschneiden unseren Erfolg

Es scheint demnach so, als sei unser innerer Schweinehund „Günter" gar nicht faul, sondern vielmehr ängstlich! Leider aber sind unsere Urängste heute meist hinderlich: Kaum ein Charakterzug macht ähnlich erfolgreich wie Eigeninitiative und die Bereitschaft zur berühmten „Extrameile" – in allen Lebensbereichen, ganz besonders aber im Verkauf. Nichts tut eingefahrenen Systemen besser als der analytische Blick von außen und der Mut, Bestehendes konsequent zu hinterfragen und zu verbessern – trotz der Gefahr, dabei mal Fehler zu machen. Und dass Everybody's Darling auch meist Everybody's Depp ist, ist sowieso klar ...

Außerdem sind die meisten Urängste heute ziemlich unberechtigt: Ehe wir wirklich vor Erschöpfung zusammenbrechen, können wir einen starken Kaffee trinken, uns irgendwo hochkalorisches Fast Food reinziehen oder erst mal in der kuscheligen Sicherheit unseres Schlafzimmers eine Runde pennen. Und ehe wir wegen einzelner Fehler unser Dach überm Kopf verlieren, greifen erst noch ein paar Sicherungssysteme: Wir können Fehler korrigieren, uns entschuldigen, alles in Ruhe besprechen, Neuanfänge starten, woanders kompensieren, vor Gericht ziehen, uns Arbeitsunfähigkeit oder sogar Unzurechnungsfähigkeit bescheinigen lassen – und zur Not gibt es ja noch „Hartz IV". Auch die Zeiten, in denen man Menschen wegen sozialer Unangepasstheit am Pranger mit faulen Tomaten beworfen hat, sind bei uns auch schon eine Weile her (allenfalls in manchen Online-Foren lassen sich noch Regressionen in frühere Entwicklungsstufen beobachten). Wovor zum Teufel haben wir also noch Angst?

Übung: Ängste bewusst wahrnehmen

- Erinnern Sie sich an die vergangenen Tage: Welche Projekte haben Sie da nicht begonnen, vorzeitig beendet oder gar erfolglos beendet, weil Sie im Kern vor irgendetwas Angst hatten?
- Ordnen Sie Ihre Ängste einer der drei Gruppen zu: Angst vor Überanstrengung, Misserfolg oder Zurückweisung!
- Welche Projekte stehen derzeit eigentlich an, und Sie scheuen sich aus Angst, sie in Angriff zu nehmen?
- Auch hier wieder: Ordnen Sie Ihre Ängste einer der drei Gruppen zu.

Risiken realistisch einschätzen

Nun könnte man Angst als eine Art hirninternes Präventionsprogramm verstehen: besser Vorsorge als Nachsorge. Ja, stimmt schon. Nur lässt das einen weiteren wichtigen Aspekt außer Acht: das tatsächliche Risiko! Anstatt Risiken nämlich möglichst objektiv zu betrachten, sich also zu fragen „Was riskiere ich wirklich?", orientieren wir uns steinzeitmäßig an den vermeintlich sicheren Grenzen unserer Routinen. Nur so lässt sich erklären, dass wir zwar sehenden Auges in Pleiten hineinschlittern oder in vollstem Bewusstsein Lungenkrebs riskieren können, mutige Kaltakquise oder einen simplen Rauchstopp aber für unerhört riskant halten: „Was könnte uns da alles passieren? Besser bleiben lassen!" Dabei erweisen sich die meisten Befürchtungen ja im Nachhinein als unbegründet, wenn man mal seinen inneren Schweinehund überwunden hat und aktiv geworden ist. Ach, so schlimm war es damals gar nicht mit der Führerscheinprüfung, Ihrem Vorstellungsgespräch oder dem Heiratsantrag an Ihre Liebste? Hätten Sie das mal vorher gewusst ...

Neurotische Ängste

Was übrigens daraus werden kann, wenn wir es mit unserem Steinzeitprogramm übertreiben, zeigen heute ganz „normale" Neurotiker. Wenn wir die lästigen Urängste nämlich besonders akribisch in die Jetzt-Zeit übertragen, werden daraus garantiert unerfüllbare Ansprüche. Und die machen einem selbst und der unmittelbaren Umgebung das Leben schwer.

- Zum Beispiel: „Alles was ich tue, muss leicht und einfach gehen!" Kennen Sie Typen, die nach diesem Motto leben? Meist handelt es sich dabei ja um Prototypen echter Loser: „Wie? Sich für Erfolg anstrengen? Ich? Wieso? Das ist aber ungerecht!"
- Oder der Anspruch: „Ich muss immer Erfolg haben!" Ja, freilich. Und wenn es mal nicht gleich klappt mit dem Erfolg, geht dann alles den Bach runter? Ist man ein schlechter Mensch, wenn man erst mal eine Weile tüftelt? Einer zweiter Klasse? Ein Risiko für die restliche Menschheit? Ein Ausgestoßener? Also besser immer brav im sicheren Bereich leben? Schwachsinn ...
- Auch sehr beliebt ist ja der Anspruch: „Alle Menschen müssen mich mögen!" Schließlich hat uns schon die Mama damals für sozial erwünschtes Verhalten belohnt („Brav, Günter, brav!") und für unerwünschtes bestraft („Böse, Günter, böse!"). Was liegt da näher, als dieses Muster auch in die Erwachsenenzeit zu retten? „Mag mich mein Chef/Kunde/Team wirklich? Warum bin ich so lange nicht mehr gelobt worden? Was mache ich falsch?" Und während Günter sich heimlich nach Mama und Papa sehnt, spielt der erwachsene Vertriebsmitarbeiter vorauseilenden Gehorsam und kultiviert seine Hemmungen. Er will doch nur nett sein, der arme Neurotiker ...

So gesehen: Wie viele typische „Schweinehunde"-Situationen sind in der täglichen Businesspraxis denkbar, die Erfolg sabotieren? Verdammt viele! Und wenn wir es nicht selbst sind, die ein größeres Angst-Paket mit sich herumschleppen, geht sicher trotzdem jemandem im Team die Düse! Vielleicht der Call-Center-Mitarbeiterin, die sich nicht traut, Vorgesetzte auf Systemfehler aufmerksam zu machen? Oder dem freien Handelsvertreter, dem die neue Vertriebssteuerungssoftware suspekt ist und der sie daraufhin boykottiert? Oder auch dem Social-Network-Meister, der Probleme hat, sich zu organisieren, weil er mehr Zeit online verbringt als beim Verkaufen – schließlich will er seine zahlreichen Kontakte nicht verprellen ... Willkommen im ängstlichen Mittelmaß der verschenkten Chancen!

Übung: Ängste realistisch einschätzen

- Gehen Sie Ihre oben festgehaltenen Ängste einzeln durch: Welche schlimmstmögliche Konsequenzen ergeben sich aus dem, wovor Sie sich fürchten?
- Nun mal optimistisch: Welche bestmöglichen Ergebnisse sind drin? Wie können Sie die selbst beeinflussen? Was müssten Sie dafür konkret tun?
- Und ganz realistisch: Welche Konsequenzen sind am wahrscheinlichsten?
- Ertappen Sie sich womöglich bei einem der neurotischen Ansprüche, Ihnen müsse alles leicht fallen, alles müsse problemlos funktionieren oder alle Menschen müssten Sie mögen? Was sagt das über Sie aus?
- Welche langfristigen Konsequenzen drohen, wenn Sie sich weiterhin von Ihren Ängsten beeinflussen lassen?

Eine Geheimwaffe gegen Ängste: die Handlung!

Ein besonders schönes Beispiel für soziale Gehemmtheit hat Bestsellerautor Timothy Ferris in seinem Buch „Die 4-Stunde-Woche" (Berlin 2008) beschrieben. Er gab einer 20-köpfigen Gruppe hochqualifizierter Studenten die Aufgabe, mindestens drei Prominente zu kontaktieren und sie dazu zu bringen, ihnen ein paar Fragen zu beantworten. Als Preis für den besten Promi-Akquisiteur stellte er eine Flugreise in Aussicht. Das Ergebnis: Von den 20 Studenten versuchte kein einziger, die Aufgabe zu lösen! Die Gründe: „Das klappt sowieso nicht!", „Die anderen werden besser sein als ich – wozu sich also anstrengen?" und so weiter. Schweinehund-Sprüche eben. Und als er dieselbe Aufgaben ein Jahr später der nachfolgenden Studentengruppe stellte, diese aber vorher über das desaströse Ergebnis ihrer Vorgänger ins Bild setzte, gingen immerhin sechs Todesmutige das Risiko ein, sich einen Promi-Korb zu holen – und waren allesamt überrascht, wie leicht es unterm Strich war, ans Ziel zu kommen ...

Also: Was können uns diese und etliche andere Beispiele aus dem täglichen (Business-)Leben lehren? Dass es meist erst nur darum geht, überhaupt mal aktiv zu werden! Darum, zu handeln, statt zu zaudern. Denn wenn keiner bereit ist, durch offene Türen in Richtung Erfolg zu gehen, braucht sich auch niemand zu wundern, wenn sich das breite Mittelfeld gegenseitig das Wasser abgräbt, während ein paar Mutige bequem auf Wolke Sieben lümmeln. Wie aber kriegen wir unsere (Business-)Ängste in den Griff? Indem wir sie behandeln wie lästige, unsinnige, überflüssige, nervtötende, abzustellende Phobien! Was tut man mit denen? In der Psychotherapie heißt die Therapie der Wahl „Desensibilisierung". Wer Höhenangst hat, steigt mit seinem Therapeuten auf Türme, die Platzangstler in Aufzüge und die Autophobiker drehen ein paar Runden mit dem Golf. Und siehe da: So schlimm ist es gar nicht, sich zu überwinden!

Die persönliche Angst-Desensibilisierung starten

Deshalb: Starten Sie Ihr eigenes Schweinehunde-Desensibilisierungsprogramm für mehr Erfolg im Business! Gehen Sie dabei systematisch in jedem der drei Angstbereiche an Ihre Grenzen und überwinden Sie sie so!

- Für weniger Angst vor Anstrengung geben Sie doch einfach mal Vollgas! Arbeiten Sie 16 Stunden am Tag! Beginnen Sie Ihre Arbeit schon morgens um halb fünf! Und gehen Sie erst spät in der Nacht nach Hause! Achten Sie nicht auf die Pausen Ihrer Kollegen! Und ignorieren Sie Stechuhr, Tageszeit, Urlaub oder Feiertage! Machen Sie Produktivität zu Ihrem Arbeitsziel Nummer eins und beenden Sie Ihr Tagwerk erst dann, wenn Sie so richtig müde sind! Und wenn Sie jemand irritiert fragt, was Sie da eigentlich tun, antworten Sie mit tiefster Zufriedenheit: „Ach, weißt du, mein Job macht mir einfach Spaß!" Sie werden sehen: Ehe Ihnen tatsächlich die Energien ausgehen, warten zuvor erst mal eine Menge unerwarteter Belohnungen auf Sie wie volle Terminkalender, aufgeräumte Schreibtische oder zufriedene Kunden. Und natürlich auch eine fette Portion Extra-Umsatz. Sie sehen: Das Desensibilisierungs-Trainingslager hat sich gelohnt! Nun wird es Zeit, die besonders wirksamen Arbeitsschritte zu identifizieren und zu intensivieren, statt weiterhin wild alles Mögliche zu tun.
- Doch Vorsicht, eine Warnung! Sollten Sie diesen Vollgas-Arbeitsstil ohnehin seit langem praktizieren, könnte fortdauernde Erfolglosigkeit an Ihren falschen Prioritäten liegen. Suchen Sie dann lieber einen Weg, wie Sie in weniger Zeit mehr schaffen, anstatt sich tatsächlich per

Burnout ins Nirwana zu schießen! Denn dann tun Sie nicht zu wenig, sondern möglicherweise zu viel. Zu viel vom Falschen eben. Insgesamt gilt: Üben Sie, ergebnisorientiert zu arbeiten, nicht zeitorientiert! Gute Ergebnisse rechtfertigen selbst hohe Anstrengungen. Schlechte nicht einmal geringe.

- Für weniger Angst vor Fehlern, bauen Sie doch absichtlich mehr Fehler in Ihren Alltag ein! Ihr Desensibilisierungsziel ist die Einstellung: „Was macht es schon, wenn mal etwas schiefgeht?" Also: Versäumen Sie Lieferfristen, rufen Sie Kunden nicht zurück und lassen Sie E-Mails ungelesen im Postfach liegen! Streuen Sie Fehler also strategisch in Ihren Alltag ein und riskieren Sie gezielt Misserfolge! Probieren Sie bewusst Neues aus, produzieren Sie absichtlich Schreibfehler oder ignorieren Sie übliche Dienstwege! Legen Sie sich eine großzügige innere Haltung gegenüber Fehlern zu, und räumen Sie sie freizügig ein: „Sorry, da habe ich einen Bock geschossen!" Positiver Nebeneffekt: Sie lernen, um Verzeihung zu bitten statt um Erlaubnis ... Auch den Fehlern Ihrer Kollegen gegenüber zeigen Sie sich natürlich großzügig: „Das doch kann jedem mal passieren!"

  Kurz: Gewöhnen Sie sich an, Fehler zu lieben! Warum? Nun, Sie werden sehen, dass die Welt nicht untergeht, wenn Sie mal etwas falsch machen! Im Gegenteil: Oft geben Fehler wertvolles Feedback. Sie sind somit nichts anderes als Verbesserungsvorschläge Ihres persönlichen Universums. Und: Fehler so zu sehen, ist eine nicht zu unterschätzende Voraussetzung, um Chancen zu ergreifen, wenn sie sich bieten. Denn dann sind Sie nicht ständig damit beschäftigt, eingebildete Risiken abzuwägen – und letztlich doch wieder untätig zu bleiben ...

- Und schließlich: Für weniger Angst vor sozialer Zurückweisung üben Sie doch einfach, sozial zurückgewiesen zu werden! Verhalten Sie sich strategisch gegen den Strom, und sammeln Sie Erfahrungen mit den überraschten Reaktionen Ihrer Mitmenschen: Grüßen Sie nicht zurück, wenn man Sie grüßt! Oder grüßen Sie übertrieben laut und freundlich! Sprechen Sie täglich auf der Straße zehn Ihnen unbekannte Menschen an! Flirten Sie mit jeder dritten Frau, die Ihnen begegnet (auch wenn Sie selbst eine Frau sind)! Husten Sie beim Kundentelefonat erst mal eine halbe Minute in den Telefonhörer und legen Sie dann lachend auf! Fragen Sie nach dem Grund, wenn man Ihr Produkt nicht kaufen will! Und wenn Sie ihn dann erfahren haben, fragen Sie nach dem wahren Grund! Unterbrechen Sie Ihren Chef in jedem zweiten Satz und warten Sie erst mal zehn Sekunden, bevor Sie auf jede seiner Fragen ganz erstaunt mit „Warum?" antworten! Lachen Sie im Kino laut los, wo andere weinen – und andersherum! Schnuppern Sie im Fahrstuhl möglichst auffällig herum und schauen Sie dann vorwurfsvoll Ihren Nachbarn an!

Kurz: Kultivieren Sie eine Aura gesellschaftlicher Unzurechnungsfähigkeit! Denn: Ist der Ruf erst ruiniert, lebt sich's gänzlich ungeniert. Und Kleinigkeiten wie die Akquise zuvor scheinbar unerreichbarer Kunden kommen Ihnen jetzt wie Kinderkram vor. Wozu auch sich Sorgen machen? Es haut Ihnen schon keiner den Kopf ab. Und: Wenn nicht jetzt, dann klappt es eben beim nächsten Mal.

Außerdem: Wetten, dass die meisten Menschen Sie trotz Ihrer Fauxpas noch mögen und zu Ihnen halten werden? Denn im Grunde sind sie ziemlich nett und verständnisvoll, die Menschen und ihre inneren Schweinehunde. Nur auf eine Sache sollten Sie sich innerlich vorbereiten: Darauf, dass „die anderen" oft nicht einmal bemerken werden, dass Sie aus der Herde ausscheren – schließlich hat jedes Schaf am allermeisten mit sich selbst zu tun ...

Der Motivationskick gegen die Umsatzbremse Angst!

Also los, nur keine Angst: Lösen Sie die Umsatzbremse Nummer eins und beginnen Sie gleich heute noch an Ihrer allergrößten Angst-Baustelle! Denn: „Günter" trainiert man am besten in der Praxis. Dort, wo er wirklich etwas Neues lernen kann. Und nicht von neun bis fünf laut Dienstplan. Mittelmaß und Umsatzprobleme gibt es dort schließlich genug.

Ach, und falls Ihnen die obigen Tipps zu albern waren, dann überlegen Sie sich wenigstens bei Ihrer nächsten Angst-Grenze, ob das angebliche Hindernis nicht doch nur eine Steinzeit-Illusion zwischen Ihren Ohren ist ...

Literaturverzeichnis

Buhr, Andreas: *Die Umsatz-Maschine. Wie Sie mit VertriebsIntelligenz® Umsätze steigern.* Offenbach, 2. Auflage 2006

Buhr, Andreas: *Machen statt meckern! Mit ©lean leadership zu mehr Erfolg in wirtschaftlich schwieriger Zeit.* Düsseldorf, 2. Auflage 2009

Buhr, Andreas/Müller, Wolfgang: *go! Die Kunst das Leben zu meistern.* Düsseldorf, 3. Auflage

Buhr, Andreas: Keiner gewinnt allein. Die Weisheit der Vielen nutzen; in: *wissen+karriere,* 01/2010

Buhr, Andreas: Wertvoll führen; in: *Bildung aktuell,* 04/2009

Christiani, Alexander: *Weck den Sieger in dir! In sieben Schritten zu dauerhafter Selbstmotivation.* Wiesbaden, 2. Auflage 2000

Christiani, Alexander: *111 Motivationstipps für persönliche Höchstleistungen.* München 2002

Christiani, Alexander/Scheelen, Frank M.: *Stärken stärken. Talente entdecken, entwickeln und einsetzen.* München 2002

Christiani, Alexander: *Magnet-Marketing.* Frankfurt/Main 2002

Christiani, Alexander: *Christiani High Performance System. Für Ihren persönlichen und beruflichen Erfolg.* Hörbücher mit jeweils 4 CDs. Starnberg 2004

Detroy, Erich-Norbert: *Mit Begeisterung verkaufen.* München, 5. Auflage 1999

Detroy, Erich-Norbert: *Engpass Preis?* Wien, 2. Auflage 1999

Detroy, Erich-Norbert: *Sales Spirit®. Was Spitzenverkäufer zu allen Zeiten auszeichnet.* München 2003

Detroy, Erich-Norbert/Scheelen, Frank M.: *Jeder Kunde hat seinen Preis. Wie Sie Verhandlungen individuell führen und gewinnen.* Berlin/Regensburg 2003

Detroy, Erich-Norbert: *Das Powerbuch der Neukundengewinnung. Effektive und gewinnorientierte Kundenakquise per Brief, Telefon und Internet.* München, 3. aktualisierte und erweiterte Auflage 2005

Detroy, Erich Norbert: *Sich durchsetzen in Preisgesprächen und Preisverhandlungen.* München, 14., aktualisierte und erweiterte Auflage 2009

Fink, Klaus J.: *Bei Anruf Termin. Telefonisch neue Kunden akquirieren.* Wiesbaden, 3. Auflage 2005

Fink, Klaus: *Vertriebspartner gewinnen,* Wiesbaden, 2. Auflage 2006

Fink, Klaus (Hg.): *888 Weisheiten und Zitate für Finanzprofis,* Wiesbaden 2008

Fink, Klaus J.; *Empfehlungsmarketing. Königsweg der Neukundengewinnung.* Wiesbaden, 4. Auflage 2008

Frädrich, Stefan: *Günter, der innere Schweinehund, Ein tierisches Motivationsbuch.* Offenbach 2004

Frädrich, Stefan: *Günter lernt verkaufen, Ein tierisches Businessbuch.* Offenbach 2005

Frädrich, Stefan: *Günter, der innere Schweinehund, hat Erfolg, Ein tierisches Coachingbuch.* Offenbach 2007

Frädrich, Stefan: *Günter, der innere Schweinehund, wird Chef. Ein tierisches Führungsbuch.* Offenbach 2009

Frädrich, Stefan: *Günter, der innere Schweinehund, lernt verhandeln, Ein tierisches Businessbuch.* Offenbach 2009

Frädrich, Stefan: *So kommen Sie als Experte ins Fernsehen. Wie Sie den Bildschirm erobern und sich als TV-Experte etablieren.* Offenbach 2009

Frädrich, Stefan: *Das Domino-Prinzip. Wie Sie aus Steinen, die Ihnen in den Weg gelegt werden, etwas Schönes bauen.* München 2009

Frädrich, Stefan: *Günter, der innere Schweinehund, hält eine Rede. Ein tierisches Rhetorikbuch.* Offenbach 2010

Kreuter, Dirk: *Verkaufs- und Arbeitstechniken für den Außendienst.* 3. erweiterte Auflage, Stuttgart 2007

Kreuter, Dirk: *Erfolgreich akquirieren auf Messen. In fünf Schritten zu neuen Messekunden.* Wiesbaden, 3. Auflage 2010

Limbeck, Martin: *Siegerstrategien für Verkaufsprofis.* Wien 2002

Limbeck, Martin: *Das neue Hardselling. Verkaufen heißt verkaufen – So kommen Sie zum Abschluss.* Wiesbaden, 4. Auflage 2010

Stichwortverzeichnis

Abfedern 142
Abschluss 153ff.
Abschlusssignale 164
After-Sales-Strategien 193ff.
Agenda 102
Akquiseinstrumente 215
Aktives Zuhören 114
Angebotspräsentation 109ff.
Angebotsverknappung 74, 163
Angst 251ff.

Begrüßung 69
Bumerang-Methode 79

Call-Center 56
CentrO 53
Chocolate World 50
Coca-Cola 56
Columbo-Technik 151
Croud Sourcing 243

demografischer Wandel 239
Denkgesetze 24
Doppelnutzenargumentation 72

eatZi's 52
Einwand 74, 131ff.
Einwand vorwegnehmende Aktion (EVA) 147
Einwandbehandlung 131ff.
Emotion 23, 47
Emotionssysteme 247
Empfehlung 218
Empfehlungsfrage 214
Empfehlungsmarketing 213ff.
Empfehlungs-Stammbaum 226
Erfolgstagebuch 25
Erlebnisdesign 49
Erstbesuch 85ff.
Experte 33ff.
Expertenstatus 34, 54

Fragetechnik 110
Frankl, Viktor 29

Gallup StrengthsFinder® 13
Gardner, Howard 12
Gates, Bill 35
Geschwindigkeit 43
Gesprächseröffnung 71
Gesprächsführung 113
Gesprächsabschluss 81, 153ff.
Gewohnheiten 29
Google 86
Grundintelligenzen 12

Hardselling 66
Hertz 51
Höflichkeit 94
Hypothesen 158

Ich-Standpunkt 71
iKunde 236
Information 44f.
INSIGHTS MDI-Analysen® 13
Intelligenz 14

Ja-aber-Technik 80

Killerphrasen 67, 96
KISS 118
Kombi-Angebote 176
Kompetenzauslotung 70
Komplettpreise 177
Konterstrategien 180
Kontrollfragen 162
Konzept der multiplen Intelligenzen 12
Korkenzieher 142
Körpersprache 94
Kundenbedarf 109ff.
Kundendaten 200
Kundenevents 204
Kundenloyalität 102
Kundenorientierung 85
Kundenservice 200

Lebensstil, stärkezentrierter 20
Legoland 50
Lob 77

LOHAS 248

Mailbox 104
Maslow-Pyramide 112
Masterplan 20
Merkmal-Nutzen-Argumentation 106
Motivation 9ff.
Motivatoren 30
Motivatorenanalyse 30
Mülleimerworte 67
Multiplikator 41f., 213ff.
Mund-Propaganda 34ff.

Nachhaltigkeit 239
Nachmotivation 81, 221
Nein-Ja-Technik 144
Networking 39
Neukundengewinnung 215
Neuromarketing 240
Nike 53
Niketown 50
Nutzenmaximierung 142

Paraphrasieren 114
Pareto-Prinzip 19
Pepsi-Cola 56
Performance 21
Plus-Minus-Methode 161
Positiv-Denken 21
Präsentation 122ff.
Präsentationsmedien 110
Preis 147, 169ff.
Preisangst 174
Preisargumentation 169ff.
Preisgespräch 172
Preisnachlässe 188
Produktvorstellung 109
Provision 63

Referenz 162, 218
Reklamation 206
Risiken einschätzen 255
Romano, Philip 52

Sandwichmethode 176
Schlagfertigkeit 181
Schlüssel-Schloss-Prinzip 143
Schlüsseltechnik 75
Schwäche 11
Schwarz-auf-weiß-Technik 142
Schwellenpreise 176
Sekretärin 67
Selbstbezichtigung 72
Selbstbild 25
Selbstdisziplin 21
Selbstmotivation 10ff.
Sie-Formulierungen 71, 103
Sie-Standpunkt 71
Situationsanalyse 111
Sitzposition 99f.
Skills 13
Social Media 241
Socionomics 240
Sokrates 146
Stammkunden 203, 213ff.
Stärke 10
Stärkenprofil 12
Stimme 95
Story 37, 53
Suggestive Eröffnung 79

Talent 9ff.
Telefonakquise 59ff.
Terminvereinbarungsgespräch 59ff.
Top-Multiplikator 42

Umkehrmethode 143
USP 72

Verantwortung 26
Verbal-Judo 182
Verkaufserlebnis 33, 35
Vernetzung 46
Vertriebserfolgsanalyse 19
VertriebsIntelligenz 24/7® 235ff.
Virtualisierung 240
Vision 27
Visitenkartentausch 100
Visualisierung 144
Vorstellung 69
Vorwand 74, 134
Vorwandbehandlung 131ff.

Wertefrage 142
World of G.I.V.E. 42

Zeugenumlastung 128
Ziele 10

Die Autoren

„Die Umsatz-Maschine" **Andreas Buhr**, Experte für VertriebsIntelligenz® und ©leanleadership, trägt seinen Titel zu Recht: Der Vollblutunternehmer weiß, wie man auch in wirtschaftlich schwieriger Zeit Umsatz und Profit erhöht. Bekannt ist Andreas Buhr durch seine zahlreichen Vorträge, seine Aktivitäten in TV und Hörfunk sowie seine reiche Publikationstätigkeit. Andreas Buhr, zertifizierter Trainer (DVNLP) für Neurolinguistisches Programmieren (NLP), ist Dozent für Leadership und Vertrieb an der European School of Business (ESB), Reutlingen, sowie an der ZfU International Business School, Schweiz. Zudem ist er Lehrbeauftragter an der Steinbeis Hochschule in Berlin. Ausgezeichnet als Top-Referent 2008 und Trainer des Jahres 2009 gehört er seit 2010 zu den Certified Speaking Professionals der National Speakers Association (NSA).

www.andreas-buhr.com

Alexander Christiani zählt seit über 20 Jahren zu den gefragtesten Trainern und Beratern führender Spitzenleister aus Wirtschaft, Wissenschaft und Sport. Ihm gelingt es wie nur wenigen anderen, die Themen „Persönlichkeitsentwicklung" und „Spitzenleistungen im Management/Vertrieb" so miteinander zu verbinden, dass sie sich wechselseitig verstärken. Der Bestseller-Autor und gefragte Interview-Gast in Radio und Fernsehen studierte Jura und Wirtschaft. Er absolvierte darüber hinaus ein Psychologiestudium in den USA und zahlreiche Ausbildungen, zum Beispiel bei R. Lay, R. Bandler und J. Grinder.

www.christiani-consulting.com

Erich-Norbert Detroy ist einer der agilsten, packendsten und kreativsten deutschsprachigen Führungs- und Verkaufstrainer. Seine Fans nennen ihn Turbo-Trainer. Sein Bestseller „Sich durchsetzen in Preisgesprächen" (14. Auflage 2009) revolutionierte die Preispolitik vieler Unternehmen. Seit über 30 Jahren zählt er zu den großen Persönlichkeiten der europäischen Trainerszene und ist einer der meistgelesenen Fachbuchautoren. Bei Großveranstaltungen ist er mit seinen Vorträgen aufgrund seiner Begeisterungsfähigkeit Dauergast.

www.detroy-consultants.de

Klaus-J. Fink gilt als deutschlandweit anerkannter Erfolgstrainer für Telefon- und Empfehlungsmarketing sowie Vertriebsaufbau. Von vielen wird er als die Nummer eins in Sachen Neukundengewinnung angesehen. Er ist Lehrbeauftragter der Fachhochschule für angewandtes Management im Rahmen des MBA (Master of Business Administration), Dozent an der European Business School im Rahmen der Ausbildung „Certifed Financial Planner" (CFP) sowie Gastredner an der Europäischen Fachhochschule Brühl. Dem renommierten Key-Note-Speaker wurde zweimal der Conga Award der TOP 10 Deutschland verliehen; er erhielt zweimal die Auszeichnung als „Trainer des Jahres".

www.fink-training.de

Dr. med. **Stefan Frädrich** ist Experte für Selbstmotivation. Als Trainer, Coach und Consultant bekannt wurde er durch seine Bestsellerbücher („Günter, der innere Schweinehund", „Besser essen – Leben leicht gemacht"), umfangreiche Medienpräsenz mit eigenen TV-Sendungen (Pro 7, SAT1, WDR, Focus Gesundheit), als Entwickler erfolgreicher Seminare (z. B. „Nichtraucher in 5 Stunden") sowie als Speaker, Referent und Moderator. Sein Ziel: komplexe Zusammenhänge verständlich, logisch und unterhaltsam machen – und dadurch etwas bewirken!

www.stefan-fraedrich.de

Dirk Kreuter ist einer „der führenden Verkaufstrainer in Deutschland" [acquisa]. Themen rund um die Neukundengewinnung im B2B stehen im Zentrum seiner Vorträge und Seminare. Dies spiegelt sich auch in seinen 15 Fachbüchern, DVDs, E-Books, Newslettern und Hörbüchern wider, welche international auf Begeisterung stoßen. Die Zusammenarbeit mit Unternehmen aller Branchen und Größen hat ihm den Ruf des konsequent praxisorientierten Vertriebs- und Marketingexperten eingebracht. Neben Schulungen „rund um die Neukundenakquise und den Messeauftritt" führt Dirk Kreuter auch Coachings, sowie Beratung im Bereich der Messe- und Vertriebsoptimierung europaweit durch. Der Finalist beim Internationalen Deutschen Trainingspreis BDVT 2006 ist Lehrbeauftragter an der Steinbeis-Hochschule Berlin, Professional Speaker, und Mitglied im ASTD, American Society for Training and Development.

www.dirkkreuter.de

Martin Limbeck zählt zu den Spitzenverkaufstrainern und gilt aufgrund seines Insider-Know-hows und der praxisnahen Strategien als *der* Hardselling-Experte in Deutschland. Er agiert seit über 17 Jahren erfolgreich als Verkaufs-, Management- und Persönlichkeitstrainer in der Dienstleistungs- und Investitionsgüterbranche. Nicht nur in seinen provokativen und motivierenden Vorträgen, sondern auch in den umsetzungsorientierten Trainings und Coachings steht das progressive Verkaufen in seiner Ganzheit im Mittelpunkt. Er ist Autor in verschiedenen Fachpublikationen/TV-Magazinen, Lehrbeauftragter an der ESB Reutlingen und Expertenmitglied im Club 55 und der German Speakers Association. Seine Leistungen als Trainer und Speaker wurden mit dem Internationalen Deutschen Trainingspreis sowie dem 5-Years-Award des BDVT in Bronze prämiert. Er ist Trainer des Jahres 2008 und wurde 2009 mit dem Conga-Award ausgezeichnet.

www.martinlimbeck.de

Die SalesMasters vermitteln in eintägigen Foren komprimiertes Know-how, das die Teilnehmer anschließend mit Audio-CDs, Videos und DVDs oder in Seminaren vertiefen können. Bei den SalesMasters Foren präsentieren die Spitzentrainer in Impulsvorträgen komprimiertes und intensives Know-how. Die SalesMasters Seminare helfen, das Wissen zu vertiefen und zu verfestigen. Das SalesMasters Videotraining ermöglicht es Verkaufsleitern und Verkäufern, sich selbst oder ihr Verkaufsteam selbstständig regelmäßig für Spitzenleistungen im Verkauf zu trainieren. Mit dem Projekt „SALESMASTERs online" können Sie Ihr Verkaufs-Know-how durch 14-tägig stattfindende Webinare – bequem z. B. mit dem Laptop auf der heimischen Couch – erweitern.

Alle SalesMasters-Trainer sind Mitglied im Club 55 european communitiy of marketing and sales experts.

Weitere Informationen finden Sie unter www.sales-masters.de.